PEOPLE BEFORE TECH

The Importance of Psychological Safety and Teamwork in the Digital Age

心理的安全性とアジャイル

「人間中心」を貫き
パフォーマンスを最大化する
デジタル時代のチームマネジメント

ドゥエナ・ブロムストロム Duena Blomstrom
[訳] 松本 裕

People Before Tech

The Importance of Psychological Safety and Teamwork in the Digital Age

This translation of People Before Tech is published by arrangement with
Bloomsbury Publishing Plc through Tuttle-Mori Agency, Inc.

普通にしているだけでも
私に毎日もっともっと早起きして、
彼が大人になったときに待ち受けている現実を
より良いものにできるよう
努力したいと思わせてくれるのに、
それ以上にすばらしい10歳の息子ダーラに。

エイミー・エドモンドソン教授による序文

ドゥエナ・ブロムストロムのすばらしい新著に序文を書くことができて、とても嬉しく思っている。私はこの1年ほどでドゥエナと彼女の仕事についてよく知るようになり、その間、幾度となない対話を通じて考えを共有し、組織におけるチームワークの課題を探求し、ブレインストーミングで解決策を考えた。新型コロナウイルスでオンラインミーティングが世界中に普及するよりもはるか前から海を越えてこうした生成的な対話を交わす中で、「心理的安全性」という概念に関するドゥエナの絶妙な認識と、それが今日の組織においてなぜここまで重要なのかに対する彼女の見解にはいつも感心させられていた。そしてなによりも、世の中を変えようとする彼女の情熱的かつ実践的なアプローチを知り、そこから学ぶことができた。

私はまた、ドゥエナの生産性（この本は驚異的なスピードで書かれたように私には見える）と、ビジネス書業界における「心理的安全性」についてのただでさえ飽和状態な議論にさらに貢献できるという彼女の自信とを尊敬するようにもなった。その結果生まれたのが洞察にあふれる実例と実践的ツールが満載の、この興味深く実践的な1冊だ。ドゥエナは人が仕事で最高の力を発揮しようとする際に直面する心理的困難について紹介するのがうまいだけでなく、その解決に役立つツールやテクノロジーを構築するのも得意としている。

本書は、官民・大小を問わず、あらゆる組織の指導者や管理職にとってのすぐれたリソースである。ビジネスの世界においては「心理的安全性」をなにか「ソフト」であったり、余裕があれば「あったほうがいい」程度のものであったりすると考えがちだが、ドゥエナは「心理的安全性」がその実、今日の変わりやすく(volatile)、不確実で(uncertain)、複雑(complex)かつ曖昧(ambiguous)な、つまりVUCAな世界における機能的組織のまさに基礎を成しているのだと説明する。「心理的安全性」は、人の自然発生的な自衛本能に反しているという意味では「ソフト」ではなく「ハード」なものだ。それが必要なのは、今日の仕事がすべて知識ベースの仕事で、共同作業が不可避だからだ。

ミーティングは時間の無駄で、グループはいいアイデアが潰される場だと嘆く人もいるかもしれない。だが、アイデアや考察、質問、懸念に関して互いに強く依存しているというその事実は、ますます圧倒的になってきている。だからこそ、今日のどのような組織でも、その成功は声を上げようという人々の意志に左右されるのだ。そして、声を上げられるかどうかは、「心理的安全性」にかかっている。それがなければ、効果的な共同作業、イノベーション、さらには効果的なリスク管理の根底にある行動はまず起こされないし、職場環境によっては不可能になってしまう。技術的に複雑な社会においてなにかを達成しようと思ったら、多くの分野からの情報インプットとプロセスの高度化が必要になる。これは、「心理的安全性」がなければ起こらない。

こうした課題は、世界がより複雑に、多文化的になってくる中でいっそう重要となってきた。多様性は、組織においてはますます顕著な特徴となってきているのだ。多種多様な背景を持つ人々の見解を受け入れ、統合して新たな理解と独創的なソリューションを生み出すには、「心理的安全性」が欠かせない。

本書が重視するのは、人とテクノロジーの両方だ（ドゥエナは「テクノロジーではなく人を」という挑発的な言葉を用いているが）。人の暮らしや組織のあらゆる側面がいかにテクノロジーに影響されているかを忍耐強く説明し、急速なIT化やその他のテクノロジーの進歩がもたらす数多くの変化に人間性を見失うのではなく、むしろ再確認できるのだと主張する。

ドゥエナの任務は、人々の暮らしを変えることに特化している。「人が職場で幸せに、高い生産性を持てるようにする」ことが彼女の目標なのだ。1世代前なら、そのような発言は矛盾していると取られていたかもしれない。「幸せ」と「高い生産性」は単純に、まったく相反するものだと見られていたからだ。前者は自分がやりたいことをのんびりやる、ということを示唆していた一方、後者は身を粉にして働くやり方を指し、仕事のつらさに耐えて1日を乗り切り、幸せは仕事以外に見出すものだった。だが現在の知識経済において、困難で相互依存的な新しい仕事をこなすために創意工夫と共同作業にこれほど強く頼るようになると、人がもっとも生産的なのは自分が自分であることを心地よく感じ、自分がもたらせるもの、そして自分と他者との働き方についてポジティブに考えられるときなのだ。幸せは仕事に対する忌避感ではなく、仕事への有意義な取り組みから生まれる。そして、仕事への取り組みがもっとも生まれるのは、「心理的安全性」が確保された環境だ。

「心理的安全性」はもう定着している。ぜひ楽しみながら学んでいただきたい。

エイミー・C・エドモンドソン

まえがき

「人的負債（Human Debt™）」は私が初の著書『Emotional Banking: Fixing Culture, Leveraging FinTech, and Transforming Retail Banks into Brands（感情的銀行業：文化を修正し、フィンテックを活用し、小売銀行をブランドに変える）』で創った用語だ。元となったのは「tech debt（技術的負債）」というITの概念で、コードを書くときやシステムを構築しているときに手順を間違えたり、間違った判断をしたり、ミスを無視したりした結果、対処して修正しなければならない問題が発生したり、システムが持続不可能になって崩壊してしまう状態を指す。「人的負債」はそれと同じもので、感情指数（EQ）、人と人とのつながり、チームワークが無視され、格下げされ、避けられるような状況を職場に作ってしまった場合を指す。私は、これを「なんとかする」方法を見つけようと決心した。そしてそれを後押しするため、私自身の「なぜ（why）？」に向き合うこととなった。

私にとっては単純で、日常的なことだ。私は「人的負債」を撲滅したい。新たな技術革新のおかげで、それはそこまで遠大な目標でもなくなった。私の意図は非難することでもないし、すべての組織を同じ色に染めることでもない。人事部のヒーローからアジャイルなスーパーヒーローまで、すばらしい人々が大勢いるからだ。彼らは真に変化を起こす人々で、多くは組織の風車に勇ましく全力で立ち向かっていく孤独な騎士だ。私はこうした卓越した人々に何十人も（ひょっとしたら何百人も）会ってきていて、彼らが存在することを忘れてしまったわけでも感謝していないわけでもない。ただ、彼らの努力をもってしても、残っている人的負債の規模がとてつもないことを率直に伝えているだけだ。

往々にして、私たちは職場の従業員を無視してきた。彼らの幸せは二の次にしか考えてこなかったのだ。尊敬の念を示す態度はうわべばかり。彼らの福利厚生について考えることなどほとんどなかった。私たちは「従業員満足度」「取り組み」「士気」「情熱」「目的」「共同作業」「チーム育成」といった言葉を拾っては捨て、彼らのためにはほとんどなにもしてこなかった。プロセスで彼らを窒息させ、恐怖と疲弊感で満たし、瀕死の状態に追いやってしまった。彼らはひどくストレスを受け、疲れ、恐れ、やる気を失っている。彼らの心の健康は急激に悪化しているのに、私たちはそんなことは関係ないというふりをしている。本当に共感などせず、EQよりもIQを重視する。彼らを理解し、手助けすることはすべて後づけで考えたり、あるいは弱点だとみなしたりする。彼らを優先し、重視することは決してない。これは近代における悲劇であり、この失われた機会の蓄積と、先見の明と勇気のなさはやがて、壊滅的な結果を生む。「技術的負債」のツケが必ず回ってくるのと同じように、「人的負債」のツケも今存在する組織の圧倒的大多数に突きつけられている。そして人材に投資することでそのツケをすぐに支払う方法を見つけない組織は、重要な人員を失い、加速する離職率と生産性の低下に対抗することに多くの時間とリソースを費やさなければならなくなる。その深刻な影響によって経営が圧迫されることになるのだ。

ここで示したいのは、すぐれた実績を出すために必要なことは「心理的安全性」だけであること、そして焦点を当てるべきユニットはチームだけであるということだ。空虚な美辞麗句を並べ立てるだけの架空の「組織」を支援するフレームワークや手法がいかに危険かということ、そしてそんなことで時間を無駄にすべきではないということを証明したいと思う。「心理的安全性」を正しく理解すれば、仕事に満足して精神的にもバランスの取れた優秀な従業員が育てられるのだ。組織は、事細かに内容を決めた長期的計画から、もっとゆるく定義したロードマップへと移行しつつある。そのロードマップの中で、定期的なふりかえりの際に測定や指標を基準として少しずつ増強しながら、適切な結果をより速く生み出すために継続的な改善を続けていくのだ。これは、「アジャイル」として知られている。最終的には、これらのアジャイルKPI（主要業績評価指数）を使っていけたらと思う。その理由は単純に、それがアジャイルの最大の使命だと信じているからだ。結果を素早くもたらすだけがアジャイルの役目ではない。人に焦点を当てるとどんなことが可能になるかという概念の証明として、人類はアジャイルを生み出した。それが、私自身の「なぜ？」、つまり私の「動機」だ。

大変な話に聞こえるかもしれないが、そんなことはない。これは単純で、強く求められているアプローチなのだ。私は、チームとそれを共有している。私たちはとてつもなく幸運だ。それはわかっている。私が共同創立したPeopleNotTechの全員にとって、この「動機」があまりにも一目瞭然なため、私たちの使命を伝えるために叱咤激励する必要もなければ、私たちのビジョン、「人が職場で幸せに、高い生産性を持てるようにすることで人生を変える」を再確認するために時間を取る必要もない。私たちの動機はあまりにも壮大で深く心に刻まれているため、私たちは朝目覚めた瞬間から、一生懸命働く準備が自然にできている。だがもちろん、ほかの企業やほかの人々にとって、この「動機」は見つけるのがとても難しい。チームを動かす立場なら、それを見つけられるよう手助けするのも仕事だ。チームがなく、自分1人で仕事をする立場だとしても、自分のために動機を見つけなければならない。

私たちの企業名は、それ自体が物議をかもしかねないものだ。日々の仕事と調査の交差点でソフトウェアソリューションを設計していながら「People Not Tech（テクノロジーではなく人を）」と謳っていると驚かれるし、それこそまさにこの社名を選んだ理由だ。この社名は問題のもっとも重要な点が含まれているため、隙あらば探求し、議論したいと思っている矛盾を表す。職場で化学反応を引き起こし、完璧なチームダイナミクスを構築してはぐくむためにテクノロジーを活用しているとしても、かき集めたテクノロジーの魔法をありったけ使っているとしても、そして真の大規模な変化は「People Practice＝人間中心の行動」を実現させるソフトウェアが欠けていたら決して起こらないと固く信じていたとしても、大事なのはソフトウェアではなく、常に人なのだ。この認識が、私たちを日々誠実でいさせてくれる。

組織において大規模な変化を実現させるためにはチームのレベルから変えなければならないという喜ばしい確実性に到達したとき、私たちはネットワークやチームダイナミクスの数々の理論を参照した（タックマンからガーシックまで、そしてFiroBのようにさらに効果的なモデルまで）。そして、チームが最高のパフォーマンスを出すためには、そのチームがユニットとしてどのくらい安心感を持てるか以上に密接にかかわってくる手段はないことに気づいた。新しい働き方（Way of Work＝WoW）に突入するときに人が効果的でいられるようにする、手っ取り早くて間違いない方法を知りたい人に、確実に提案できる要素は残念ながらほかには存在しない。従業員にもっと多くの給料、もっといい肩書、もっと重い責任や特権を与えるのは喜ばれるし役に立つかもしれないが、従業員がもっと自分の意見を聞いてもらえる、応援してもらえる、成功できると感じられる職場環境を整えることにはまったくおよばない。そのくらい単純なことなのだ。

認めてほしい。企業の利益は目標に掲げるにはあまりにも高尚にすぎる。朝目覚めてから、もっと多くの最終顧客が自社の製品やサービスを利用できるようにしたい、という動機だけに力を得て仕事に向かう人間はいない。たいていの場合、チームの利益でさえ、目標としては高すぎる。かつての上司たちはプロセスによって弱体化され、自社の従業員のために善いことをする方法はほとんどなく、せいぜいごくまれにビールを飲み交わしながら愚痴を聞くことで共感を示す程度で、変化を起こそうと思うのも難しかった。どの役職でも、たいていの従業員は変化を求めているし、改善をしたいと思っている。心の奥底で、あとから嘲ったりはしていない。

私は、より高尚なモラルの名において実行されるビジネスの概念には賛同しない。最低限、動機の一部には商業的性質を持たせ、価値に直結した結果がすぐに見られるようにしておくべきだ。

「心理的安全性」以前には、現場での従業員満足度KPIがもたらす、プラスの影響や離職率へのマイナス影響を証明する学者や専門家の努力にもかかわらず、部下を満足させておくというテーマは「本当の仕事をやったあとで時間と予算がある程度残っていたら考えてもいい」程度のものとみなされていた。

「心理的安全性」のもっとも一般的な定義として、個人レベルで「自己像や地位、キャリアに対するマイナスの影響を恐れることなく自身を表現し、行動できること」だとカーンによって1990年に定義されているが、その後エイミー・エドモンドソン教授の研究によってグループダイナミクスのしっかりとした定義へと発展した。エドモンドソン教授は、「心理的安全性」を「チームが人間関係上のリスクを負っても安全だと思える共通の信念」であるとしている。

「心理的に安全」なチームは、「家族のように感じられ、一緒なら山でも動かせると思えるチーム。一緒なら魔法も生み出せると感じられ、意見が出せ、オープンで勇敢、柔軟、脆弱だが学ぶ意欲があり、恐れを知らず、すぐれた実績に達成感を持ちつつ自分たちの輪の中で楽しめるチーム」と私たちは定義する。

　読む者が誰でもすぐに共感できるにもかかわらず、この定義はビジネス界ではほとんど気づかれていなかった。Googleが、その徹底した「アリストテレス研究」で調査した優秀なチームの第一の要素が「心理的安全性」だと結論づけたことで、その概念をよみがえらせ、広めたのだ。これについては、本文中で説明していく。

「人的負債」がかかわってくると、「心理的安全性」は流れを変える要素となる。生産性にあまりにもはっきりと直結しているため、従業員が職場で幸福でありつつ、同時により生産的であり、それによってビジネスにとって価値のある存在になるという概念が（偶然にも）生まれた。

いわゆる幸福度の話が出たが、「心理的安全性」に関して言うと、それは目標ではなく嬉しい副産物だ。ある意味、「心理的安全性」は意図的に幸福度を増やす手法ではない。むしろ、人が脆弱であり、そのために勇敢で柔軟であり、したがって回復力が高く、オープンであるために互いにつながっていられるように持つ目標だ。

「心理的に安全」なチームは幸福だ。他社のチームよりもはるかに幸福だ。だからこそ彼らは企業に長く勤めて成長する。だがそれよりも重要なのは、彼らがより速く、賢く働くということだ。Google、Amazon、その他一握りの企業では、「心理的安全性」に数字が付与されている。従業員幸福度にも数字は当てられているが、それだけではない。「心理的安全性」に特化した測定と、収支との関係を示す数字だ。これは公な数字ではなく、場合によっては従業員でさえ知らないものだが、間違いなく存在する。そして、驚くほど多く存在する従来のビジネス用KPIよりも、もっと行動や判断の材料を与えてくれる。だからこそ、これらの企業は成功しているのだ。だからこそ、消費者のニーズに素早く反応するためにテクノロジーを活用し、中毒性のある体験を構築できるのだ。だからこそ、世界中がうらやむ「文化（カルチャー）」を持っているのだ。

これこそ、彼らの秘伝のソースだ。

何年も前、初めて「心理的安全性」という概念を耳にしたがそれがなんなのかまったくわからなかったとき、私は見当違いの団体が提示する「従業員のためになる」ふわふわした概念がまた出てきたと身震いした。なにがあっても雇用を守らなければならない、というイメージをすぐさま思い起こさせたのだ。北欧諸国で時折見られる傾向だが、人材をつなぎとめる行為が極端になり、地元組合の力と組み合わさって、全員が終身雇用となったために業績や努力がどうでも良いという風潮が生まれるあれだ。

昨今、私はチームに対し、「チームは家族だ」、そして「『心理的安全性』があるとチームは魔法を起こすことができる」という概念に共感できるまでは、多くの人々がこの疑念をまず抱くのだと伝えている。そして私たちは、その人々が「ふわふわとした人事関係の問題」に対して刷りこまれた反応を克服できるよう手助けしなければならないのだと。自動的に雇用が確保されるということだと思っている人もいれば、従業員に関連する心の健康の話と同じ部類だと思う人もいる。最近、心の健康問題は（ありがたいことに）あらゆる議題に含まれているので、そう関連づけるのも当然のことだ。

あるいは、Googleの努力について聞いたことがあって、「要はチームメンバーを信じるということだろう？」と言う人もいる。現実にはもちろん、従業員が健全な環境にいるという問題に関する限り、前述のすべては関連し合っている。だがそのどれも実際の定義ではなく、デジタル時代のエリートから成る優秀なチームとの関連を知ると、その概念はもっと複雑で、はるかに重商主義であることがわかる。だからこそ、それはもっと重要かつ持続可能なのだ。

まぎれもない詩的正義の特典として、新たな働き方はテクノロジーのスピードを見せつけるショーケースのように構成され、事実上、幸福な従業員を抱えていることの明らかな利点を示すために用いられる。人事やCEOよりも先に従業員が本当のチームになれる方法を見つけられるのは、技術屋兼CTOあるいはCIOが例外的な存在だからだということは認めざるを得ないだろう。だが最終的にその結論にどうやって至るかはどうでもいい。それがふわふわした概念だと思うのをやめて、数字を示し始めさえすればいいのだ。

金で幸福は買えないなどと言うが、従業員に関して言えば、「人的負債」を減らしてチームの「心理的安全性」を高め、それによって従業員の回復力と幸福度を高めれば、ビジネスの収益と継続的成功の可能性の両方を上げることができる。「心理的安全性」はチームダイナミクスの概念だ。チームに、疑う余地はない。意見を言うことは、成長し、革新を起こし、創造し、すぐれた業績を上げるために必要なプラスの行動だ。印象操作は、その逆の結果をもたらす恐怖の集積だ。最終的には中核にEQと「心理的安全性」を置いて、「人間中心の行動」を通じ、心の底からアジャイルであり、「人的負債」を減らしていくことこそ、Googleやその他のIT系エリート企業のように勝利するための唯一のチャンスだ。

CONTENTS 目次

エイミー・エドモンドソン教授による序文 4

まえがき 8

CHAPTER 1 今日の仕事、明日の仕事

VUCA、デジタル・ディスラプションとテクノロジーのスピード 24

「人的負債」 29

人間性の時代 32

組織――人、チーム 36

明瞭さを手に入れる 38

「発言できる」文化――連携のために真の対話を生み出す 40

本当の「ToDo」リストを作る 43

人事を再び偉大にする（メイク・HR・グレート・アゲイン） 45

許可を与える 53

チームに重点を置く 57

真にアジャイルになる――WoWのためのWoT 62

CHAPTER 2 プロセスvs.人 ――アジャイル、WoW、WoT

新しい働き方と考え方 66

新しい働き方は新しくない 73

アジャイルではないもの 79

デザインによる、または「トランスフォーメーション」によるアジャイル 86

WoT（考え方）なくしてWoW（働き方）なし 95

アジャイルと人 101

なぜアジャイルが難しいのか 108

アジャイルのスーパーヒーローたち 116

アジャイル、DevOps、WoW、そして「人的負債」の削減 120

CHAPTER 3 チームと高業績の探求

チームとはなにか？ 128

現代のチームと新しい働き方 135

リーダーシップ2.0 139

形成期（フォーミング）――チームの立ち上げ、カルチャーキャンバス、契約作成（コントラクティング）、共同作業（スウォーミング） 147

混乱期（ストーミング）――健全な対立、真の対話と機能不全 153

規範期（ノーミング）、成就期（パフォーミング）、ハイパフォーミング：チーミングおよびリチーミング――チーム構成vs.チームダイナミクス 156

プロジェクト・アリストテレス 161

CHAPTER 4 心理的安全性
―― 高いパフォーマンスのための唯一のスイッチ

心理的安全性 ―― 高いパフォーマンスのための唯一のスイッチ 166
経営陣における心理的安全性 170
心理的安全性ではないもの 177
信頼 184
「柔軟性（フレキシビリティ）」と「回復力（レジリエンス）」 188
意見を言う、すなわち「勇気」と「オープンさ」 193
「学習」 ―― 学び、実験し、失敗する 199
士気と「やる気」 207
印象操作を回避する 211
バブルでの対話 217
チームの幸福と人的負債 225

CHAPTER 5 心理的安全性と感情指数を数字に置き換える

人的負債を削減する 234
行動的基礎 242
チームへの介入と改善 ――「人間中心の行動」 247
さまざまな業界からの教訓 260
ビジネスではなぜ数字を見る前に人とチームのことを気にかけないのか 264
実験しようとする実験 269
大きく勝利するために小さく、しつこく、頻繁に測定する 276

CHAPTER 6 ソフトスキルは難(ハード)しい

ハードスキルと未来 280
職場における感情 283
IQ vs. EQ 285
勇気と脆弱さ 295
情熱と目的(パーパス) 299
「数字で共感力」は実現できるか？ 303
人間らしくある許可 307
「人間中心の行動」 310
チームの枠を超えて 312

CHAPTER 7 次になにが起こるのか、そしてパンデミック以降の世界での働き方

2020年のパンデミック 316
リモートvs.柔軟（どこでvs.どうやって） 322
新しい現実を共にデザインする 327
突然のリモートへの移行の影響 331
リモートとワークライフバランス 341
世界的不況の中でのVUCAなデジタル世界における生産性とパフォーマンス 349
パンデミック以降の世界での働き方 355
次に仕事とチームに待ち受けているものは？ 362

特別付録　ジーン・キムへのインタビュー 368

用語集 375

参考文献と推奨書籍 380

謝辞 384

索引 385

凡例

・本書巻末には用語集があります。用語集に掲載されている語の各章初出には下線（破線）を引いています。
・企業や団体名は、日本の企業・団体を除き原則英語で記載しています。
・公共団体、非営利団体、学校名等で定訳があるものは日本語で記載しています。
・索引は原書を参考にしながら、日本語版独自に作成しました。

CHAPTER 1

今日の仕事、明日の仕事

- VUCA、デジタル・ディスラプションとテクノロジーのスピード
- 「人的負債」
- 人間性の時代
- 組織 —— 人、チーム
- 明瞭さを手に入れる
- 「発言できる」文化 —— 連携のために真の対話を生み出す
- 本当の「ToDo」リストを作る
- 人事を再び偉大にする（メイク・HR・グレート・アゲイン）
- 許可を与える
- チームに重点を置く
- 真にアジャイルになる——WoWのためのWoT

VUCA、デジタル・ディスラプションとテクノロジーのスピード

情報化の時代は、すべてを変えた。テクノロジーは私たちの日々の暮らし方により深く、より大きな影響を与え、分析する暇さえないほどだ。

1世代前の人々が現代技術なしでもあれだけ幸せに暮らしていたのに、現代の私たちは、ほぼなにもかもがテクノロジー頼りになってしまった。社会生活から私生活、働き方に至るまで、すべてが過去30〜40年で劇的に変化したが、変化のスピードはこの10〜15年でますます加速してきた。この新たな枠組み(パラダイム)の中で効率的であるために、私たちは職場環境における他者との交流の仕方にとってそれがなにを意味するかを理解することに時間を割かなければならない。

業界を問わず、いまや私たちの仕事時間のあらゆる側面がデジタルの影響を受けている。そしてこの変化の軌道が途切れる兆しはまったくない。毎週毎週新しいテクノロジーが誕生し、そこから生じる製品やサービスは常に進化し、変貌を遂げている。その結果、顧客の期待値はおそろしいほどに引き上げられ、今となっては顧客自身もデジタルの効果を熟知している。なにが可能かについて消費者がより明確に理解するようになり、水準を引き上げて、もっと、もっとと要求できることを本能的に知ったため、「新しく」て「もっといい」ものに対する期待値はどこまでも上がり続ける。

最初にアプリケーションというものが出てきたとき、それは贅沢品だった。主に娯楽目的で創られたそれらを消費者は必須ではないものとみなし、ほとんどあるいはまったく期待をかけていなかった。だがスマートフォンがあたりまえになると、人とテクノロジーとの関係は変わる。とりわけ、アプリは私たちの暮らしのあらゆる瞬間と密接にかかわるようになってきた。いまや、インターネットもしくは携帯電話を使っていないという意味での「非デジタル」な行動、あるいはテクノロジーによって強化・補助されるか、実現可能になっているかしていない行動はほとんどない。そして欧米社会のほとんどの人にとって、完全に電力なしでテクノロジーが皆無の暮らしなど、不可能に近いように思える。

市場競争に後押しされ、技術の進歩は加速するばかりだ。このイノベーションの増速と共に生まれるのが、消費者からのさらに高まる期待感だ。人が提供し、期待し、消費するこの世界では、迅速なテクノロジーがすべてのペースを変える。この状況の流動性が、「VUCA」という用語を生んだ。「VUCA」は「不安定性（volatility）」「不確実性（uncertainty）」「複雑さ（complexity）」「曖昧さ（ambiguity）」の頭文字をとったもので、私たちのこの新しい世界を定義している。実際、テクノロジー業界で働いているならこの世界こそがニューノーマルで、昔の明瞭で安定した世界にどのような形でもいいから戻りたいと夢見るなど無駄なことだ。

職場環境において、私たちは事実上ほんの数年の間にタイプライターと紙の山の世界から、キロバイトとZoomミーティングの世界へと飛躍してしまった。ほとんどの社会人にとって、これは仕事の実際的な側面にとどまらない革新的な考え方が求められる、根本的な変革を伴うものだった。変わり続ける働き方に向き合うのは、簡単な試みではなかった。しかも、これから先に私たちを待ち受けている不確実性と加速度によってますます難しくなっている。

なにもかもが、追い切れないほど素早く動いている。航空企業の利用者が5,000万人に到達するまでには68年かかったのに、Facebookは3年しかかからなかった。《ポケモンGO》のユーザーが5,000万人に到達するのに要した時間は、わずか19日だ。『Superfast: Lead at Speed（スーパーファスト：高速で最先端を行く）』の著者ソフィー・デヴォンシャーは、この世界がいかに高速で変わりつつあるのかという実例を次から次へと羅列する。その中のひとつとして挙げられているのが、Googleの切迫感と成長に対する揺るぎない感覚だ。同社のEMEA（欧州・中東・アフリカ）ビジネス・オペレーションズ社長マット・ブリティンが認めた「ムーンショット」――野心的で投機的なため必ずしも利益にはつながらないかもしれないが、飛躍的な進歩が見込める試みにのみ注力する研究プロジェクト――は、カリフォルニア発の画期的なイノベーションだ。マット・ブリティンはこのように要約している。

> *こんなふうに考えてみてほしい。がんばって何かを10%改善したら、それはおそらく漸進的なアプローチだ。つまり、今あるものから手をつけて、少しずつ磨きをかけていくという。でもなにかを10倍改善しようと思ったら、1から始めなきゃいけない。最初の原則に戻って、新しいやり*

方を見つけるんだ。インターネット時代に競争するには、それが必要なんだ。デジタル世界の変化のスピードはかつてないほど上がっているからね。

極端な成長が見られるようになったのは、この高速の世界においてだ。企業はかつてないほど早く生まれては消えていき（1965年、アメリカにおける企業の平均寿命は33年だったが、1990年には20年にまで縮んでいて、2026年には14年になると予測されている）、この数字はデジタルネイティブで最初からVUCAになじんでいる企業が華々しく輝いているために影が薄くなっている（髭剃りの替刃の定期購入サービスを提供するDollar Shave Clubは設立後5年で、利益を出しもしないうちに10億ドルという価格でUnileverに身売りしたし、Airbnbの評価額は同じ期間内で580億ドルとなっている）。

これこそ、私たちが学校で勉強し、何年もかけて身につけてきたことを完全に無意味にしてしまうほどの、想像を絶するスピードだ。このせいで、スキルや訓練という概念ですら無駄だと思われてしまう。そして、リスクを測定してあらゆる出来事に備えるという既存の方法はもはや役に立ってくれない。だから、私たちは「プロセス」という言葉を聞くたびに反発し、時代遅れの働き方に怖気をふるうべきなのだ。これが私たちを取り巻くすべてを不明確にし、とめどなく変化させ続け、きわめて居心地悪くさせている元凶なのだから。

この時代、私たちが頼りにできる唯一確実な要素、持続可能であり続け、意味を持ち続ける唯一の有益な部品は人の資質、能力、スキルだ。それがあれば、私たちはこのVUCA世界がもたらすと言っても過言ではない、終わりのないように思える災害対応モードの中でほっと一息つくことができる。中でも重要なのが勇気、柔軟性、そして回復力（レジリエンス）だ。共感力、目的、情熱。つながり、コミュニケーション、信頼、良識、善意、気迫。感情指数（EQ）と心、私たちの人間性のエッセンス。すべて、「職業的（プロフェッショナル）」な領域では事実上ほとんど触れられず、過小評価されているものだ。

　企業が人を中心に置いて設立され、その価値を持ち続けていれば、競争力を維持できる可能性は高い。だがほとんどの組織にとって、VUCAとデジタルはその企業生命において最近登場した眩惑的な新参者なので、それらを柱として企業を構築し、組織内の人を中心としてその周りに基礎を築くという、白紙の状態からの設立という贅沢が許されない。全員をいったん外に出して、構築したいと思っている形にふさわしい頭脳と心を持つ者だけが中に戻れる、という純粋主義的な手法は通用しないのだ。それさえできれば、人的負債を減らし、高速で進むこのデジタルなVUCA世界で勝利する可能性があるのだが。

「人的負債」

「技術的負債」(「コード負債」または「設計負債」とも呼ばれる)はソフトウェア開発において、ソリューションを設計する際に「正しいことをやる」という選択肢をとると多くの労力や努力が見込まれる場合、もっと「安易な方法」を選んだがために後々選択を修正するのに必要となるやり直しのコストや労力を指す。言い換えれば、ソフトウェア開発者が手を抜くと起こることだ。金銭的負債と同様、技術的負債には高額なツケがついてくる。変化の必要性がもうこれ以上は無理だという段階まで再三再四無視されてきて、多くの場合、一からコードベースを完全に再構築しなければならなくなるのだ。

技術的負債が積み上がるのと同じように、同じものが組織レベルで、従業員についても積み上がってきたのではないかと私は気づいた。そこで創った言葉が「Human Debt™(人的負債)」だ。これは、私たちが職場における従業員の幸福を保証するためにおこなうべきだった重労働を無視し、職業世界全体として選んできた手抜きの近道を指す。

「人的負債」は従業員の福利、幸福、思いやり、敬意に対する倫理的懸念を包含する傘だ。「人的資源(Human Resources)」という言葉自体がおそろしく敬意を欠くもので、事実上「人的負債」のテーマを要約している。私たちは総合的に人々を、私たちの人を、私たちの従業員を、たんなる「資源」のひとつとしてしかみなしてこなかったのだ。一部の新しい企業では、この言葉は「資本」に修正されている。そのほうが正確だし、誠意がこもっているなら、歓迎されるべきだ。その言葉を選んだ企業は典型的に、「最高人材責任者（Chief Human Resource Officer）」を置くより前に、「最高心責任者（Chief Heart Officer）」や「最高目的責任者（Chief Purpose Officer）」「最高幸福責任者（Chief Happiness Officer）」を置いているのと同じ企業だ。しかし言うまでもなく、これは単に宣伝目的や流行のために肩書をつけなおすだけでなく、考え方が本当に変わったことを反映している場合にしか重要な意味を持たない。この変化を経た企業は非常にまれだ。

この流れを変え、定量的ではなく定性的な要素に注力するのは、いつだって困難だった。その最たる事例は1975年のサンフランシスコで、トム・ピーターズとリチャード・パスカルといういずれも尊敬される2人の経営コンサルタント兼ストラテジストが顔を突き合わせ、不況下のアメリカ人労働者の逼迫した状況をどうすれば変えられるかを考えたときのことだろう。日本人が職業倫理と手法によって敗北から抜け出し、産業革命の勝利を得たそのやり方に畏敬の念を抱いた彼らは、日本人とアメリカ人との違いはより高い使命感の欠如にあると提唱した。人と道具に違いはなく、異なるプロセスによる競争的優位性は、日本人が持つひとつの大きな強みの結果生まれたものだと彼らは確信している。つまり、組織全体の従業員全員に浸透している価値観の共有、強力なビジョンに見合ったミッションを共有しているという感覚なのだと。

その後2人とも本を書いたが、パスカルの著書『ジャパニーズ・

マネジメント』（リチャード・T・パスカル、アンソニー・G・エイソス著／深田祐介訳／講談社／1981年）は消極的に受け止められ、中には眉をひそめる者もいた。ミッションだの価値観の共有だのといった話はなんなんだ？　日本人がもっと高い目標を持って働いたからどうだと言うんだ？　ピーターズの『エクセレント・カンパニー』（トム・ピーターズ、ロバート・ウォータマン著／大前研一訳／講談社／1983年）は同じ概念を訴えているが論調が異なり、その結果、企業は単に仕事を提供するのではなく価値観に基づいて真のビジョンを持つべきだという考え方を浸透させることに成功している。

今では、誰もがビジョンを刻みこみ、誰でも見られるように大理石の額に入れて廊下に飾っているため、その効果と存在意義を好きなだけ議論できるようになった。だが実はビジョンという概念はずっと昔から紹介されていて、それが私たちの仕事に対する見方を形成し、雇われの働き蜂から投資を受けるパートナーへと重点が移ったときに経済を押し上げた。つまり、「目的（パーパス）」という概念の最初の例となったのだ。

私たちは不快感を乗り越え、問題のもっとも重要な点を議論するところまで進まなければならない。従業員に、純粋に愛してもらうにはどうすればいい？　それを義務化するのを避け、従業員が進んで尽力するレベルにまで慎重に構築し、はぐくむためにはどうすればいいのだろう？　すべてを注ぎこむ。全身全霊をもって。「人的負債」を減らす、あるいはもっとうまくすれば根絶やしにすることが重要だ。

人間性の時代

私たちは長年、答えにくい問題を投げかけ、「人的負債」の真の影響範囲を調べ、現状にガソリンをぶっかけることも辞さない覚悟を持つべきだということはわかっていた。だが、それがかつてないほどはっきりとしたのが、2020年の新型コロナウイルスがもたらした危機だ。

まさに生命が危機にさらされて、人類は生き延びるためのすぐれた適応性を発揮せざるを得なくなった。訪れた脅威に対応するため、必要に応じて日々の暮らしの構造が修正されるのを目の当たりにし、それに伴って美しい共同体意識がすばらしい人道的行為の実例として、世界のあらゆる場所で、生活のあらゆる場面で輝くのを見てきた。

ビジネスにおいても、通常業務が不可能になり、リモートやフレキシブルな働き方が一夜にして現実となり、人々が特定の場所の物理的なオフィス空間で一定時間デスクに拘束されなければ一緒には働けないという、仕事の世界で誰もが持っていた固定観念の少なくともひとつを手放すことがまったくもって可能だという事実を、疑いの余地なく証明してみせた。この前提が間違っていたことがいったん見事に証明されると、ほかの固定観念の多くにも疑問が投げかけられるようになり、真の人間性に対する新たな欲求と組み合わさって、職場における人間の価値に関する活発な議論が沸き起こった。

ひょっとすると私たちはようやく文化的変化や、敬意のあるやさしい職場環境が必要だという点において合意できるようになったのかもしれない。だがどうすればそこに到達できるかという問いに答えるには、私たちがなにを重んじて仕事をどのように見るかに関しての劇的に異なるアプローチの仕方が必要となる。組織の健康は、ワークショップを何回かやったりポスターを何枚か社内に貼ったりするだけで気づかないうちに少しずつ改善するものではない。劇的かつ大きな変化を通じて実現するものなのだ。

うまくいかないやり方

▶今までやってきたことをそのままやり続ける――過去と同じように、同じ階級制度と同じ構造の中で、同じ選択基準に基づいた同じ職責、同じ価値観の定義をもって、同じように敬意や思いやりが欠如していると従業員が感じたまま企業を組織し、経営すること。

▶「チーム」の概念を無視する――なおざりにされがちな構造だが、その実、行動や習慣といった観点から確実に変化を与え得る唯一の構造でもある。

▶組織と文化を総じて理論化したり、それについて説教したりする――いずれも真実である可能性はあるが、同時に真の変化をもたらすことのできない、無駄な巧言でもある。

▶「ひねくれたことを言うんじゃない」といった、一般的なアドバイスしかしない――それも必要かもしれないが、それではなにも達成できはしない。なぜなら、ほとんどの人がもともと善意を持っているが、「心理的安全性」の欠如からくる防衛的で保守的な態度によって、特定のチームバブルにおいて優勢となり得る有害な文化という罠にはまってしまった今、問題行動をどのように修正すればいいかわからないからだ。

- 「仕事の未来」という概念に口先だけ同意する――有り余る重要性の総合的概念として新たな枠組みについて全般的に語り、それが新しい「自転車通勤構想（＊訳注：環境汚染の低減と健康増進を目的として1999年にイギリスの財政法に組みこまれたイニシアティブ）」の導入や新しいオフィスのレイアウトで解決されたとみなすこと。
- 「枠に囚われない」解決法が出ることを期待する――とりわけ、なんの内省や批判的検証、当事者意識もなく高額なコンサルタントが押しつけてきた新奇の「フレームワーク」や「プロセス」を採用し、全員のためになる日々の「人間中心の行動」にそれ以上投資しようという意思を持たないこと。

うまくいくやり方

- 現状のすべてに疑問を投げかけること。
- 「人的負債」を正すことこそ全員がその日一番にやるべき仕事であり、現在の環境において競争力を持ち続けるためにこれ以上優先されるべきものはないのだと、一片の疑いもなく信じること。
- 他人を指揮する立場にいる人間が1人残らず高い「EQ」を持ち、彼ら自身と他者の感情を理解することができ、きわめて高い共感力を持つこと。
- 取締役会も含め、チーム全員の「心理的安全性」を最優先とし、守ること。
- 最終収益との関連性を示すこと。
- 正確かつ行動に移せるタスクに分解し、健全で持続可能な「人間中心の行動」のために必要な許可やツールを持っていると全員が感じられるようにすること。

- 難しいスキルにだけ焦点を当てて、EQやグループの行動を無視してきた論調を変えること。
- 価値観をデータではなく、人間性中心に再定義すること。
- 良いパフォーマンスを出せるよう、全員が幸福を感じ、大事にされていると感じられるようにすること。
- 中心的概念としてのチームに執心すること。
- アジャイルな考え方への変化に尽力すること。

このVUCA世界で確実に繁栄できるようにするたったひとつの真のメカニズムは、デジタルネイティブたちの行動を見倣い、私たち自身と配下の従業員たちにこの「人的負債」を軽減できる感情や特性を身につけさせることだ。共感すること、複雑な感情をデータに変換すること、目的や情熱、善意、敬意、思いやりを共有することが重要だ。

組織
——人、チーム

私たちのほとんどが、時代遅れの組織構造をたっぷりと見てきて、その負の側面も知っている。同類ばかりの取締役会、多様性のなさ、横行する権力闘争、見当違いのインセンティブ、新たな枠組みの無視、正真正銘のビジョンの欠如、偽りの目的、そして「人的負債」を少しでも返済しようという意思も技術の重要性もたいして顧みられないという側面だ。

課題を浮き彫りにするのに十分な経験談、呆れ顔、大きなため息はいくらでも出てくる。あまりにも多くの組織が疲れ果て、病み、場合によっては末期症状に陥っている。「組織設計」「組織心理」「文化的変化」「部門の垣根を取り払う」「有害な職場の権力闘争を駆逐する」——これらはすべて、サクセスストーリーを左右する非常に重要な目標だが、これらを「心理的安全性」や「EQ」のような中枢的手段として定義する以前は、漠然とした理論上のものにすぎなかった。そして、これらの手段は次の2つの段階、「チーム」と「人間」において用いられる。

では組織レベルでもできることは、なにかあるだろうか？　もちろん。

- 明瞭さを手に入れる。
- 「発言できる」文化を浸透させる。
- 本当の「ToDo」リストを作る。

- 人事を再び偉大にする。
- チームに重点を置く。
- 許可を与える。
- 真にアジャイルになる。

明瞭さを手に入れる

多くの組織が、重要な主題を単なる表面的なつまらないものと混同するという悪循環にはまってしまっているようだ。これが「人的負債」の基盤を形成する。世界中の最高の善意と、うまくやって文化を変えようという使命があっても、それはいまだに「AI」「仕事の未来」「福利厚生」「取り組み」「グループシステム思考」「サーバント・リーダーシップ」「信頼」「情熱」「目的」等々の大きなテーマの合間に浮かんでいる状態で、何かを改善する大きな進歩や解決はできていない。意味深い主題が些末な用語の陰に隠れてメリーゴーラウンドのようにぐるぐる回っていて、過去に「人的負債」と闘おうと試みた勇気あるドン・キホーテのような人々が残した、何百という独自のフレームワークや略語が散りばめられている。

何事でも前進し進歩するためには、余計な用語や概念を振るい落とし、独自のフレームワークから脱却し、代わりに概念の本質そのものと言葉の基本を深く掘り下げることで、変化の真の手段である個人とバブル（つまりはチーム）を中心にすべてを考え直し、配置しなおす必要がある。

明瞭さの重要性は評価してもしすぎるということがない。その実現こそどのような取り組みを成功させる上でも基礎となるし、その重要性は身体を麻痺させる混乱に対する解毒剤として、VUCAの高まる難易度に正比例して増してきた。

私たちが中枢となる概念や重要な価値観に精神を研ぎ澄ませて集中するようになって初めて、それらの要素の1つひとつをもっと良くするために具体的にどの部品を分析するべきなのか考え始めることができる。変化をはぐくむための現実的な手法はなんだろう？　なにが期待できるだろう？　全体的なビジョン、傾向等々にはどのようにあてはまるだろう？　うちにとってうまくいくのはどれだろう？　なにが一番重要だろう？　人間性に対する純粋な執着をどのように構築し、独自のセールスポイントとして再生できるだろう？

「発言できる」文化
――連携のために真の対話を生み出す

これが中でも一番大きな、問題の中枢だ。内在的に大胆かつ善意に基づく性質を持ち、報復を恐れずに持続的に率直なフィードバックと意見を提供する行為である「発言」は、「心理的安全性」を構築し、それによって優秀なチームを育てる根本的な行動だ。

私たちは、職場で互いに話し合っていると思いこんでいる。自分たちは腹を割ってコミュニケーションを取っていると思っているし、ある程度までは純粋な対話を持てていると信じている。だが現実には、本当のコミュニケーションが取られている時間は私たちの職場環境においてはまれだ。山のようなストレスと恐怖、そして印象操作の下に埋もれ、略語やコンサルタント用語に覆い隠されてしまっている。

「アジャイル・マニフェスト」（ソフトウェア開発においてなによりも人間が重要であることを明言した文書）の立役者である初期の調印者たちの一部が、人間性の真の擁護者だ。中には、彼らは価値観を体現してみせることでほとんどの人事部よりも多くのことを職場の従業員のために成し遂げた、と主張する者もいる。本物のコミュニケーションを取る能力をすべての中心にしっかりと据えているのだと。

2人の偉人の間で交わされた、このTwitterのやり取りを見てみよう。評判のアジャイルソフトウェアコーチのジーポー・ヒルが

「連携――信頼できる対等の立場の人間として『相手を体験する』人々の間で頻繁におこなわれる、焦点を絞った直接的な人間同士の対話――は私のアジリティの中心にある。そしてそれは私たちが取り組むことのできる唯一かつもっとも劇的で革命的な行動だ」と書くと、それに反応してアジャイル・マニフェストの初期の調印者の1人であり、テスト駆動開発の父でもあるケント・ベックはこう書いた。「泣いてなんかない。わかったよ、そうさ、私は泣いている。これこそ、まさに脈打つ心臓だ！」。これが実質的に何を意味しているのかというと、現在のテクノロジーと顧客の期待を含むVUCA環境において求められるどのような仕事、とりわけ革新的で複雑な、知性を要する、不連続の、EQを伴う、柔軟で共感を要する類の仕事をこなすには、真の連携への道筋を見つける必要があるということだ。

まず必要となるのは勇気だが、連携には本物の、生の、定期的で率直な対話が必要だ。それを実現するには、常に勇敢に対話するチームがなければならない。オープンに、わかりやすい英語（または母国語）で、恐れることなく、徹底した率直さと共感力、そして善意をもって仕事をこなそうと取り組むためにする発言こそ「心理的安全性」のエッセンスであって、したがって優秀なチームを生む。

「心理的安全性」こそ、チームをチームたらしめる要素だ。チームは家族であり、ユニットなのだ。ひとつの器官だ。さまざまな人格をもって周囲から切り離された異質な人々の集合体ではない。後者はどのような対話も連携も絶対にできないのだから、そもそも存在を許すべきではない。この完全にオープンな対話を実現するためには、私たちは「発言できる」存在にならなければならない。目標に狙いを定め、「人間中心の行動」に意識を集中させ、それを組織レベルでもチームレベルでもおこなう必要がある。

本当の「ToDo」リストを作る

経営者は、「人的負債」を削るためには全社的な「人間中心の行動」に膨大な量の変革的な仕事を含めなければならない。それは熱望するという段階でとどまっていてはいけないし、せいぜい黙示的な状態のままでよしとしてもいけない。そうではなく、すぐにでも意図的かつ明示的なものにならなければならないのだ。

私たちがアジャイルな働き方をしたいと思うなら（そうせずに成功できる者などいるだろうか？）、もし「仕事の未来」という壮大な物語（アジャイルにおける仕事の一片を説明する包括的な物語、あるいは全体的な「目標」または「戦略的目標」）の筋書きが「顧客がテクノロジーの利用を通じて気に入るような製品や体験を生み出し、このデジタルのVUCA世界で競争力と高性能を維持する」ことであるなら、「スプリント」（ほとんどのアジャイル手法で用いられる仕事の単位。通常1、2週間という短い期間と、チームの未処理の仕事の中から連携的に選ばれた特定の仕事）は「人を中心に据えたアジャイルな考え方を実現する」ということになる。こうすればすべての選択肢は、チームリーダーの成長するEQと人に対する許可を中心に「実用最小限の製品（MVP）」を構築し、リーダーの配下にあるすべてのチームの「心理的安全性」を増加させることにつながるようになる。こうすれば全員がコミュニケーションを取り、連携ができる。互いに気遣い、実績を上げられる。仕事をしながら、人間らしくいられるのだ。

真のリーダーは皆、ホワイトボードを持っているべきだ。頭や心の中（だけ）にあるのではない本物のボードで、TrelloやJiraなどの最近のプロジェクト管理ソフトウェアに入っていて（あるいは、まだ存在するのであれば、物理的にオフィスの壁にかかっているやつでもいい！）、チームの全員が船を操縦するためのToDoリストを見られて、今自分がなにに取りかかっているのかがわかるようなものだ。

振り出しに戻って、どうすれば組織が効果的かつ柔軟で、信頼できるようになるか、そしてなによりもシンプルで確固たる存在になれるかを考えるべきなのだ。

人が進んで知識を共有し、手を貸し、本当の意味で連携し、自分らしくいて、大胆に、他者を気遣い、やる気をもって一生懸命仕事をし、投資し、没頭し、他者も巻きこみ、変化を受け入れ、信頼し、学習し、一種の内なる炎を燃やし、そのすべてを可能にするスピードで動けるようにするにはどうすればいいかを問いかける必要がある。

組織の投資利益率は、以後、この壮大な物語に取り組んで「人的負債」を少しでも削り始め、職場にAppleやGoogleのような、本当の科学と魔法と奇跡のような文化的調和をもたらした場所からのみ生まれることになるのだ。

人事を再び偉大にする（メイク・HR・グレート・アゲイン）

Gartnerによれば、「70%のCEOが、最高人事責任者（CHRO）に企業戦略における立役者になってもらいたいと期待しているが、実際にCHROがその期待に応えていると感じているのは55%にすぎない。これに同意するCFOはさらに少ない（30%）」とのことだ。

これは実に含むものの多い統計だ。ひとつにはほとんどの場合、人事が資産というよりは負担であるということ、そして近年、この見解が最高財務責任者（CFO）など、確実な数字という客観的現実を見る人々にとってますます明確になってきているということ。もうひとつには、最高経営陣の間に、戦略を形成するときに従業員を考慮に入れるはっきりとした傾向が見られるということ。そのため、彼らはこの領域における貴重な見識を強く求めているのだ。

CFOに聞いてみると、彼らは明らかにそれを理解していない。機能としての人事部は自らをビジネスの崖っぷちに追いやっているという者もいる。LinkedInを開いて、DisruptHRやHackingHRといったフォーラムを検索してみればいい。テクノロジーであまりにも簡単に置き換え可能な運営上の仕事や、コンプライアンス関連の仕事を引き受けたためにそんな崖っぷち状態になってしまったと言及され、そして皮肉にも、自動化によって真っ先に消滅する従来のビジネス機能のひとつは、コールセンターなどの業務ユニットよりもまずは人事部だとも言われている。

現在、ほとんどの組織で人事部がなにをしているか教えよう。広報、社内コミュニケーション、そして管理業務だ。山のような管理業務があって、この管理業務は、人材関連タスクと名づけることもできるかもしれないが、本当の意味での投資がおこなわれなければ、結局は純粋に管理業務のままだ。採用や選抜でさえ、一連のプロセス主導タスクにすぎず、情熱もなければ昔ながらの直感からのインプットもほとんどない。同じことが人材確保、人材管理とパフォーマンスについても言える。これらは多くの場合、市場背景をまったく理解しないまま、変革的な成果も期待されずにただノルマをこなすためだけに造り上げられた事務処理の古臭い慣習だ。最後に、リーダーシップ開発活動は誠実な行動を分析し、改善することもほとんどなく、せいぜい該当する欄にチェックを入れるか、レクリエーション活動をおこなう程度だ。突き詰めると、彼らがやっているのはSageやXerox、あるいはほかの会計や運営システムの将来のバージョンが人の手の介入をほとんど、あるいはまったく必要としないようにできることばかりなのだ。加えて、彼らはしばしば、キーワードとの一致と自らのタスクに関する十分な理解のなさを、テクノロジーのスピードのせいだと主張する。新しいテクノロジーや新しい働き方は毎週のように生まれているのだから、特定のタイミングで人材の今の定義がなにかといった最新の情報を、どうやって入手すればいいと言うのだ？　だが、ベストプラクティスの実例を見ればわかるとおり、それは言い訳の極みだ。それに、彼らが時折見せる、人に対する関心の全般的な低さというまた別の症状もある。

人事の重要性をもっとも擁護し、この機能を再び真の「ビジネスパートナー」として、昔のように求められる機能へと高める方法を説明する意見のひとつは、パティ・マッコードのものだ。『NETFLIXの最強人事戦略　自由と責任の文化を築く』（パティ・マッコード著／櫻井祐子訳／光文社／2018年）の著者であり、Netflixの元最高人事責任者として「人が第一」という文化の立役者になった人物だ。彼女は、Netflixにとっていかに人事部がビジネスの基礎であり、人材スカウトの役割をきわめて真剣に捉えているかについて説明している。

その中で、彼女は人事部が任天堂と交渉していた取引を成功させた事例を説明する。任天堂Wiiの重要な納期がかなり厳しい状況で、必要な専門技術を持つチームがまったくなかったため、新規にチームを立ち上げる必要があった。仕事熱心な採用担当者のベサニー・ブロドスキーは企業のためにさらに努力し、プロジェクトのもっとも小さな技術的細部まで十分に理解できるよう膨大な時間を費やして勉強し、タスクを理解した。彼女自身が有能なチームリーダーとなれるくらいにまで内部知識を身につけたおかげで、ベサニーは完璧なチームを編成することに成功し、そのチームはやがて、約束のプロダクトを納期までに立ち上げた。これこそ、人事部に必要な期待以上の行動だ。この特定の従業員のやる気と情熱が、人間的観点からプロジェクトを実現させたのだ。

パティはさらに、人事部に徹底的な改革が必要であること、そして従業員を大人として扱い、頻繁に質問をし、彼らが十分熱心に力を注いで仕事に取り組めるように励ますべきであることを訴えている。

ここで、人事部が何に責任を持つべきかを教えよう。組織とその従業員の健康である。彼らが、組織の魂の根源なのだから。

この挑戦に取り組んでこず、「人的負債」の重大さを見てこなかった人事部の責任者たちは、価値の創造者となる代わりに使い捨てのリソースへと自らを追いこんでいる。人事部の上級社員なら誰でも、数年前にはぐるりとあたりを見渡して、テクノロジーと人がどこへ向かっているかを確認し、CEOにとって一番信頼できる助言者となるべく決意を固めているべきだったのだ。

彼らはソフトスキルやEQが重要となる新時代の方向へとチームを導く、『スター・トレック』で言うところのカウンセラー、ディアナ・トロイのような人間調教師となるべきだった。先ほどの統計を見れば、経営陣がその役割を担ってくれる人材の必要性を非常に強く感じていることははっきりしている。だがそれを実現した企業は実に少なく、大小問わず従来の企業のほとんどで最高人事責任者（CHRO）が埋めるはずの「人に対する洞察力がある人材」は穴だらけのままだ。そこへ登場するのが、最高技術責任者（CTO）だ。あるいは最高情報責任者（CIO）やデジタル責任者でもいい。とにかく、テクノロジーの使い方や作り方を指揮するリーダーが入ってくる。誰でも、テクノロジーそれ自体は二の次だということを現場で見ることのできる人物だ。本当に成し遂げるべき任務をわかっている人物、企業を新たなデジタル時代に連れて行ってくれると信頼できる人物だ。

そのいい例が、テクノロジーの価値を理解し、その成功や失敗のカギを握るのがテクノロジーを使ったり作ったりしている人々にほかならないと知っている、アジャイルとDevOpsのリーダーたちだ。新しい働き方に内在するスピードと卓越は、延々とより良いプロセスを探し続けたり、「ベストプラクティス」を追い求め続けたりする必要性を排除し、代わりに、もっと新しいビジネスの概念が入ってくる扉を開いた。

手法とツールに明瞭性があれば、チームにおけるメンバー同士の化学反応、彼らの「心理的安全性」とグループダイナミクスとしての行動、彼らの集団として、そして個人としてのEQ、さらには1人ひとりがオープンでいたい、連携を取りたい、「人間中心の行動」に意識を集中させておきたいと思うその願望によって、本当の変化が生まれるのだということが突如として見えてくる。したがって、人的資産に注力する責務を引き受けるリーダーが、将来にはそれを直接活用できるリーダーや目標達成にもっとも近いリーダーとなる。とりわけIT企業や、知識とITが顧客への提案を決定づける企業において人事部は消え去り、その機能は単純に仕事をもっとも深く理解している人々の間で分担されるようになると思うのは、そこまで極端な論理の飛躍ではないだろう。

デジタル、デザイン、そしてアジャイルに最初からなじんでいて、顧客中心である企業（言い換えれば、私たちが皆なりたいと目指している企業）では、人事部の機能はすでにほかの企業とは大きく違っている。彼らのテクノロジー力を高めて成功へと導いているのは、まさにその違いなのだ。

Googleはその機能を「Human Resources（人的資源）」とは呼ばず、「People Operations（人事運営）」と呼んでいる。色彩豊かなオフィス空間や昼寝休憩用ポッドだけにとどまらず、彼らは「心理的安全性」を高めることに関しては実に科学的に取り組んでいて、あらゆる階層のチームリーダーに対し、従業員の目標をチームの目標や成果指標（OKR）にしっかりと根づかせるよう指示している。Amazonには、有名な「People Science（人間科学）」部門がある。Disneyは従業員をお客様のように扱うことをずっとモットーとしてきた。そして人的資産に重きを置くもっとも雄弁な例が、Appleだ。人事部自体を独立した組織として扱うのをやめ、代わりにビジネスのあらゆる場面に完璧に組みこんで日々の業務の一部とみなしていることを示唆している。同社は一般の逆を行き、人事部機能を消滅させて小売販売のカギを人事部責任者の1人、元人事担当バイスプレジデントのディアドラ・オブライエンに渡した。その際、CEOのティム・クックはこう繰り返した。「Appleでは、会社の魂は従業員にあると信じています」。

その一方、ほとんどの（幸い、祝福すべき例外があるためすべてではない）企業において、人事部は1999年のころから変わらず続いている。給与明細や多様性の方針に没頭している間に、より深い分析とデザインを見落としているのだ。人員の数字に気を取られるあまり、最大の資産についてのデータを集めて分析することを怠っている。キーワード検索で発掘した人材と有給休暇の交渉をしている間に、この新たなビジネスの枠組みの中で成功できる共感力と好奇心を備えた人材を見つける技を見落としてしまっている。そしてチームに回復力（レジリエンス）をつけて壁を壊し、イノベーションや創造力、生産性に必要な「心理的安全」を全員に与える方法を見落としている。

AIの到来により、人事部を取り巻くすべてが変わりつつある。人事部の担当業務として人間がおこなってきた一部の機能はAIによって排除されるかもしれず、その脅威は常に存在するが、ほとんどの場合、人事部は現実から目を背けて現状を変えず、ごく近い将来には忘れ去られてしまう運命にある単調な仕事をこなすことに執着している。

従業員の価値を本当に理解しているもっと賢明な部署に取りこまれることなく生き延びるためには、人事部は「どの検索キーワードが」や「どこで」働くかといった無関係なポイントに注目するのをやめ、「誰が」に立ち戻って、さらに「なぜ」もつけ加えなければ、役員会議の席を取り戻すことはできない。それができなければ、すでに役員会議室に集まっている人々、ビジネスの成長に大きな影響をもたらしているアジャイルなリーダーたちがその空席を蹴り出して、従業員こそ企業の最大の価値であり最大のリスクである理由を全員に教えることになる。

人事部を再び偉大にすることができる関係者は、2者だけ。経営陣と、人事部自身だ。

変化を遂げるためには、人事部はまずチーム内における自らの現在の立場を理解しなければならない。自分たちがベンチに追いやられ、いつでも交替可能であることを認め、機械には再現不可能な自分たちの中核的スキルを思い出して、その役割についての見方をもっと良くするためにそれぞれの組織に対して主張するのだ。本当の戦略的議論が交わされている役員会議室に乗りこみ、自分たちが到着したことを知らせ、変化を推進して組織の魂を守るために、自分たちがなぜ必要なのかを宣言しなければならない。そうすれば、リーダーたちはあの大きなテーブルから椅子を引き出し、自分たちにもディアナ・トロイがいて「前人未到の地――幸せな従業員がいて、競争力を持ち続けられる「人的負債」のない企業――へと、大胆に旅立ってゆく」手助けをしてくれることに感謝するはずだ。

それができる。絶対にできるのだ。

職場においてもっとも人材に執着する人材は、この新しい世界の救世主となってもらい、すばらしい偉業を達成できるカギとなってもらわなければならない人材だ。彼らが本格的に組織を再構築できるよう許可を与えることは、皆が勝利したいのであれば賢明だし必要な選択肢だ。

許可を与える

人事関係の雑誌をめくってみれば、いまだに彼らは、誰にも見られていないと思って踊り続けているようなものだとわかるだろう。そうした雑誌のひとつで私が最近見つけた、実際の見出しや概念を、そのまま書き写してみる。「ライン管理者の進歩」「報酬の技法」「なぜ従業員がテクノロジーを信頼しないのか」「スタッフ研修――仕事中か仕事外か？」。そして、実際に人事部で議論されたり分析されたりしているのもそういうことなのだろう。もちろん、きわめて近い将来、基本的なソフトウェアが人間の代わりにもっとうまくできるようになるであろう、法律関係や事務手続きがほとんどを占める日々の業務については触れるまでもない。職場で私たちが知っているすべてを作り変えつつある大きなテーマに触れている記事は、ひとつもない。新しい働き方、顧客の期待、テクノロジーのスピードとそれが約束するもの、AI、そして従業員がそれらすべてをどのように見ているか。職場に人間性を組み入れ直すためにどうすればいいかなどには、一言も触れていないのだ。

前述のような無意味なトピックを取り上げるという無駄骨を折るよりも、存続したいという野望を抱くすべての人事部が緊急にやるべき4つのステップがこれだ。

- 価値を証明することで、「人的負債を削減するため」の本当の意味での許可（または「同意」）を経営陣から得る（そのためには全員が共感力とEQに基づいて、そして「心理的安全性」をもって継続的に仕事に没頭することで、日々の強力な「人間中心の行動」にまず注力するよう呼びかける)。

- その許可を従業員に聞いてもらえるように伝え、さらに重要なこととして(実現するのは恐ろしく難しいが)それを信じてもらい、信頼してもらえるように伝える。
- 福利厚生から感謝の念を伝えることまで、そしてやさしさや共感力、情熱を高め、尊敬と思いやりを感じられるようにすることまで、個別の行動を通じて従業員が再び情熱を燃やし、自らを再発見できるよう手助けする。
- ちゃんと「失敗する許可」を与えることで、従業員が勇敢で実験的な行為のために評価されていると感じられるようにし、恐れや印象操作の必要がないと思えるような成長とイノベーションの環境を創り出す。

多くの職場で、個人レベルでも組織レベルでも意気消沈するほど大量の諦めや惰性が見られるため、これらの許可は必要不可欠だ。これは狡猾なまでの悪循環でもある。個人はミッションに全力投球し続けられず、心身共にやるべきことに全力を尽くすための要素に気持ちをつなぎとめることができない。一方、組織は従業員の福利厚生になどみじんも関心を持たず、せいぜいスポーツジムの会費割引を与える程度で、自分たちが雇った従業員を「資源」ではなく「資産」とするために必要なことをとっくの昔に見失ってしまっている。従業員たちがもはや情熱を燃やすこともなく、変化を起こせる逸材であることなどまれだからだ。こうして、双方共にただ惰性で働くだけになっていく。

組織の変化を命令することはできない。できる限りの裏技を使って、望む結果になるように仕組まなければならないのだ。連鎖反応の最初の一歩となるべきなのは「心理的安全性」と、究極の一般常識、人に内在する「良識」に訴える以外にない。これに磨きをかけ、正しい方向に送り出してやれば、次の一歩は「人間らしくある許可」で、それこそ組織に必要な本当の変革的な駆動力となる。

人事部やほかの誰かが「失敗する許可」の重要性について適切な例を知りたいと言うなら、『THE CULTURE CODE 最強チームをつくる方法』（ダニエル・コイル著／桜田直美訳／かんき出版／2018年）を読むといい。著者ダニエル・コイルが、Googleが今のGoogleになった理由を語ってくれている。2002年、ごく小さな新興企業から始まって間もなかったころ、当時業界最大手だったOvertureとのイノベーション大接戦に勝利した物語だ。創業者の1人であるラリー・ペイジがこの任務を請け負ったチームの問題点の本質を紙に印刷してキッチンの食器棚に貼りつけ、それがまったく接点のないチームの1人、ジェフ・ディーンの目に留まり、週末を潰して修正を試み、やがてはインターネット広告のAdwordsを生み出すチームの結成に至り、それがGoogleを事実上一夜にして大金持ちにしたという話だ（その翌年だけで、同社の利益は600万ドルから9,900万ドルへと跳ね上がった）。

ジェフは、修正をやってみてもいいだろうかと誰かに尋ねたりはしなかった。許可を求めなかったのだ。承認など必要だと感じなかったし、馬鹿にされたり叱責を受けたりすることを恐れてもいなかった。仲間意識だけでなく激しい議論もある「心理的に安全」なレベルのチームと彼がみなしていたことで、彼は力を得て、実験してもいいという明白な許可があると感じ、したがって失敗してもいいという黙示的な許可もあると判断し、単独で会社を大きく飛躍させたのだった。

人事関係の雑誌がやるべきなのは、チームリーダーやチームメンバーのレベルで、「人間中心の行動」をはぐくむ最善の方法がなにかを模索することだ。発言できるようにすることに注力するべきか？　瞑想室を導入するべきか？　実証可能な感謝の行為に報酬を与えるべきか？　「恩送り」プログラムを作成するべきか？　より健全な心理的行動や習慣を構築できるように手助けするべきか？　個人の責任の重要性を再認識させるべきか？　良いリーダーシップとは従業員とつながり、思いやるサーバント・リーダーシップであることを示すべきか？

私たちがチームの「解決策ダッシュボード」に組み入れたもののひとつは、毎月の挑戦課題だった。最近導入したものの中で言うと、やさしさと共感力を高めることを目標としたものがある。練習として、リーダーたちはミーティング前に、チームメンバーに意識を集中してもらうための合言葉を試してみるよう、チームメンバーに提案するという課題が与えられた。公式なミーティングの前には必ず、「私と同じように、ほかのメンバーたちもポジティブな経験がしたい。意見を聞いてもらい、敬意を払われ、つながっていると感じ、学び、成長し、幸せでいることを許されたいと感じている」と唱えるのだ。これは小さな例だが、こうしたアイデアの種が何百何千とあって、私たちが進化するために今すぐにでも必要としている許可を人事部が取りつけてくれさえすれば、いつでも芽吹くのを待っている。

チームに重点を置く

いくつものTEDトークやダニエル・コイルの『THE CULTURE CODE 最強チームをつくる方法』でも紹介されている話だが、ピーター・スキルマンが考案したマシュマロマン・ゲームという実験がある。そのゲームでは参加者にスパゲッティの乾麺、粘着テープ、紐とマシュマロを使って、自立するできるだけ高い構造物を作れという課題が与えられる。4人1組で、参加チームはデザイナーから建築家、起業家、『フォーチュン500』に名を連ねるような企業の経営陣、さらには幼稚園児まで、さまざまな分野の人々だ。

誰もが驚いたことに、一番高い構造物を作ることに成功したのは、最後に紹介した子どもたちだった。彼らの構造物の平均の高さは弁護士やCEOたちのチームよりも高く、最近MBAを取得したチームが最下位だった。原因は、真の連携にある。幼稚園児たちはすぐに互いを認め合って強力なチームとなり、一緒に実験できる「心理的安全性」を手に入れた。印象操作の必要などまったくなかったのだ（無知、無能、ネガティブ、問題行動、でしゃばり、素人っぽく見えるような行動を避ける、恐れに基づく態度は持っていなかった）。彼らこそ真のチームであり、したがって、チームマジックを起こすことができた。チームという概念の価値を示す、もっともふさわしい例のひとつだ。

これについては今後も度々触れる。第3章「チームと高業績の探求」ではもっとじっくりと見ていくが、チームという考え方はこの10～15年で激しく価値が引き下げられており、私たちはなぜそうなったのかを考え、正さなければならない。これを未解決のまま放っておけば、重要な問題に焦点を絞れなくなるからだ。

チーム育成が学習・人材開発の年間予算に計上されていたのも、重点項目に挙げられていたのも、遠い昔の話だ。そのための練習も、当時はくだらなく思えていたとはいえ、いまやすっかり消え去ってしまった。この概念について社内で話をする企業すらほとんどなく、この言葉について取り組むべきなのにそうしている企業はますます少なく、チームを構築してより良くしていこうという努力はほぼ皆無だ。この概念は、少し前はもっと力強かった。その重要性が薄れ始めたころに目を向けていたら、職場における私たち全体の意識からなんらかの理由でこぼれ落ちるところが見えたかもしれない。

私は、今これが本当の力を失ってしまったことこそ、組織のもっとも大きな諸悪の根源だと強く信じている。とりわけ、その欠如がまったく望ましくない数多くの行動と併せて、経営者のレベルにも悪影響をもたらしているのだ。これが欠けているうちは、絶対に必要な「心理的安全性」を構築し、維持できる希望などまずない。

1980年代と90年代を思い起こすと、「チーム」の概念はいたるところにあり、たとえばスポーツのチームほど強力ではなかったものの、大きな意味を持っていた。だが時代が進むにつれ、言葉こそまだ残っているものの、その意味はどんどん薄れていき、いまやそこにあるだけで中身は空っぽという場合がほとんどだ。

この要因はいろいろ考えられる。職場におけるスーパーヒーローの熱狂的信者集団が生まれたこと、従業員の精神衛生状態が全般的に悪化し、それに伴って本当の意味での仕事への取り組みや真の連携に対する興味が失われたこと、社会全体で個人主義に対する注目が高まったこともそうだ。これはあらゆる種類の統計に見て取れる。ソーシャルメディアのおかげでコミュニケーションは一見増えたように見えるが、その実、私たちはかつてないほど孤立していることを示すデータもあって、2019年にアメリカの保険会社がおこなった調査では、ソーシャルメディアのヘビーユーザーである回答者の46%が孤独を感じると答えている。

どういうわけか、最近では「チーム」の概念はこの上なく弱く、良くてもせいぜい従業員の直近の仕事仲間だけに限られ、それ以上広がることは決してない。進歩しイノベーションを押し進める唯一の方法として、エコシステムと連携について語る時代にありながら、同時に私たちは親密かつ機能的な形で求められる新たな交点やグループのことを考えることができずにいる。

今私たちが実際に注力している概念は、まったくもって抽象的で実行不可能なものばかりだ。実質的にサンタクロースと同じくらい現実味がなくて実行不可能な「組織」のバリエーションになど注力しているが、「チーム」の概念こそ企業における真に活用可能な唯一のユニットであって、それなのに私たちはどこか道の途中でそれを落としてきてしまった。

本来意図されている、あるいは少なくともかつて持っていた栄光の座にまで「チーム」の概念を復活させるとしたら、私たちが持つすべての交流においてそのパターンを認識し、求めることに注力せずにはいられない。即興の、部門の枠を超えた、自然発生的で突発的なチームの瞬間は私たち全員に毎日のように訪れている。そう定義しているかもしれないし、いないかもしれないが、定義の欠如こそ、その力を弱める一因だ。チームであるために、多くは必要ない。名前もいらないし、場所もいらないし、特定の時間枠や計画もいらない。それに、規範やプロセスを確立し、決定する必要もない。必要なのはただ自分たちをそう呼ぶ意志があるということ、そこに全身全霊を注ぎこみ、そこに所属していると感じられること、そして特定のタスクや一連のタスクをこなすために共通の目標と意欲を持つことだ。

この本を読んでいるあなたと私は、このトピックについて考えているチームだ。

その日のミーティングに出席している全員がチームだ。

子どもの同級生の親たちがチャットをしているWhatsAppのグループもチームだ。

もっと幅広い月例の運営会議に出席している従業員も、マーケティングの彼からコンプライアンスの彼女まで、みんなチームだ。

では、リーダーシップチームはどうだろう？　ひょっとすると、彼らが一番「チームっぽく」ないかもしれない。しばしば恐れからくる印象操作合戦や、なりすまし症候群のため、トップ会議が強い目標、目的、善意を持つ本当のチームであることはまれだ。そしてチームが存在しないところには、「心理的安全性」は存在し得ない。それが存在しなければ、長きにわたるVUCA時代の間ずっと好成績を上げ続けられる希望は、自分にどう言い聞かせようと、まったくない。

今週、「チーム」の概念について考える時間を少し取ってみてほしい。それはあなたの人生において、必要十分に強いものだろうか？　あなたはいくつのチームの一員になっている？　あなたは友人たちとチームだろうか？　ジム仲間とは？　伴侶とは？あなたは心理的に安全で、自由で、脆弱で、真正で、チームの中で目標に向かって本当に力を合わせて働いているだろうか？　職場ではどうだろう？　「書類上」あなたのチームに所属しているのは誰で、頭の中にある実用最小限の製品（MVP）には誰が含まれる？　あなたの背後を守ってくれているのは誰で、あなたは誰と一緒に魔法を起こしているだろう？

真にアジャイルになる
——WoWのためのWoT

テクノロジーのスピード、デジタルが約束するもの、そしてVUCAの課題を理解している組織ならどこでも持っている強力な近道がある。アジャイルやDevOpsに目を向けて、これまでに蓄積した大量の「人的負債」を返済するために勢いをつける方法を見つけることだ。

働き方（Way of Work, WoW）としてのアジャイルは、ほとんどの産業で人気を集めつつある。確実な成果を素早く得るのに最適な手法だからだ。アジャイル型で実行したプロジェクトはすべて、従来のウォーターフォール型プロジェクト管理で実行した場合よりも明らかに早く、より良く達成されている。

納品のスピードと品質とは別に、アジャイルはそれ自体を通じて、つまり本質的に新しいものの見方であることを通じて、より多くの価値をもたらす。アジャイルは考え方を変えるものなのだ。直線的で逐次的、リスク回避的な思考プロセスを転換させ、これまでビジネスにおいて私たちが持ってきた考え方を完全に入れ替える。したがって、アジャイルに見出せる原則はプロジェクト管理やソフトウェア開発に特化しているように見えるが、実際には中核的価値のレベルでの変化を包含しており、実験やコミュニケーション、リーダーシップを取り巻く強力な新しい習慣や行動をも包含しているということだ。実際、競争力を維持したいと思う賢明な組織なら、必ずToDoリストにしっかりと載せて取り組んでいるこれらのトピックの大部分は、DNAレベルで心からそのマニフェストを受け入れる真にアジャイルな組織になることで、暗黙のうちに対処できる。そうした組織は人を第一に置き、サーバント・リーダーシップに基づく分権化された自治的な組織を持ち、従業員と顧客の両方に対して深い尊敬の念を持ち、なによりもフィードバックを重視し、勇気をもって実験に没頭し、失敗に向き合う意欲を根底に持ち、チームとその「心理的安全性」に強く集中し、チームがもっと速く、より良く働けるようにするはずだ。

Amazonは、世界でもっともアジャイルな企業のひとつだと言ってもいいだろう。彼ら自身ははっきりとそう自認しているわけではないかもしれないが、その華々しい成功はきわめて機敏で顧客中心でいられる能力に起因している。創業者のジェフ・ベゾスはよくスピードに固執していると言われ、その結果、失敗してもいいという明確な許可を出すことに大きく注力している。「悪い判断にすぐ気づき、修正するのがうまければ」と彼は言う。「方向修正がうまければ、間違えることは思うほど代償の大きなものでもないかもしれない。一方、動きが遅いことは、間違いなく高くつく」。これが、ほんの25年前に生まれたにもかかわらず、私たちの現代の暮らしの必需品となった無数のイノベーションの背景にある企業だ。顧客中心、コミュニケーションの方法、「ピザ2枚チーム」とその自治権、リーダーの当事者意識と目的意識、データの価値とその明瞭性や構造に対する注目などの、完全にアジャイルな考え方の柱を強化し、それによって急速な成長を可能にしている企業だ。言い換えれば、アジャイルは実に広大で、良いことのすべてを含む。組織レベルで要求できる権利を包含し、

CHAP. 1 2 3 4 5 6 7

働き方（Way of Work, WoW）だけでなく考え方（Way of Thinking, WoT）に重要な変化をもたらし、ほかのあらゆる観点から困難を解決してくれるものだ。

ツールやプロセスは進化したのに、組織のキャンバスはまだ1980年代のまま凍結していて、進化の道筋をたどることを嫌がり、それができずにいる。顧客の期待値は膨らんでいるのに、従業員をどうすれば幸せにできるかという考えは萎縮してしまった。テクノロジーは時速100万マイルで走っているのに、組織は昔と変わらないKPIや部署の調子に合わせて這いずっているだけだ。

ほとんどの産業で、私たちは組織をただ流れに任せるままにして、そこから単純に悪化と退廃を許している。デジタルネイティブな企業を除き、組織は事実上偶然生まれたもので、設計されたものではない。設計されたものであれば、「人的負債」なしに構築されていたはずだ。だが現状では、せいぜいその負債を減らすことを望むしかない。そのためには、最善を尽くして考え直し、もう一度夢を見、設計しなおさなければならない。そのためには「文化」または「組織」という全般的なテーマへの注力から変化をもたらせるもっと低いレベル、具体的にはチームと従業員へと注力を移し、欠如している思いやりと尊敬を実践して、大胆かつオープン、そしてアジャイルでいられるようにする必要がある。そうして初めて、進歩を目の当たりにし、競争することができるのだ。

CHAPTER 2

プロセス vs. 人 ――アジャイル、WoW、WoT

→ 新しい働き方と考え方

→ 新しい働き方は新しくない

→ アジャイルではないもの

→ デザインによる、または「トランスフォーメーション」によるアジャイル

→ WoT（考え方）なくしてWoW（働き方）なし

→ アジャイルと人

→ なぜアジャイルが難しいのか

→ アジャイルのスーパーヒーローたち

→ アジャイル、DevOps、WoW、そして「人的負債」の削減

新しい働き方と考え方

チーム内、あるいはもっと現実的には新しい働き方と人に関するトピック間におけるアジャイルと「心理的安全性」の関係は、誰もがはっきりわかっているわけではない。各業界にはDevOpsを徹底的に理解している、熱狂者と言ってもいい人々が少数存在してはいる（ジーン・キム、カレン・フェリス、またはギッテ・クリットゴードの書いたものはなんでも検索し、フォローして読むことを強くお勧めする）。だがはっきりとした関連性はまだ比較的不透明で、この章ではそのつながりを構築すると同時に、これら新しい考え方の本質を知り、それが従業員にどう関係するかを見ていきたいと思う。

「心理的安全性を通じて人的負債を根絶する」が私の人生最大の目標だとしたら、2番目（そしてこっちのほうが説明して弁護するのがずっと難しいと認めるにやぶさかではない）は、アジャイルの本分が、職場における人の価値を実証することだという仮説だ。この説明は簡単なはずなのだが。

アジャイルは「プロジェクト管理に関するもの」で、それは「あのIT関係のやつ」ではなく、私たち人の働き方だ。「心理的安全性」は「従業員に関するもの」で、それは「あの人事関係のやつ」ではなく、私たち人の働き方だ。さらに言うと、アジャイルはどのような手法ともまったく関係なく、人を第一に据えることがすべてだ。人が物を作り、人が物を使うからだ。

「心理的安全性」は、物を作る人々に関するものだ。アジャイルは物を使う人について、最高の物を最速で届けるためには、物を作る人が最高の物を最速で作れるよう「心理的安全性」がなければならないことを示している。

私からすれば、直接的な関係は一目瞭然だ。私を知る人々なら誰でも、私が効率フェチであると自認していることは知っているだろう。なにをおいてもまず、私は物事が素早く片づくのが好きだ。そして理想的には正しく片づけられれば最高だが、そうでなくても、やはり素早く改善されればいい。それも、嫌になるほど。私はテクノロジーの約束も大好きで、それがなにを達成できるか、「善いことのため」に使われた場合に、どの程度のスピードでおこなわれるかについて自分が知っていることにも満足している。私には忍耐力がない。私は実験が大好きで、改善に執着している。私自身の改善、私がやることの改善、チームの改善、他者の改善。私は性格的には、いわゆる「新しい働き方」向けにできているのだ。

現実的には、私がこの10年から12年の間にプロダクトの生産活動におけるアジャイルの実践者であり熱狂的信者、熱心な提唱者でもある「アジャイル文化人類学者」であり続けてきた理由は、私を形成する知性と人格の中に、改善への高速道路を提供してくれるものがあればなんでも受け入れる準備ができているからだ。そしてそれこそ、本質的に、「仕事の未来」という巨大な傘の下に含まれるすべての方法がもたらすものだ。スピード、柔軟性、そしてもっと学んで良い結果を出したいという、尽きせぬ欲求がもたらされるのだ。

そう考えてみると、誰もが「簡単に達成できる」わけではないのは当然だが、こうした新たな手法がもたらすアイデアに惚れこまない人がいるなどというのは理解に苦しむ。しかしまさにもう何十年も前から存在していたにもかかわらず、そしてどのような形でもビジネスモデルにITを含めるのであればほとんどの場所で目標として掲げられているはずにもかかわらず、これが新常識になるにはまだ程遠い。

手始めに手法としてのアジャイルの定義から見てみると、それは効率を改善する目的で、職場において人がどのように作用し合うか、そのプロジェクト管理を改善する新たな手法だ。過去40年の間に提案されてきたものは、ほとんどすべてが包含されていることがわかる。中には製造業から生まれたものもあるし、ソフトウェア開発から生まれたものもある。採用するプロセスの特定の部分への変化に特化したものもあれば、理論的性質や考え方全体の大幅かつ総合的な変革を主張するものもある。認めると認めざるとにかかわらず、どれも、考え方の大幅な変更を要するものだ。

このアジャイルという用語の興味深い点は、どの「領域」においてこの概念が主張されているかを注意深く見てみると、全般的戦略・経営および人事と、ITまたはプロジェクト管理の両方が、「仕事の未来」は「自分たちのもの」だと考えていることがわかる点だ。言い換えれば、組織のさまざまな部分が、そこに含まれるアイデアに対する権利または独占権さえ持っていると感じているということだ。

この概念の広大な範囲を考えれば説明がつくことだが、これらのトピックがいまだに前衛的(アヴァンギャルド)だとみなされている理由のひとつと思われるのは、分離だ。ゼロからそれを念頭に置いて組織を構築した新規参入者以外で、「(アジャイルあるいは新しい働き方に)すべて包含されている」ことは非常にまれで、メッセージが細分化されてしまうため、俯瞰的視点から価値を実証するのが難しくなるのだ。では、新しい働き方とはどういうもので、なぜそれはいまだに「新しい」ままで、単なる「私たちのやり方」にまだなっていないのだろう？

この違いについてもっと理解するためには、多くの組織で伝統的におこなわれてきたさまざまなプロジェクトのやり方に目を向ける必要がある。それらはすべて、「アジャイル」または「イテレーティブ（反復型）」手法を用いて構築されたプロジェクトと対比して、「ウォーターフォール型手法」という用語にまとめられる。

前者では、プロジェクトを管理したり反復的にソフトウェアを開発したりする際、学習やユーザーフィードバックに基づく継続的なループが期待される。そしてそれを実現するため、作業は小さな塊(バッチ)に分解され、それぞれが理想的には機能ないし製品の最少の実現可能なプロトタイプになる。それを使って、フィードバックを得るのだ。

これは暗黙のうちに、素早い仮説化、迅速な意思決定とデザイン、そして実験の急速な実施を伴い、それによりひたすらデータを収集し、最終成果に向けて進化するため、完成・展開されていく。したがって作業は、現在進行形で絶えず疑問を投げかけられる仮定に注力したプロトタイプの作成が、可能な限り最少の部品に切り分けられる。こうすれば未知の問題につまずくことはなく、これが「誰も責めない」文化を持つチームによって、集合的かつきわめて強い連携をもって実施される。このチームは失敗を歓迎するため、次の反復実験、そしてそのまた次の実験を生み出し続けられるのだ。正確な推定、しっかりとした計画や予測は初期段階では入手しにくいことが多く、そこに対する自信は非常に小さいだろう。それを受けて、アジャイルの実践者は価値ある証拠が得られる前に根拠のない盲信に飛びつくリスクを減らし、代わりに初期段階で定期的に入手するフィードバックやデータを導入する決意を固めるのだ。

現実的なレベルで、極端な単純化と一般化のため、これを実現するための手法が複数存在することを念頭に置いて上記がなにを意味するか説明すると、チームがひとつの仕事をさらに小さい部分に切り分け（包括的な意図を説明するのに「エピック」などの用語を用い、小さく切り分けた推定を説明するのに「ユーザーストーリー」、それからタスクを説明する「ティッカー」や「カード」を用いる）、そしてこうした小さなタスクをすべて一般的には「バックログ（残務）」として知られるToDoリストに含め、場合によっては「プロダクトオーナー」または「スクラムマスター」が優先順位をつけ、その後チームがそこからタスクをつかみとり、個別の仕事の塊の目標を達成する。この過程は通常数週間以上続くことはなく、一般的には「スプリント」と呼ばれる。

もっともアジャイルな方法には「スプリントプランニング」や「キックオフ」「デイリースタンドアップ（朝の立ち会議）」など

ほかの一連の「儀式」が含まれる。そしてスプリントの終わりには、なにが起こったかについて議論できる「レトロスペクティブ（ふりかえり）」の略である「レトロ」がおこなわれる。このすべてが、「実験」と「フィードバック」を中心にしている。

一方、ウォーターフォール型の手法では、このようなループの期待には頼らない。フィードバックの概念が実施の中心にないからだ。その結果前提となるのは、プロジェクトであれソフトウェアであれ、特定の仕事を定義する上でチームが時間をかけてすべての要求を入念に検討して定義し、初期調査と仮説に基づいて最終プロダクトのあらゆる要素を慎重にデザインするという行為だ。それから開発を始めるのだが、多くの場合、トップが下の階層へとタスクを割り振ることになる。

現実的観点から、このやり方は典型的に、最低でも計画に数カ月、実行に数年かかるプロジェクトに該当する。その過程で経る段階としては「実現可能性の研究、調査、分析」や「スコーピング」「要求仕様」「デザイン」「実装」「テストと統合」「運用と保守」が挙げられる。いずれも、多くの場合「戦略」と「ロードマップ」によって管理されている。

言うなれば、一方のアジャイルはアクティブで常にオンの状態で、継続的に進化を続ける生きたプロダクトやソリューションの実施だが、もう一方のウォーターフォール型はがちがちで時間のかかる、定義された成果に向けた固定の道筋だ。反復的で非逐次的な哲学はなにも知らないことを前提としているので多くの質問を要するが、ウォーターフォール型の連続的思考ではすべてがわかっているから質問などするべきではないというのが前提で、当初の計画を盲信的に守らなければならない。言うまでもなく、テクノロジーのスピードとデジタル消費者の高まり続ける期待に応えられるのは、この2つの手法のうち一方だけだ。

新しい働き方は新しくない

事実上、「新しい働き方」には本当に「新しい」ところはほとんどない。特にソフトウェア開発に関するところで特定の仕事を実施する方法という意味で「イテレーティブ（反復型）」が最初に使われたのは、よく言われている1970年代よりもずっと昔にさかのぼる。記録に残る一番初めのケースはおそらく1930年、Bell Labsのウォルター・シューハートによるものだろう。彼は独自の「PDSA（Plan-Do-Study-Act、計画し、実行し、研究し、行動に移す）」手法を提唱し、それが近代のソフトウェア開発と同じくらい歴史をさかのぼる一般常識に帰着することを実証してみせた。

反復的と適応的の逆として対比するために挙げられるのが、ウォーターフォール型手法だ。これは1970年代にウィンストン・ロイスが執筆した「大規模ソフトウェアシステム開発の管理」というタイトルの論文が発祥だと誤って言われることがある。その論文の中でロイスは、政府が下請けに出す仕事は「要求分析」「デザイン」および「開発」の各段階の順番を厳しく守ることでもっともうまく管理できると述べている。これらは互いを直線的に追跡するだけでなく、高度に構造化され、長くなることが予想されると説明されている。

ただ、皮肉にもあまり知られていないことだが、著者がこのプロセスを最低「2回」実施することを奨励した上で論文の残りは反復についての説明に費やしており、したがってこの記事以降、プロジェクト管理とソフトウェア開発における典型的なウォーターフォール構造の定義となったものは実際には一度も主張されていないという事実が、歴史の中で語られたことはない。しかしどれほど時代をさかのぼろうとも、そして混乱の出発点をどれほど私たちが理解していようとも、いずれの需要と誕生について合意しようとしまいと、過去40年以上にわたってプロジェクトの圧倒的大多数がウォーターフォール型で実行されてきて、したがって逐次的に発生する長期的で固定した思考が続けられ、これが漸進的、実験的、進化的ソフトウェア開発とプロジェクト管理の真逆を示しているという事実は消えない。

黎明期にどれだけのプロジェクトの遺骸が公然と野ざらしにされてきたかにかかわらず、この特定のやり方でここまで長く物事を進めてきたという事実は、この手法がビジネス界に共通の意識の中にしみついただけでなく、各世代がその思考パターンを構築するその方法までを事実上形作ってきたことを意味している。これが始まったのは早くは学校にまでさかのぼり、現在の教育の過程を検証してみれば、逐次的思考と実験の不足が残念ながらあたりまえになっていることがわかる。

アジャイルとはなにか？

Wikipediaによると――「1990年代、それまで主流だった重量開発手法（ウォーターフォールなど）が過度に規制され、計画され、細かく管理されすぎているという批判が生まれ、その反発として数々の軽量ソフトウェア開発手法が進化した。その手法には以下が含まれる。高速アプリケーション開発(RAD)、1991年以降。統一プロセス(UP)と動的システム開発手法(DSDM)、いずれも1994年以降。スクラム、1995年以降。クリスタル・クリアとエクストリーム・プログラミング(XP)、いずれも1996年以降。そしてユーザー機能駆動開発、1997年以降。これらはすべてアジャイル・マニフェストが発表される前に生まれたものだが、現在では総称してアジャイルソフトウェア開発手法と呼ばれている。同時に、同様の変化は製造業界や航空宇宙業界でも起きている」。

2001年、前述のプログラミング手法や新たなソフトウェア構築方法の一部を確立し、活用することに非常に長けていた12人のソフトウェア開発者がユタに集まり、次の文書を作成した。

「アジャイルソフトウェア開発宣言」

私たちは、ソフトウェア開発の実践あるいは実践を手助けをする活動を通じて、よりよい開発方法を見つけだそうとしている。

この活動を通して、私たちは以下の価値に至った。

プロセスやツールよりも個人と対話を、
包括的なドキュメントよりも動くソフトウェアを、
契約交渉よりも顧客との協調を、

計画に従うことよりも変化への対応を、

価値とする。すなわち、左記のことがらに価値があること

を認めながらも、私たちは右記のことがらにより価値をおく。

（＊和訳引用：https://agilemanifesto.org/iso/ja/manifesto.html）

この文書は、ソフトウェア開発を念頭に書かれたものではあるが、私から見れば誰の職業人生にとっても、あるいは私生活にとってでさえ、あらゆる側面に対してアジャイルな見方ができるようになるための真の青写真の最高の例だ。「ソフトウェア」という単語を「組織」や「製品」、あるいは「成果」まで、どんな言葉にでも置き換えれば、なぜ柔軟で変化と学習中心であり、開かれた心をもって成果を重視することが高い適応性をもって進歩主義でいられる唯一の方法なのかの、なによりも明確な宣言となる。

アジャイルとリーン・シックスシグマ（これもまた高く評価されているプロジェクト管理手法で、パフォーマンスに注力したものだ）を、反復的で高速かつ成果重視のコインの両面だと考える者もいる。片面はソフトウェア開発、もう片面は起業家精神に関係するということだ。私は用語の意味は重要ではないと考える。ソフトウェアを構築するプロジェクトを実行しているのか、企業を設立したり運営したりするプロジェクトを実行しているのかに考えが基づいているべきではない。違いに気を取られるより、進化的増強の迅速な展開という考えの中に、概念的にしっかりと存在する交点と特徴を統一し、定義することに意識を向けるべきだ。

これらのアジャイル手法をいずれか一本に絞ると、さまざまな

アプローチの間で深刻な対立が発生してしまう場合がある。スクラム（要求を価値やリスクや必要性を基準にして並べ替え、短い期間で一定の完成物を作るアジャイル手法の一種）は、もっとも構造的で厳格に統制されていると考えられている（その実践者を「スクラムタメンタリスト」と呼び、相当に厳格な印象を持たせる者もいる）一方、もっと「ソフト」なアプローチには「カンバン」という、世界中の企業に浸透している視覚化されたワークフロー管理システムもある。さらに、業界のほぼ全員、特定の慣習に心酔しきって逐一従っている者でさえ、また別の定義を持っていてそれに強い忠誠を誓っている。これが、私たちを分断する。「アジャイル」に対して「アジリティ」という見方があるのだ（そしてこの特定の区別を避けるため、私は単純にすべてを「#アジャイル」の下にまとめようと思う）。ほかにも、「アジャイル」と「DevOps」の区別もあるし、理論家と実践者の違いもある。それぞれがときには相手に対する軽蔑で武装していたりする。そしてもちろん、「スクラムするべきかせざるべきか」「SAFe（Scaled Agile Framework）は安全なのかそうでないのか」「唯一の『真の』アジャイルは……［典型的なものだけ挙げるとしても、エクストリーム・プログラミング（XP）、スクラム、ユーザー機能駆動開発（FDD）、カンバン、リーン、動的システム開発手法（DSDM）またはクリスタル・クリアなどさらに曖昧な独自の種類］だ」という議論が沸き起こる。

重箱の隅をつつくような行為や用語の意味への固執にもかかわらず、アジャイリストたちは実際のアプローチは二の次で、精神的な転換への変化に気づき、フィードバックを受けて永遠に検証が続く共通のバックログで作業するという変革的な基本原則を理解することのほうがはるかに重要だという点については合意する。したがって、違いは多々あれ、アジャイルを理解し、愛するようになった人々の間にはDNAレベルで理解され、共有されている明確なひとつの核がある。それは私たちに最善を求め、もっとも高い柔軟性を維持させてくれ、誠意をもって全力で取り組ませてくれるもので、義務ではなく心からやりたいと思って実行された場合のみ正しく遂行できるものだ。

アジャイルではないもの

すでに触れたが、一部の業界ではアジャイルをただITとソフトウェアの作り方に都合よく限定された、自分たちとは別世界の手法と考えがちだ。だが、現実はそれとはまったくもって異なる。

アジャイルはITだけのものではない

実は、世界中の想像し得るすべての産業でこよなく愛される「成長」は、アジリティと、データやテクノロジーを活用して素早く柔軟に新しい市場の動きに反応できる能力とに激しく左右される。

アジャイルを用いるビジネスが、どのような種類の試みにおいても、自らを正しい成長の道筋に乗せるようお膳立てをしているという事実を証明する数字はいくらでも出てくる。それはどの業界であろうと関係なく、銀行、石油やガス、大手製薬会社などのあらゆるプロジェクトにおいて、規制関連であれ、オペレーション関連であれ、ITの課題であれ、研究開発であれ、毎年恒例のバーベキュー大会であれ、「カンバン」のボード上で実行できない理由はない。最低限それを目指すべき目標として見ることのできない組織は、潜在的成果を失っているだけではない。その習慣を組織の一部分にのみ限定している。それはもったいない話だし、組織が小さなスケールで、隔絶した状況でしか考えられていないという証でもある。

アジャイルは、プロジェクト管理やソフトウェア開発ではない。アジャイルは物事のやり方についての変革的な新しい見方だ。

そう、すべての物事のやり方についてだ。

アジャイルは再組織化ではない

さまざまな「アジャイル・トランスフォーメーション」プロジェクトを見てみると、成功が比較的少ない理由を説明できる傾向が見えてくる。毎度、同じ話なのだ。数年前、組織がどこかのコンサルタント会社のパッケージを購入して、「アジャイルになろう」と決めた。数カ月以内には、もはや部門やグループといった既存の構造はなくなり、今度は部族（トライブ）や自身の製品の一部になること、あるいは全員が「エンジニア」になったことを従業員に知らせなければならない。（その組織ではうまくいかなかったため）スクラムマスターになれる講習会やXPについてのYouTube動画、Jiraの法人ライセンスで装備した大勢の従業員たちが、毎朝の立ち会議が早く終わって通常業務に戻れますようにと祈るようになってしまっている。

アジャイルは一連の習慣ではない

アジャイル・マニフェストの内容を考えると、この項目は非常に自明だろう。だが、あまりにも多くの場合、そのように理解されていない。アジャイルが用いるサポート用のソフトウェアや習慣を、ただ空欄を埋めるためだけ、思考パターンを補助するためだけの代用品として使うのはばかげているが、残念ながら蔓延している行為だ。ツールやプロセスは、強力な目的意識という基盤がなければ実に危険なものとなる。あらゆる場面で人の働き方を乗っ取り、指図するようになるが、その惰性的行動のため、最終的にはなにひとつ達成できないからだ。

私たちが協力したある銀行は特に「ツール重視で実践軽視」だったため、全社にこう伝えて回らなければならなかった。「ペンと紙、そして善意さえあれば、アジャイルになれます」。これで彼らの意識をリセットできればと願ったのだ。

突き詰めると、アジャイルは宗教である

こうした手法の背後にある考え方がどういうものか立ち止まって分解してみると、人間に左右されるものであることが必然的にわかってくる。連携、共感、善意、意図、これらが目標とするあらゆるすばらしいことを実現するためには、すべてが本質的に組みこまれ、理解されていなければならない。これがもっとも早く、もっとも組織立った方法なのだ。その原則は、アジャイルが機能するためにはきわめて神聖で侵されざるものだ。共に働き、常に気を配り、責任感を持ち、気持ちをこめて前進すれば物事をもっと早く達成できる可能性と望ましさを、強く信じなければならない。

中心にその強い信念をちゃんと持たず、ただ無意味な一時的流行としてしか実施しない組織は、まず間違いなく成果を出せずに終わる。従業員になにも考えずにできる副業のようにチームを運営させる企業、アジャイルな行動を趣味か課外活動だと考え、そ

れをやりながら通常業務もこなすことを従業員に期待する企業は、約束された将来を甚だしく見失ってしまっているのだ。

アジャイルは考え方であり、心のありようである

私がチームのメンバーだけでなくクライアントにも常々言っているのが、「家事をやるためのTrelloボードを持っていなければ、アジャイルにはなれない」ということだ。

自分にとって非常に身近な仕事について、この新しいやり方で物事を進める利点が如実に明らかになる「アハ！」体験が得られることは、そこから多くのメリットを得るための必須条件だ。だからこそ、ただそれを義務化するだけで、すべての参加者にその「アハ！」体験を感じさせる努力をまったくしない組織は、コンサルタントやコーチの軍団から成る巨大な陰のアジャイル組織を雇って無意味な行動を実践する手助けをしてもらい、なぜ自分たちにはGoogleのベロシティ（作業スピード）を達成できないのか頭をひねることになる。

ある意味、アジャイルはヨガのようなものだ（このたとえではムキムキで筋トレ好き読者の興味を引かないかもしれないが、どうかついてきてほしい）。あなた自身を変えるわけではないが、自分でできると思っていなかった体勢を取らせてくれ、本来はすばらしかったのに独断的な考えやプロセスに妨げられていた、身体のさまざまな部分にアクセスできるようになるという新しい世界に連れて行ってくれる。さらに、ヨガのタイミングや呼吸、動きにおいてそうであるように、アジャイルも継続的な意図と確認

を伴う。

このたとえをさらに言うと、休暇でやってきた料金すべて込みのホテルで、海辺のビーチで1回限りのヨガのレッスンを受けながらほかのみんなが目を覚ますのを待っている程度では、ヨガを身につけた者に与えられる習慣や柔軟性という成果が得られたことにはならない。

ここで基本に戻ろう。アジャイル・マニフェストの価値は以下のとおり。

- プロセスやツールよりも**個人と対話**を、すなわち「人が第一」
- 包括的なドキュメントよりも**動くソフトウェア**を、すなわち「副産物（アーティファクト）のフィードバック」
- 契約交渉よりも**顧客との協調**を、すなわち「共感と目的」
- 計画に従うことよりも**変化への対応**を、すなわち「柔軟性とイノベーション」

ほとんどの組織がもう長いこと追い求め続けてきたあらゆる美点、つまり人的資産を活用し、顧客中心を支持するソフトウェアを迅速に納品すること、言い換えれば従業員を使ってクライアントが好むものを素早く作ることが、このマニフェストには含まれている。そして、これは新しいものでもリスクの高いものでもない。大手IT企業からさまざまな産業の大企業まで、長年にわたって皆を十分に助けてきた。そして信じる者には驚異的なほどの結果をもたらしてきたのだ。

ここで、課題の次の核心に移ろう。**信頼**だ。

経営陣は、消費者への競争力ある提案ができる近道を示してくれる数少ない特効薬になってくれると、アジャイルを信頼することができるだろうか。その特効薬は、もっと機敏でもっとやる気のあるほかの提案者たちから攻撃を受けている最中でも顧客との関係が維持できるよう保証してくれるだろうか？

経営陣は、従業員がその職業人生において与えられたもっとも困難なタスクをこなせると信頼することができるだろうか。そしてこのメッセージを届けられるだろうか？

これを受け入れてください。朝の立ち会議で時間を潰すために頭の中でウォーターフォールをやるのはやめて、これがどこの部署の損益計算書なのか考えるのもやめて、この組織について持っている知識を放棄して、個人的責任を持つようにしてください。ここがあなた自身の店であるかのように目的をもって行動し、俯瞰的視点で目を光らせてください。あなたはその一部です。ほかの人たちに頼りましょう。物事は迅速に進めましょう。リスクを冒して失敗することを恐れないでください。そのために昇進が遅れたり罰を受けたりすることはないと信じてください。作るものに対して情熱を持ってください。バックログに残っているすべてが消費者の現実世界における善いことにつながっているのだと理解してください。そしてなによりも、勇気を実践し続けてください。

さらに重要なことだが、従業員のほうは経営陣が本気だと信じることができるだろうか？

デザインによる、または「トランスフォーメーション」によるアジャイル

アジャイル習慣を取り巻く議論が過熱してきた主な理由のひとつは、真にアジャイルな企業が手にした成果が否定できないほどのものだからだ。

よく知られているのはシリコンバレー出身の大手IT企業のみが得ていた成果だが、近年もっと曖昧な業界の大手企業も仲間に加わりつつある。これらの企業は社内におけるイノベーションの文化を創造し、あるいは変革して、主にアジャイルをほぼすべての従業員に響く形で全面的に導入することで、競合他社よりも一歩先を見て最終消費者の注目を手に入れた。誰もが、DevOpsのスピードに関するこのお気に入りの逸話を知っているだろう。Googleは1日数千回デプロイ（*訳注：主に修正や更新のこと）し、Amazonは11秒に1回デプロイする。その一方、平均的な銀行がデプロイするのは1年に5回だ、等々。

- 208回多くのコードデプロイ
- 2,604倍速いインシデント回復時間
- 戦略的機会に対する75%素早い対応の可能性
- 消費者からのフィードバックに基づく意思決定サイクルの速度が64%増加の可能性
- 57%少ないサイロと、より多分野的チーム
- 52%高いテクノロジーの活用可能性
- 106倍速い全体的なスピード

これらは、過去10年間で報告された(アジャイルがもたらした)数字のごく一部だ。

こうした数字は多くの組織の特徴であり、ここまで否定しようがないほど有益な統計が、ほとんどのコンサルタント会社にとってはあたりまえなのだと信じてもいいだろう。皆にこの変革を届けて良い知らせを広める責務を負ってきたコンサルタント会社は、そうやってアジャイルへの転換を無事に実現させてきた。それでも、真にアジャイルな組織を構築する旅路をたどりながら好成績を上げている企業に目を向けるとほぼ必ず、徹底的に変化を遂げてもっと多くを達成したいという社内の勢力によってのみそれが実現している。どれほど抜本的な転換であってもだ。従来から大手戦略会社がデザインしてきたものでなければ抜本的な転換を受け入れないか、あるいはせいぜい役員会で認めるような企業であっても、どうやらたいていの場合、アジャイルで成功している企業はコンサルタントに導かれる場合よりも、変革に対する欲求が内側から湧き起こっている場合のほうがずっと多いようだ。

役員会議で華々しく紹介されて始まった「遺産転換（レガシー）」や「デジタル・トランスフォーメーション（DX）」プログラムと比べて、アジャイルの発芽はもっと未開発に思える。なにが効果的でなにがうまくいくかに対するソリューションとして生まれたアジャイルは、最初のうちこそソフトウェア開発に特化していたが、その後プロジェクト管理全般へと広がり、今ではありがたいことに、迅速で反復的な実施を必要とするどのような機構にも浸透している。そして静かに、非公式に広まったというその事実自体が前述のモデルからはとてつもなく大きな転換であって、コンサルタント会社はこぞって、この列車を自ら運転するよりも客車に飛び乗るために全力疾走している。

これは、アジャイルの「ベストプラクティス」を理解しているところを見せようという彼らの努力がささやかかつ保守的で、活動のごく一部に限られている理由を説明するものでもある。その一方、業界用語を追い求める人々の大半は、いまだに「デジタル」を単独で「万能薬」として議論することにしっかりとしがみついている。ほとんどのコンサルタント会社は、「デジタル・トランスフォーメーション」がより崇高な概念で、「すべてはそれに尽きる」という目標であると主張するが、アジャイルはその変革の実行される一部分として二番手に甘んじている。これは正しいのだろうか？

考え方としてのアジャイルは、たしかにより崇高な概念と見ることもできるかもしれない。今この瞬間だけ衛生的（ハイジーン）と言えるレガシーやデジタル・トランスフォーメーションが完了したあともずっと残るものだからだ。アジャイルの先駆者たち――Google、Spotify、GM、Amazonを見ると、大手コンサル4社の中に「ああ、それはうちだよ。うちがいつものようにこの5,000万ドル級の戦略計画を策定して、彼らに心底アジャイルになるための青地図を提供したんだ。そのおかげで彼らは今の地位にいる。やり遂げたんだ。彼らのサクセスストーリーを見てみなよ」と言える者はいない。たしかに、こうしたアジャイルのサクセスストーリーは、最初からアジャイルでデジタルな会社として設立されてもおかしくないくらい若い企業が多い。いわゆる「デジタルネイティブ」というやつだ。だがそうだとしても、その設立はおおむね、こうした旅路についていたら当然期待されるいずれかのコンサルタント会社からの助けを一切借りずに実現している。

中には、McKinseyやBCG、Bainといった大手戦略会社による、アジャイルな組織を経営陣レベルで構築するベストプラクティスの例が目立たないと主張する者もいる。経営陣を部屋の隅に呼び寄せて、「いいかい、これはみんなには内緒だが、本当のところを教えよう。縦列を3つ作る。やるべきこと、やっていること、やり終えたこと。アジャイルに没頭して1日を過ごそう。それかスクラムでも、カンバンでも、DevOpsでもいい。でなければ、ただ精神的な柔軟性に向き合ってずっと終わらせないようにするしかない。いいね？」と言うことをためらう、巧妙な商業的動機があるからだ。そこに潜む悪意は、アジャイル・トランスフォーメーションをデザインし、指揮したのがコンサルたちではなく、しかし変革に秘められた可能性と考え方の変化の欠如がもたらす甚大な影響にいち早く気づき、そして商業的理由からこの機能不全を守ろうと決めたという点だ。そうすれば彼らは昔ながらの「大量動員」モデルを売り続けられる。具体的には、各組織に提供するアジャイルのコーチ軍団だ。

ソフトウェア開発に関して言うと、業界は役立たずなコンサル会社のフレームワークから徐々に離れつつあり、もっと多くの成功を基盤としたモデルを要求するようになってきている。だがこと文化的変化となると、ごくわずかな例外を除いてどこの戦略会社も、うまくいく公式を見つけるには至っていない。徹底的にオープンで柔軟な、人間中心の企業になれるよう組織のDNAを変えることに対してどう料金を課したらいいか、とにかく無関心なようなのだ。企業の（あるいは経営陣の）目的意識、型破りな知識、継続的学習への意欲と情熱を刺激することにどう料金を課したらいいかもまだわかっていない。その結果、心の奥底から企業を真にアジャイルにすることにどう料金を課したらいいかもわからないのだ。その方法を早く見つけなければ、未来はコンサルタントの法外な料金がかかる戦略計画ではなく、鏡とGoogleの「show and tell」アプリを使って実際にアジャイルになった企業のものになる可能性が高い。

「アジャイル・トランスフォーメーション」

現在、世界には一種のアジャイルまたはデジタル・トランスフォーメーションの独自バージョンに苦戦している企業が何百社、何千社とある。問題は、「トランスフォーメーション」という言葉の使い方そのものから始まっている。この言葉はおおげさでうさんくさく、包括的だが物事の壮大な仕組みの中では最終的には無意味で、その巨大さだけでも真の成果を妨げる。皮肉なことに、こうした大きな変革のひとつに備えるには本質的には巨大なウォーターフォール型の「ビッグバン演習」から始めるため、どのようなアジャイルの原則にとってもアンチテーゼとなるのだ。

ひょっとすると、「変革（トランスフォーメーション）」を「変化（チェンジ）」に置き換えて、枠組みの考え方を検討することも真っ向から拒否するべきなのかもしれない。大きな変化を生み出すのにどの道筋をたどるかは関係なく、世の中にはSAFeやXSCALEなど、さまざまな手法やフレームワークが提案されている。必ず必要なのはなにが違うかという柱の部分を理解し、総合的かつ感情的に強く関連しているものを自分のチームとチームの集合体（すなわち組織全体）に届ける方法を見つけることだ。いや、訂正しよう。そうなると、どの道筋をたどるかは大事になってくる。規定の道筋を棚から下ろすと、本当に機能するシステムを構築し、山を動かすために必要な思考とデザインがそこには見つからず、試合が始まる前から半分負けたような状態になってしまう。

これらの柱は、以下のように大きな、譲れないテーマを中心に回っているべきだ。

- ✔**変化に対する深い取り組みを確認する**——自分がどれだけのことをやるかについての妥当性を従業員に持たせるため、変化を求める上での自分の思考プロセスを共有することで、従業員に本当の意味での許可を与える。「これが私たちの知っている範囲で、これがこの会社が目指したい方向だ。これを実現させるためには私たちの職場の文化や行動を変えなければいけないことはわかっている。だからこれは空虚な巧言ではなく、IT業界でエリートの一員になるための計画なんだ。ついてきてくれるかな？」
- ✔**分権的で目的意識に基づく自治**——指揮統制の代わりとして。これが一番難しいという意見もある。サーバント・リーダーシップはすべての有能な経営陣にとってまったく身についていないことなので、指揮がない社風では今の事業目標でさえどうやって達成できるのか、思い描くことすら容易にはできないのだ。
- ✔**柔軟性と適応性が積極的に奨励される環境**——紙の上だけでなく、実行可能な意味で。逐次的思考から、1年前からロードマップに定められたとおりではなく必要に応じて物事を片づける継続的なループへと移行することは簡単ではないが、必要不可欠だ。

- ✔**顧客への執着**——なにを差し置いても顧客からのフィードバックを最優先とする方法を見つけ、そのフィードバックを収集するためにMVP主導型になる方法を学ぶ。これは自分の事業にとってとりわけ密接にかかわってくるもので、既成のどの戦略を試してもうまくいきはしない。
- ✔**チームへの執着**——アジャイル活動をおこなう「家族のようなユニット」という考え方に意識を集中させることが根本的に重要だ。前述のとおり、現在よく聞く美辞麗句のあまりにも多くが、「組織」を中心に回っている。これはじっくりと考えてみたらずいぶんぼんやりとした概念で、議論を理論上の実行不可能な領域へと引きずりこんでしまう。「トランスフォーメーション」という言葉とまったく同じだ。視点を変えてみれば、ニーズはおのずと一目瞭然になる。チームが成功できるよう、「心理的安全性」に執着するべきなのだ。
- ✔**人への執着と「人的負債」の撲滅**——きわめて人間主体な作業以外はすべて自動化によって排除され得るし、実際にされるであろうこの新しい世界において、この大部分は衛生的（ハイジーン）で、最終的には競争力を持ち得る。人に敬意と称賛を与えることは一般的ではない。それは、対処が必要な「人的負債」を積み増すのに貢献してきたことを示唆している。
- ✔**「結果」を重要なことへと再定義する**——1990年代にどこかの誰かが書いたビジネスの手引きから持ってきたKPIや業績指標の代わりに、腰を落ち着け、なにが重要で、なにが成功の良い指標となるかをじっくりと考える。企業レベルでの「なぜ」を考えるのだ。理想的には、この探求によって答えは金庫の中の現金だということがわかるはずだ。ビジネス的に前進するのにまったくもって妥当な動機だし、いったん明瞭になってしまえば、ここで挙げている柱で構成して推進する目標や主要な成果(OKR)に変換可能だからだ。これらの新しい測定方法では従順性と服従性ではなく、失敗、心、勇気、関心に報酬を与えなければならない。

✔**実験の文化**──これらの柱が設置され、報酬が適応性と勇気に結びつけられたら、小さな成果が称賛される環境の中で勇気が伝播するためにあと必要なのは、完全に正しくあることよりも、オープンで誠意ある間違いのほうがずっと貴重なのだと常に強調することだ。

✔**連携を分解する**──空虚な言葉から、有意義で実践的、強力な共通目標、互助と、そこから直接的で実感できる恩恵へと移行する。サイロを壊して横のつながりを生む話をするのではなく、ビジョンを再確認して顧客への集中に役立つつながりの糸を見せることでチームをまとめあげる。ばらばらにではなく、一緒に成長する方法を考えさせるのだ。

✔**批判的思考と情熱の育成に夢中になる**──従業員、チーム、リーダーらがまだ聞いていない質問、検討していない手段がないようにする。すべてを検証し、現状を攻撃することをやめてしまったら、ループを目標に努力し続けることもできなくなり、流動的であることもやめてしまう。皮肉にも、常に批判的思考を示そうという意思は、情熱の存在あるいは不在の両方を明確に示すものでもある。十分な量の情熱があれば、声高な批判的思考の量も増えるだろう。

✔**継続的学習と好奇心**──イノベーションと成長の渇望は前述の要素それぞれにとって必須だが、現在の私たちの知識組織の状態を点検する際に当然のステップの中では、最後になってしまう場合が多い。

このリストはすべてを網羅しているわけではないし、相互排他的なわけでもなく、当然「ベストプラクティス」でもない。難しい習慣だし、新しく、落ち着かない習慣だが、抜け目なくなめらかな、分類されていない変化のレシピの一部だ。変化が公然と望まれ、トップによって定義され、宣言されるものであってはいけないと言っているわけではない。それどころか、リストの最初に挙げた項目にもあるように、十分な経営陣の善意、そして純粋なビジネス欲と持続可能性に対するニーズに基づく個人的な「#アジャイル」の考え方は必要不可欠だ。だがそのためにはリップサービスだけ提供するのをやめ、問題を管理可能で現実的な、そしてきわめて効果的な「エピック」に分解する必要がある。その1つひとつに、即時的で目に見える結果が伴わなければならない。

現代における誰の語彙知識の中でも、「組織」「文化的変化」そして「トランスフォーメーション」は警鐘を鳴らすものだろう。意図していなくても、結局は空虚で扇動的な形でもたらされることになり、変化の真の手段には到底なり得ないからだ。「アジャイル・トランスフォーメーション」の94%は失敗するかもしれないが、私は「心の漸進的なアジャイルへの変化」の94%は失敗しないというほうに賭ける。

WoT(考え方)なくしてWoW(働き方)なし

プロフェッショナルな思考パターンと変化

私の見解では、アジャイル・トランスフォーメーションが「失敗」したり、期待された結果や待ち望まれた結果をなかなか出せなかったりする主な理由のひとつは、アジャイルがその中核では劇的に異なる精神構造を持っており、私たちの思考をまとめるまったく新しい方法であって、私たちが職業人としてなじんできたものとはまったく違い、誰かがどうにか手をつけようと思ったとしても、完全な変化は不可能でないにしても難しいからだ。

社会人にとっての形成期は正規の教育を終えたずっとあと、キャリアの初期にまでおよぶが、その過程で、私たちは世界がどのようなところなのかという理解を深めていく。この一連の「職業的価値」は内面的な行動規範と信念体系に情報をもたらすもので、意識下に残るそれを私たちはほとんど意識していないが、職場での挙動に影響を受けている。

職業倫理から、連携や仕事に取り組む態度などの基本的トピックの理解に至るまで、すべてはこれまでに私たちが学んできたことと、私たちが観察してきたこととの組み合わせに基づいている。それが、前へと進む際の道標となるのだ。これは主に、それがリスクからの保護とみなされるものを提供してくれるからだ。

さらに、教育は人生においてごく一部、限られた期間だけのものと思ってきたため（言い換えれば、正式な教育と多少の訓練を終えたら、社会人生活の中で継続的学習と改善に対する期待が続くものではないと思っていたため）、造り上げた枠組みに疑問を投げかけ、職業人としての能力における考え方の性質を再検討することはめったにない。

すでに見たとおり、ウォーターフォールとアジャイルの違いは、小さなものではない。世界の見方の一部としてウォーターフォールを用いるということは、非常に逐次的でがちがちの、直線的な考え方を持っているということだ。ひとつの物事が別の物事のあとに、特定の論理的な順序でやってくる「1−2−3」のパターンが示唆され、また、それらの手順にかなり長い時間が費やされることが予期される。そうすると実践する際に警戒感が生まれ、リスク回避型の人には魅力的に映る。各段階は詳細な計画に沿って綿密に、慎重に、かつ完璧に完了されるものと期待され、したがって、職業人はプロセスを制御できていると感じられる。

一方、アジャイルが示唆するのは「1−2−1−3−2−1」（やほかのあらゆる組み合わせ）のパターンで、循環的なフィードバックに基づく視点が伴う。物事は特定の構造や計画なしに発生し、直前で完全に変更される可能性もある。段階や詳細な計画、正確な仕様もない。さらに、それぞれの反復が大きな目標に比べると不完全で「未完」に思える。それにはもちろん、はるかに高い柔軟性、精神的な鋭敏さ、そしてリスク選好度が求められる。この2つは世界の見方がほぼ真逆で、真の「トランスフォーメーション」はひとつの考え方から別の考え方へと飛躍する前に、各個人の心の中で起こらなければならない。とりわけ、前者（ウォーターフォール）が「十分に試行された」とみなされ、したがって安心安全だと思われている場合は。

悲しいことに、組織がアジャイルで成功するためには、この劇的な変化が疑念の余地なく必要であることに自力で気づいている必要がある。しかも社内にDNAレベルでアジャイルではない人間が1人でもいてはならず、全員が制御と逐次的思考の必要性を放棄していなければならない。テスターから経営陣まで、全員がそれぞれこの変化の必要性に気づき、身体にしみついた直線的で堅苦しい思考パターンに疑問を投げかける一歩を踏み出していなければならないのだ。そして当然、1人ひとりがアジャイルの背後にある「なぜ」を理解し、心の底からそれが必要だと信じていなければ、始めることすらできない。

私は、考え方の変化が必要であることが痛いほどはっきりと見えている経営陣と何度も仕事をしてきた。中には必要性は理解できるがそこに到達するのが難しいと感じる者もいたものの、ほとんどはただその必要性に口先だけ同意し、それが「なくなってくれる」ことを願い続けるだけだった。ときには近道がなく、自分にできることはせいぜい彼らにインスピレーションを与えられるよう成功例をふんだんに紹介する程度ということもあるが、挑戦に値する実行可能な勝利はある。手始めに、私は全員に、「プロジェクト・フェニックス」の本（*編注：邦訳『The DevOps 逆転だ！』）、そして今は「プロジェクト・ユニコーン」の本（*編注：邦訳『The DevOps 勝利をつかめ！』）も読むよう勧めている。

組織の変化についての長年の質問は、「どこから手をつければいい？」だ。つまり「ボトムアップか、トップダウンか？」ということで、アジャイルを心から信じるという話になると、組織のあらゆる階層にアジャイルを浸透させるもっとも効果的な方法を見つけなければならない。私は「サンドイッチ」手法を大いに信じている。これは、どちらも正解で、真ん中で合うというやり方だ。

組織の下層、開発チームや最前線にいる製品、デザイン、実務担当チームはひょっとするとアジャイルを理解して受け入れるのにそこまで苦労はしないかもしれない。それでも、DNAレベルで浸みこむようにするためには、間違いなく集中的なアプローチが役に立つ。

難しいのは上層部のほうだ。私は長い年月をかけ、経営陣を部屋に閉じこめて以下の項目を理解させようと試みる勇気を持っていた変化の促進者に効果を発揮したアイデアをいくつか集めた。

- 遠くに連れて行く――「リーダーシップのチーム育成」や「チームの再立ち上げ」などでどこか別の場所に移動し、日中の関心と夕方の気分をこちらに引きつける。
- ミーティングの最初に、小さな「チーム立ち上げ（チームローンチ）」をおこなう。カルチャーマッピングもおこなって、「カンバンボードを使ってバックログをつける」や、最低限「携帯電話は数時間に一度または昼休憩にしか使わない」などの行動について合意を得る。
- 気まずい共感の演習から始める。事前に個人的内容の質問を10

個並べたリストを印刷して1人ひとりに配布する（ヒントが必要なら、数年前に『ニューヨーク・タイムズ』紙に初掲載された「あなたが恋に落ちるための36の質問」を調べて活用するといい）。2人1組になって、互いに訊き合ってもいいと思える質問を2つ選んでもらう。これで、絶対になにかしら答えなければならない状況で、相手がなにを避けたかを見ることができる。それが終わったらまた全員がグループに戻って、質問をひとつ選んでなぜそれを訊かなかったかを説明してもらう。

- 印象操作（これについてより詳しい参考情報は、第4章で紹介する）の概念について説明し、それに注意しておくよう伝える。
- 特定の期間を定めず、スピードの価値を示すDevOpsレポートからのデータを常に参照する。
- 実際のアジャイル・マニフェストについて話し合い、次に「中途半端なアジャイルソフトウェア開発宣言（https://www.halfarsedagilemanifesto.org/）」を読ませて反応を見る。彼らが笑っていなかったら、あなたの努力は彼らには届いていない。
- 予算が許すなら、マニフェストの最初の調印者の1人を招いて、マニフェストの根拠となった主張と、その後の旅路について語ってもらう。ただし、自身のフレームワークについての話はどうか避けてもらい、できるだけ主要概念に近い話に留めてもらう。
- シリコンバレーの伝説を活用し、「超一流パフォーマーたち」のイノベーションのスピードと実行力を紹介する。
- 最初に、自分のチームをふりかえり、どうすれば「人間中心の行動」を始め、成長させられるかを考えてもらう。「心理的安全性」の概念について説明し、生産性との関連を示したあと、それをどうやって測定するか、各自のチームの中でなにに気をつけたらいいかを教える。CEOもしくはその部屋で最上位の人物に、経営陣の中でもそれを測定する方法をいくつか提案し、全員にかかわってもらうためには経営会議でその責任を持ち回りで担当してもいいことを説明する。

- 「私たちのためのアジャイル」の共同作成に全員を巻きこむ。SAFe（Scaled Agile Framework）などの大規模展開の方法と、ほかのものは全般的に価値がないことを認識する。そのためには経営陣にすべての方法とそれぞれの落とし穴を説明する。
- なにか個人的なことのTrelloボードを作成してもらう。夏休みの予定から家族旅行の計画、自宅の改装までなんでもいい。そして、大事な人をそれに招待してもらう。

皮肉なことに、この最後の提案は、一部の経営者にとってはかなり大きな違いを生むようだ。私たちが観察した限り、いったん自分に非常に身近な、個人的な問題になると、態度や行動に著しい変化が見られた。

真のアジャイル実践者は、アジャイルが自分を職業人としても一個人としても完全に変革させたことを認め、いったん「光が見え」たら、もう元には戻れないと言うだろう。その光は彼らが他者にも見出せるようになるもので、目標に到達するために遂行した仕事に伴う膨大な投資の真価も認められるようになる。

アジャイルと人

この概念はプロジェクト管理にとどまらず、迅速で実証可能な成果を求めるリーダーシップや組織内のほかのどの部門にでも進化していくものなので、シックスシグマやリーンといったほかの管理フレームワークとよく比べられる。懐疑派は、それらの手法に明らかな利点があるにもかかわらず、わずかな例外を除いて誕生当時に大々的に喧伝されていたほど広まるにはまったく至っていないと指摘する。このため、アジャイルも同じように忘れ去られてしまう運命にあると彼らは言うのだ。

大きな違いは、今挙げた2つの手法と比べて、アジャイルが非常に実践的な、成果主義の位置からスタートし、否定しようのない望ましい結果を伴うという点だ。どの業界でも、役員会は大規模なアジャイル・トランスフォーメーションプロセスを承認する際に、最初のうちは呆れ顔や嘲りを乗り越えなければならない。ときには、組織全体のあらゆる部署のためにその壁を乗り越えるのだが、それは彼ら自身が光を見たからだけではなく（これはいずれあとで響いてくるかもしれない）、明確な数字が彼らには見えていて、常に顧客を満足させているほかの完全にアジャイルな組織と同じスピードと正確性で新たなテクノロジーと成果を実現したいと願っているからだ。

役員たちを含め、一部の人々がアジャイルについて気づけずにいるのは、「数字を使って」やろうとするとやがては失敗する運命にあるということだ。アジャイルには、ほかのどの手法や働き方よりもはるかに深い感情的投資が必要となる。なぜならアジャイルは心のありようであって、単なる一連の行動やプロセス以上の哲学であり、したがって実践者は組織レベルでも個人レベルでも、自らの内面に目を向けざるを得なくなるからだ。これは、マクロレベルで見ると、一部の業界の一区分がアジャイルに抵抗する理由を説明してくれる。「アジャイルは『なんにでも』効くわけじゃない」といった類の反論は概して軽薄で根拠がなく、綿密な検証を避ける意図がある。彼らは、アジャイルが劇的な変革を切実に必要としているビジネスのあらゆる場所に適用できる特効薬ではない、と言っているのだ。

だが、それは正しいのだろうか？

私たちは、なんのためにアジャイルを**必要**としているのだろうか？

スピードのためではなく、真の連携のため

納品のスピードは、ソフトウェア開発（それに実際、組織のほかのどの部門でも）にアジャイルを適用した場合の否定しがたい結果だ。だがこの結果を得るためには、真に連携した働き方が必要となる。なにを実現するにしても、本当の意味で共通の目標に向かって共に働くことがカギだった過去のチームの価値観へと逆戻りするとしても、真の連携は必要だ。アジャイルでどのバーチャルまたは物理的なボードやツールを使うにしても、そしてどのバリエーションを実施することに決めたとしても、その範囲は常に

再認識される。最終目標は常に明言され、願わくは検証されることを。なにを作るにしても、その理由は必ず捉え直され、宣言される。これが、チームの足並みを徹底的に揃える手助けをしてくれる。なぜ目標物を構築しているのか、なぜこのやり方で構築しているのかをチームがいったん心の奥底から「受け入れる」と、彼らが目的を達成するために本当の意味で互いに助け合えるようになるだけの思いやりを持てる可能性は無限に広がる。

職業人生においてオフィス空間からITツールまですべてがオープンになっているように見えるこの時代、従業員はしばしば自分が鎖国状態で孤立しているように感じる。それに対処するためには、ただ連携を義務づけるポスターを社内に貼り出すだけではうまくいかない。そこへくると、アジャイルは全員の真の連携の本能を引き出す。

家族を見つけるため

「心理的安全性」は、どのような生産的なチームにおいても中核的概念であり、主要な成功の手段だ。チームの中で支えられている、安全だと感じられることは、どの業界で働く従業員にとっても間違いなく唯一のもっとも基本的ニーズだ。これはあらゆる働き方にとって言えることだが、アジャイルは特に、安全に感じられるチームを求める。人間がなにを要求するかを検証したマズローの欲求ピラミッドでは、安全性はもっとも基礎の階層に置かれている。住居や食料といった生理的欲求に加えて、安全も満たされなければならない基本的ニーズであり、それがなければ人間は機能できない。これは人間が置かれたどのような環境にも言えることなので、当然職場にもあてはまる。

ピラミッドを上っていくと、安全性のすぐ上にあるのが「愛と所属」の欲求だ。数字とデータに執着するこの社会にあって、この2つはしばしば弱点としてみなされ、職場にあるべきではない感情的議論として片づけられがちだが、人間にとっては実に重要なニーズであり、大手企業において前後左右の個人ブースと共通の関心を持つグループ以外では満たすことがますます難しくなってきている。アジャイルはチームとして人に求めることが非常に多いため、所属感は必然的に強く表れる。そして、逆説的ではあるが、多くの実践者が最初は非常に強く反発する。職場で本当の家族（または部族（トライブ））の一員であると感じることに対する基準枠がないからだ。

家族の一員と感じられるのは温かく、安全で快適に感じられることだが、新興企業や家族経営会社の場合を除き、特に大手組織では、ほとんどの従業員は経験上仕事は大変で不愉快、あるいは苦痛を伴うものでさえあるのがあたりまえだと感じている。したがって、アジャイルを発見するというのは重大な気づきの瞬間になるのだ。

価値のため

ピラミッドをさらに上っていくと、次は「承認欲求」が現れる。人は尊敬され、自分に価値があると感じられなければならないのだ。アジャイルは、それを理解して活用する者に自尊心を与える。その自尊心はKPIがかつてないほど急成長することで、ビジネスにとっても目に見えるほどになる。

ある意味、アジャイルの必須要素である速度と結果の正確性は、現場で長年見すごされ、過小評価されてきた勤勉なチームからの比喩的な「だから言っただろ」のようなものだ。彼らは迅速なプロセスのおかげでようやく新しい手法を使うことを許され、知的に仕事を進められるようになった。ビジネスに対し、自分たちがどれほど貴重な存在かを示せるようになったのだ。それだけではない。自分たちが構築したこの新しい安全な家族の中でオープンでいること、正直になって脆弱であることによって、彼らは自分たちにとってもっとも大事な人々、すなわちチームメンバーの前で輝き、価値を示すことができるようになる。

困難のため

最後に、ピラミッドの頂点にあってほとんどの人が自分の職業人生には関係ないと思っている贅沢が、「自己実現欲求」だ。調査によると、仕事の達成を通じて自己実現を感じることに価値を見出す者は、少ないかほとんどいない。

アジャイルにおいて、変化は歓迎される。正直で継続的な対話は必要だし、人の脆弱さは祝福される。「完了」することはなにひとつなく、物事は永遠に流動的なままで、しばしば困難だ。このすべてが、アジャイルは強烈で要求が厳しいものになり得ることを意味している。人が常に自分の能力を試すのは、困難に立ち向かうという行動を通じてで、アジャイルでは、曲がり角ごとに次の一歩を検討し、より大きな目標を持ちつつ自分にも他者にも最高水準を求めることが必要不可欠だ。中には、アジャイルはあまりに要求が厳しく、従業員が可能な限り最高の自分でいることを求めるため、人並み以上の成果が出せる者にしか適用できないという意見もある。だが、それはまるでトライアスロン選手だけが困難を好み、自己実現欲求を持っていると決めつけるようなものだ。それは、まったくもって間違っている。より良い自分になりたいという欲求は私たち全員にとって存在するもので、仮に今いる職場の文化がその欲求をはぐくんでくれていなくても、その存在は変わらない。

人間らしくある許可のため

共感と情熱をはじめとして、最高の人間性の一部を実行せずに本当にアジャイルになれる方法はない。オタクやギークたち（その他ITチームから連想するどのような言葉でも）は感情を持つことなど不可能だという一般に広まっている思いこみとは裏腹に、アジャイルの成功は、一点の疑いもなく、その思いこみがまったくもって間違っていることを示している。世界中の開発者、プロダクトオーナー、プロジェクトマネージャーたちが、アジャイルを成功させるために理解とやさしさの奥深い貯水池を掘り当てることができている。

多くの場合、脆弱であること、オープンで独創的、革新的でいること、完全に感情を注ぎこんでいることは奇妙な感覚で、ベテランのプロフェッショナルから成るチームにとっては難しい演習だ。しかしアジャイル組織を実現するには、自らの感情的限界に挑戦しようという意思が明白で、その挑戦は常に報われる。テクノロジーはすべてを変え、アジャイルはおそらくテクノロジーにアクセスできる最速の手段だ。だからアジャイルは変化の中心に据えられている。このために、改心した人々と、「なくなってくれる」という期待にいつまでもしがみついたままの鈍い人々の双方から、強い反応を引き出すのだ。

内省的で、とりわけ思考に画一化された麻痺が見られる職場環境において感情指数（EQ）を高める意志を持つのは、難しい。勇気や情熱などといった深い人間性を探そうと鏡を手にするのは、きわめて気まずい話だ。職場におけるこれらのニーズをすべて認めるくらいに自分の脆弱さを露呈することは、痛いほどに直感に反している。だが新しく健康な、連携的で、共感力と意図に満ちた行動を取り巻く仕事の未来を再構築するためにはすべてが必要だ。慣習と略称だけではどうにもならない。

アジャイルはビジネスではなく個人的なものだが、仕事人生のほかのこともすべて、そうであるべきだ。

個人的な話をしても大丈夫なのだ。

人であるために感じ、考えることもそうだ。

なぜアジャイルが難しいのか

アジャイルの実践者たちが申し立てる主な苦情のひとつが、なにかが「完全に完了」になることがないということだ。開発者も管理者も、ウォーターフォール型にならある、プロジェクト完了後の休止時間を切望する。これは事実だし、非常に興味深い。

興味深いと言うのは、このたったひとつの症状が、現代の職場における体系的問題を露呈するからだ。つまり、物事が特定の形で機能することを、本能的に期待するという問題だ。その特定の形は残念ながら、もはや私たちが必要としていない構造やプロセスを中心に回っているのと同じように、組織の病を中心に回っている。

9時5時の労働時間、階層、そしてそれに伴って生まれる責任を負うことを避けて、できるだけ引き受ける仕事を少なくすませようという「たらいまわし」などの概念は、なにをやるにしてもまず詳細で極端な計画策定をおこなうことも含め、現代の職場におけるほぼすべての職業人の精神構造に深く根差している。今、私たちは物事のやり方を変えるよう彼らに呼びかけている。彼らに（そして私たち自身にも）成功してほしかったら、正直になり、これが彼らの慣習や期待からどれほど遠くかけ離れているかを探求しなければならない。

職場環境と「人的負債」の一部において、ほとんどの従業員は人格を奪い去られている。これは世界中どこでも同じだ。経営陣クラスでも、個人的責任、当事者意識、勇気は当然あるものなどではまったくない。組織に一歩足を踏み入れたら、まるで自分が巨大な機械仕掛けの歯車になったかのように感じ、そのため、押しつけられたプロセスや命令の狭間で人間である方法を見つけなければならない。

長く、しばしば悲惨で理解不能な、もどかしいほど遅いプロジェクトが大きな組織の中で完了すると、そのときこそ従業員は大きな安堵のため息をつき、次の感情移入できないタスクが与えられるのを待つ。通常、彼らはそもそもなぜそのタスクをやっているのかを理解できず、なぜ考えられる限りもっとも苦痛を伴うと思われる方法でそれをやっているのか、そして当然、なぜ2倍も時間がかかって、全員が命の危険を感じなければならなかったのかなどわかっていない。

典型的なウォーターフォール型プロジェクトの完了は、まるでホラー映画のラストシーンのようだ。登場人物たちが迫りくる危機から全力で逃げ、制作側は彼らにまだチャンスがあると観客に思わせたがる。誰もが地面に倒れこみ、あえぎ、嫌悪感と恐怖感でいっぱいだが、生き残ったことに満足している。ひとまずは。これで終わりだ。トラウマはすぎ去った。癒しの時間が始まる。

アジャイルの習慣ではそのような瞬間は決して訪れない。トラウマ自体がそもそもないのだ。ウォーターフォール型プロジェクトのような苦難ではなく、最終顧客のために最高の品を作り続けるために迅速に行動するにはなにが必要かを見出す、新たな方法なのだ。開発者も管理者も、もはや納品完了通知後に訪れる休止時間をあてにはできない。代わりに、大人になって、必要なときには自分で息抜きをする方法を編み出さなければならない。システムやプロセスの欠陥が休息を与えてくれるのを待つのではなく、動き続けて持続可能でいなければならないのだ。

企業において、私たちはプロジェクト競争の終わりに地面に倒れこむだけではなく、プロセスやツールの欠陥や懸念を休憩するチャンスと捉える。取れていないライセンス、壊れた機械、「ボールを持っている」同僚、解決されていない障害、通っていない承認、質問に答えてくれないほかの連中、等々。すべてが休憩のチャンスだ。誰かほかの人間がボールを持っている間に、いったん引いて待つ時間なのだ。もちろん、人間は休まなければならない。昔の働き方なら、この休憩はシステムが利用者を失望させたときに訪れるものだった。

ときには、システムの欠陥がまた別の実に人間臭い行動を生む場合もある。なにかがうまくいかないと、文句を言う行為だ。これは、略語や決まり文句をうんざりするほど繰り返すばかりの職業人生において、人が唯一人間らしさを見せられる瞬間だ。文句を言うことで一体感を得るために、欠陥が必要なのだ。

これこそ、大規模組織において真にアジャイルになるために断ち切らなければならない、もっともひどい悪循環だ。昔ながらのウォーターフォール型の働き方では、システムは根本的に破綻しているプロセスやアイデアを容赦なく促進し、そこで生き延びるため、従業員は破綻した自分自身の欠片の利用を促進する。だから、あの大きな「リセット」ボタンを押さなければならなくなるのだ。だからこそ、趣味や課外活動として「同時進行でアジャイルを導入する」ことができないのだ。

これを踏まえて、近年私がよく聞く誤解のひとつは、ウォーターフォールとアジャイルの間の緊張が新興企業では完全に解決されているという思いこみだ。恐ろしく機敏だと信じさせたいのはやまやまだが、新興企業もときには苦労するものだ。

正直に言おう。アジャイルは簡単に、自然にやってくるものではない。とりわけ、企業で長年働いてきたベテラン社員が独立する際、自分はすべての答えを持っていますよと投資家に思わせなければならないような場合には難しい。同時に、これは「新入りのやつ」向けでもない。あまりにも今すぐ緊急に必要なものなので、衛兵が交替するのを待っている暇はない。退職まで5年も残っている者なら全員、今すぐ実践者になる方法を学ぶか、さもなければ失敗に備えるかだ。

実を言うと、アジャイルは机上では魅力的に見えるが現実世界になると難しく、世界中のどのような業界でも昔ながらのやり方で働いてきた者には一見直感に反しているように思える。これは大企業だけでなく、新興企業でも同じだ。

アジャイルは、以下のことを人々に求める。

✔**度胸を持て。** これがないと実に多くの形でまずい方向に転がる可能性がある。あまりにも多くの未知数があり、恐ろしい

「もし……だったら」があって、それに対処できる経験はほとんどない。失敗しても安全だと思える練習はまったくしてきていないのだ。

- **「常にオン」でいて、常に発言しろ。** 議論していないバックログ項目があってはいけない。一切考えることなく、対立も一切ないものとして自動操縦で放置していていいものはない。
- **クリエイティブであれ。** これまでに知って試してきたことは、もううまくいかないかもしれない。すべてが変化しつつあり、それは当惑するし怖いことだが、突拍子もないアイデアを思いついたり新しい道を試したりするなど、いったん新しいやり方を見つけることの価値に気づけば、すべてが簡単になる。
- **「当事者」であれ。** ボードに貼ったふせんを動かしたら（あるいはJiraかTrelloで自分の名前をそこに書いたら）、あたかも想像上の新興企業で自分がCEOになり、もっとも重要なタスクを引き受けたかのように感じなければならない。それを実現してフィードバックも求めなければならず、そうすれば責任が自治と共にやってきて、それがほとんどの人にとっては新しい感覚となるはずだ。
- **オープンで、好奇心旺盛であれ。** プロダクトオーナーであるにしろチームの一員であるにしろ、挑戦されたり、疑問を投げかけられたり、あとからとやかく言われたりしても個人的攻撃と捉えないよう備える。これは他者からのものも、自分自身が出すものも同様だ。チーム内でそうした意見が出ても大丈夫だと感じ、自分自身の魔法を信じて、気まずくならないようにする。
- **誠実で人間らしくあれ。したがって、柔軟であり続けることに不快感を覚えろ。** リスクを最小化して、昔ながらのパターンに逆行しないようにする。この上なく人間らしくい続けて、感情指数をどこまでも伸ばすことの「不快感」も含め、未知の「不快感」から逃げ出さない。

これらのタスクのどれひとつとして過去には従業員に求められたことがなく、どれひとつとして自然に身につくものはない。大きな組織に歯車として溶けこみつつ、ホラー映画の追跡シーンが終わってほっと一息つける瞬間を待てる人間はいない。簡単ではないし、快適でもないのだ。ここにいくつか、その不快感を制御するために試してみるといい行動を挙げる。

- ✔**小さな勝利を祝う。**「完了」の欄にタスクが移動できたときに心の中で歓喜のダンスを踊ることから、ベロシティ目標（作業スピードの目標）を達成したあとにチーム全員で乾杯することまで、なにかを達成するたびにそれを評価し、誇りに思うべきだ。年次株主総会や年間業績評価に比べると学ぶのが厳しい教訓だが、アジャイルは頻繁な漸進的歓喜の理由を与えてくれるし、それは活用するべきだ。
- ✔**休憩をはさんで、自分のペースで働く。** 自分自身を尊重し、自分のリズムに合わせて学習し、それを擁護することがもっとも重要だ。ウォーターフォール時代の納期を切望させてはいけない。それはスプリント（一定量の作業を完了させる期間で、作業サイクルが1周する単位）か？　そうだとして、ときにはたった1枚のチケット（作業を細かくタスクに分割したもの）を取ることが思慮深く賢明なこともあり、チームもそのやり方を理解して賛同できなければならない。つけこもうとする人間に門戸を開いてしまうリスクはない。チームの規模は小さくてすぐに露呈するからだ。アジャイルを実行するそもそもの理由が市場で迅速に動くためなのに、メンバーに自分のペースで働かせてもいいのか？　もちろん。総合的な競争に勝てるのは、すべての選手が替わりのきかない存在で、したがって1人ひとりが自分のマラソンに真剣に取り組んだときだけだ。

✔**心を持ち続ける。**　常に「信仰」に立ち戻る。私たちはなぜこれをしているのだろう？　私たちはここでなにを作っているのだろう？　最終顧客はこれを手にしたときにどう感じるだろう？　真の顧客中心とは、最終顧客を満足させられると本気で信じられるものを作ることであって、それをスプリントベースで、自分のチームと、さらに重要なのが自分に対して、常に思い出させることだ。

✔**もうひとつの選択肢のことを思い出す。**　常に比較し続ける。これをウォーターフォールでやるとしたら、アジャイルでの競争と比べるといつ完了してどこに到達するだろう？

✔**習慣として称賛する。**　称賛の価値を学んだチームは、ふりかえりや評価の際の批判をポジティブに転換させることができる。失敗を学びとして、成長の機会として探求し、それをみんなの前で解剖することこそ脆弱さとオープンさを示すことであり、魔法を起こさせてくれる要素だと気づくのだ。

✔**罰する必要はないが、単刀直入に言う。**　責任のなすりつけと懲罰の文化を変え、「人間中心の行動」を生み出して「心理的安全性」を通じて「人的負債」を軽減する組織が勝利する。なにかがうまくいかなかったら、単に間違った道がリストから削除されるだけだ。これが厄介なのは、政治的公正が謳われるこの時代に、多くの組織が「心理的安全性」を、まわりくどいコミュニケーションと「いい人」でいることと混同するためだ。

アジャイルは正直で心の開かれた対話以外のなにものでもない。政治的公正を気にした言葉遣いの陰に隠れるのは、怖いからだ。本音をしゃべり、それがうまく着地して、建設的な発言としてチームに受け入れられるのだと知ることが、アジャイルに必要な勇気だ。

この最後の項目はすぐに効く修正ではないが、いずれにしても必要なものだと私は考えている。日々の働き方における昔ながらの方法を置き換えてはくれないが、時間をかけて考えるべき唯一の後継計画だ。新しい考え方と、「感染性組織麻痺病」に侵されておらず、自動化と競い合っている次の世代が自らを必要不可欠な存在にできるその方法なのだ。

30〜40年先へ早送りしてみると、願わくは教育制度が追いついて、まだ雇用されているわずかな人間は初期の形成期からくる新たな価値を中心に公式な思考プロセスを構築しているはずだ。だが今のところはみんなで腕まくりをして、オープンに交流して互いに教え合うべきだろう。

アジャイルのスーパーヒーローたち

真に「#アジャイル」となる人々の精神には否定しようのないほど簡単に心を奪われてしまう。彼らはみせびらかすわけではないが、それでも漏れなく抜きんでた知性と驚異的な精神的柔軟性を持っている。彼らには、次のようなことが可能だ。

- **小さな欠片を堪能しつつ、自制心を見せる。** スピードはすべて学習と少量ずつの納品のためなので、これをじっくり味わい、祝福するべきだ。
- **変化を生きがいとする。** 安心と安全に対するニーズとは反するが、唯一の定数として受け入れるべき理由が理解できたら、それを受け入れるように脳をプログラミングしなおすことは可能だ。
- **真にオープンマインドでいる。** 初期の前提がどれひとつ信頼できないという可能性もある。だからこそ、そもそも前提自体作るべきではないのだ。
- **間違っていたかもしれないとすぐに認める。** でなければどうやって学べばいい？ 「今のところ」か「今回は」間違っていたという話で、相手は世界全体ではなく自分のチームだ。相手を信頼して、依存してもいいのだ。
- **信じる。** ビジョンを、目的を、そして家族が近くにいてくれるということを。
- **個人的責任とうまくつき合う。** 自治と成長は、いずれも同じように北を指す内面的道徳の羅針盤の集合体にかかっている。

- ✔**なにを作っているのであれ、最終消費者をがっちりと「つかむ」。** このスピードとこの期待度では、すべての成功は束の間のものだ。
- ✔**泣き言を言う人々、反対派、フレームワーク狂信者たちに対する免疫力をつける。** 彼らは、成果を見るよりも自分たちのバージョンで物事が進むのを見たいだけだ。
- ✔**妥協しない完璧主義者であり、より良く物事を進めることに執着する。**
- ✔**アスリートである。短距離走者と長距離走者を同時に兼ねる。** 嫌になるほど超人的な回復力とスタミナを身につける。
- ✔**大きな勇気を持ち、したがって本当の意味で、そして他者に刺激を与えるような形で、弱くなり得る。**
- ✔**とことん人間らしく、そして際立って共感的であり、チームに対する強い執着心を持つ。**

ビジネスにおいて、「#アジャイル」以上に私たちがこれまでに学び、実行してきたすべてのことに反するものはない。だが同時に、アジャイルと同じくらい成功を保証することに少しでも近づけている方法はほかにない。だから抵抗が多いのも不思議ではない。

「アジャイルを正しく実行する」と、真実が見えてくる。

180度方向転換して、フィードバックでそう言われたからという理由でいい仕事を投げ捨てられたなら、勝ちだ。
間違えたことを認められたなら、勝ちだ。
望んでいたよりも納品に時間がかかっても、そのことがわかっていたなら、勝ちだ。

変化を起こしたりピボットしたりしたなら、勝ちだ。

失敗してそこから学習したなら、勝ちだ。

振り出しに戻ったなら、勝ちだ。

当然ながら、こうしたことに取り組むのは誰にとっても実に難しい。このリストに自分があてはまることに気づいた人々に私からできる唯一の助言は、「持ちこたえて、世界中のほかの全員も方法を見つけて仲間に加わるまで、くじけずに待っていてほしい」だ。そしてほかの全員にはこう言いたい。「目を覚ませ！」。すべての企業のすべての経営者の胸ぐらをつかんで揺さぶって気づかせることができるなら、そうしたいくらいだ。それも、彼らのために。世界中が自分を置き去りにして駆け抜けている中、今までどおりの逐次的行動と思考を続けていられるという傲慢な信念を持って幸せに働き続けられる業界、ビジネス、個人は存在しない。

この本を読んでいる読者の中で、以下のリストにあてはまる人物で、友人か家族、飲み仲間にまだ該当してはいないがこれからするかもしれない最高経験責任者（CxO）がいるなら、運命の近道を教えてあげてほしい。彼らが「#偽アジャイル」実行者になるのを防ぐため、彼らの目をまっすぐ見つめるのだ。

▶既成の公式など期待するな、自分で作れ！

▶他人のバージョンをコピペするな。あなたは彼らではない。

▶アジャイルが通りすぎていって、PRINCE（PRojects IN Controlled Environments、制御された環境下のプロジェクト）の世界に戻ることを期待するな。

- アジャイルは「すたれる」ものではない。早く理解しなければ、あなたのほうがそうなる。
- 誰かに肩代わりしてもらえると思うな。自分がスーパーヒーローになれ。後ろのポケットを探ってみたらいい。そこにマントが入っているはずだ！

アジャイル、DevOps、WoW、そして「人的負債」の削減

では、新しいWoW（働き方）はどうすれば「人的負債」を削減し、彼らアジャイルの超人たちをもっと正当に扱い、彼らが魔法を起こせる「心理的に安全」なチームの一員になれるように貢献できるだろうか？　目を向けるべきは人事部だろうか、それともDevOpsだろうか？

その関連性を見出すために、実質的にはどこまでも進化し続ける哲学の定義をゆるやかに定めた用語を使うにしても、まずはこの2つの用語の類似点と相違点を見なければならない。アジャイルは、プロジェクトを実行する方法を導く一連の演習やプロセス、または一連の価値観と新種の考え方を説明するもの（今のところ、主にソフトウェア開発において）。一方、DevOpsは開発からテスト、その他の運営機能に至るまで、かつては組織の異なる機能だったものの包括的なビジョンと、自動化の魔法が組織を再定義するその方法を指す。したがって、一見、これは戦術に対して戦略であるかのように思える。一方が実行、一方がビジョンだ。だが現実にはこうした用語の違いは些末なことで、アジャイルもDevOpsも、30～40年前までに組織が経験してきたどのような職場文化ともまったく異なるものに力を与える必要がある思考回路の記述子（キーワード）だ。つまり、まさに新しい働き方の記述子でもあるということになる。

私が見たところ、2つの共通点の最適な例は意外なところから

くる。2019年に発表された報告書「Accelerate: The State of DevOps(加速化:DevOpsの現状)」だ。発行元はぜひ一度検索してみてほしい組織、DORA(DevOps Research and Analysis)だ。トップを務めるのは3人の業界スター、ジーン・キム、ジェズ・ハンブル、そしてニコール・フォースグレン博士。この報告書ではGoogleやNew Relicなど、シリコンバレーの愛すべき企業たちを調査・分析しており、Googleに関しては、「プロジェクト・アリストテレス」の調査結果を「心理的安全性」の有無、そしてすぐれた業績との関連という観点で再検証している。方法としては、結果が「Google特有」のものなのか、もっと幅広くほかの企業にもあてはまるかどうかを見ている。この報告書ではほかのすべての「エリートパフォーマー」たち、つまり多種多様な技術的指標にわたって高い実績を上げている企業と常に関連し合っていることが示されている(2018年版ではこうした企業は調査対象のうち7%だったが、2019年になると、スピードと納品をめぐる成功の指標をすべて達成した企業の割合は20%まで増えており、しっかりとしたDevOpsの人間中心の原則がうまくいくことを示して見せた!)。

この報告書はいまだに私の中で最高の出版物のひとつだ。不明瞭な用語を一切使わずに重要性を主張するだけでなく、ソフトウェア納品の卓越が視覚的に説明され、誰もがうらやむ「デジタルエリート」と同じ結果を達成するにあたって「心理的安全性の文化」を持つことが専用の枠に納められ、それがすべての図の始点となるよう保証する。特定の観客に関して言う限り、DevOpsがこれ以上明確で詳細に説明されることはないだろう。

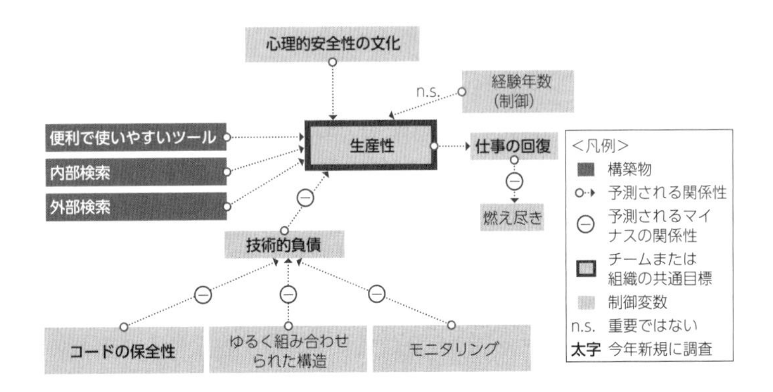

私の見解では、エイミー・エドモンドソン教授の研究が「心理的安全性」の概念を医療分野の地図に載せ、ほかにも航空業界や製薬業界など数々の業界にも調査や結果を提供したのなら、ソフトウェア業界については、DevOpsコミュニティがGoogleの「プロジェクト・アリストテレス」の結果をまとめることで同様の成果を上げたのではないかと思う。そこへ、さらにこの重要なDORA報告書などの出版物が加わったのだ。

報告書の中で「心理的安全性」について触れている箇所を探したら、すべての図に含まれていることがわかる。図の一番上にあって、すべてがそこから派生しているのだ。それが業界に実際伝えようとしているのは、「その枠が一番上になければ、『生産性』を持てる希望などみじんもない」ということだ。

私にとって、この報告書との出会いはいくつもの意味で心温まるものだった。アジャイル、DevOpsと「心理的安全性」の間の「だから言っただろ」というつながりとしてだけでなく、すばらしい人々が世の中には存在するという確認の拡散としてもそうだ。

まるで、森の中でユニコーンの足跡を見つけたかのようだ。「気づく」人々──新しい方法で考え、学び、連携して超人のようになる人々が世界中にいて、この調査に応えて自分と自分の組織をさらに良くしようと努力している。毎日少しずつ目にしているからまったく新しい情報というわけではないが、これまでにない新鮮さで、その数字は気持ちのいいほど過去最高に伸びている。

この報告書は、すでに新しい働き方を身につけているアジャイリストたちやスーパーヒーローたちのためのものではない。これが新しいやり方だという証拠やデータをもっとたくさん必要としているその他全員のためのものだ。この「DevOpsの現状」報告書のすばらしさは、人がそれを信じるか信じないかというところにある。エリートITパフォーマーの1人になろうと願うか、願わないかだ。そして願うのであれば、すべてが魔法を素早く起こせる家族のようなチームバブルから始まるのだと訴える、ど真ん中にある巨大な枠を無視するわけにはいかない。それが「心理的安全性」だからだ。

私にとってはすばらしいものでも、DORAのこれは報告書であって、ものすごくわくわくする文書というわけではない。

人は、物語を通じてもっともよく学習する。これは誰でも知っていることだ。だからこそ、私は基調講演の際に必ず、『The DevOps 逆転だ！』（ジーン・キム、ケビン・ベア、ジョージ・スパッフォード著／長尾高弘訳／日経BP社／2014年）は絶対に読むべきだと主張し続けているのだ。もちろん、エイミー・エドモンドソン教授が「チーミング」と「心理的安全性」について書いたものすべて、ブレネー・ブラウンが出版したものすべて、そして『The DevOpsハンドブック』(ジーン・キム、ジェズ・ハンブル、パトリック・ドボア、ジョン・ウィリス著／長尾高弘訳／日経BP社／2017年)やダニエル・コイルの『THE CULTURE CODE 最強チームをつくる方法』といった必読書はもちろんだが。『The DevOps 逆転だ！』(原題はThe Phoenix Project)のことを私は冗談めかして「DevOpsのための女性向け小説」と紹介している。壮大で無味乾燥な教訓を驚くほど身近に感じられる物語に変換した、唯一の必読書だったからだ。

2019年、『The DevOps 逆転だ！』は「唯一」ではなくなった。同じ驚異的な著者ジーン・キムが一種の続編を、『The DevOps 勝利をつかめ！：技術的負債を一掃せよ』(ジーン・キム著／長尾高弘訳／日経BP社、2020年)というタイトル(原題はThe Unicorn Project)で出版していることに気づいたとき、私は興奮を抑えきれないほどだった。

この本は最初の本とは別の物語に沿っていて、今度の主人公は女性の主任開発者、フェニックス・プロジェクトから追放されてしまったマキシンだ。本書についてのインタビューで、著者は5つの理想をどのように名づけたのか説明している。1. 局所性と簡単さ、2. 集中、流れ、そして悦び、3. 通常業務の改善、4. 顧客中心、そして5.「心理的安全性」のことだ。これは著者が述べた順序ではなく、その限界も興味深いし議論の余地がある。が、言うまでもなく、DevOpsに関する重要な本のほとんどの著者であり、「心理的安全性」をここまで明確に強調したもっとも変革的な報告書のほとんどに貢献した、誰より影響力のある発言者の言葉はとてつもなく重要と言うしかない。ジーン・キムは間違いなく、このトピックの重要性を理解している。彼はこの章の冒頭で私が触れたこの真実を守る数少ない人物であり、ときには物語のほうが無味乾燥な事実のみ、あるいはGoogleの調査結果よりも、人々の関心を引きつけやすいこともわかっている。

このトピックについての意識は高まりつつあるし、ITエリート企業としての成功にはどのテクノロジーを選ぶか、どの働き方を採用するかと同じくらい「心理的安全性」も基礎的な要素であることに気づく企業は日々増えているが、それを物語の形で詳しく説明されると、理解しその先へと展開する手助けになってくれる。なにしろ、リーダーたちにはそのやり方を見つけてもらうだけでなく──これができなければ、彼らは成功しようとしているのだというふりすらするべきではない──全従業員にボトムアップで理解してもらわなければならないのだから。

興味深いことに、ジーン・キムは『The DevOps 逆転だ！』が経営陣を対象としていた一方、『The DevOps 勝利をつかめ！』のほうは開発者向けに書いたと述べている。それは非常に鋭敏で必要だし、開発者にはふさわしいと私は思う。その誠実さ、対話、約束が彼らには必要なのだ。

私が皆に削減してもらいたい「人的負債」は実質的に、私たちが集団として従業員をひどく虐待してきてしまったということを意味している。特に、開発者たちを！　私たちは彼らに無分別で魂を殺すようなプロセスや性能管理システム、ときには無感情な言葉を羅列した調査を押しつけ、にもかかわらず彼らの言葉には

「耳を貸さず」、彼らの生産性を高めて、彼らを幸福にするチームバブルに注力せず、全般的に彼らの福利厚生に気を配らずにきたのだ。その結果、今になって気を配っていて最善を求めたいから新しい時代の自治、尊敬、よりすぐれた道徳観、学習と成長、その他素敵な諸々の到来を告げると言っても、組織のことを彼らはまったく信用できなくなっている。少なくとも最初のうちは、とにかく信じてくれない。だからこそこのような物語、そして前述の報告書のような成果は必要不可欠なのだ。企業はいまや生きるか死ぬかというビジネス上の責務として、口先だけの道徳観念ではなく、徹底的な文化の変更をおこなわなければならないことを痛感している。したがって、アジャイルを活用してこの「人的負債」を減らすには、心の中にアジャイルを持っている全員の手を借りる必要がある。勇敢なスーパーヒーローが十分いるため魔法を起こせるチームに、彼らは「心理的安全性」と高い「EQ」を持っているのだと知らしめるよう光を当てるのだ。

CHAPTER 3

チームと高業績の探求

- チームとはなにか？
- 現代のチームと新しい働き方
- リーダーシップ2.0
- 形成期（フォーミング）
  ——チームの立ち上げ、
  カルチャーキャンバス、
  契約作成（コントラクティング）、共同作業（スウォーミング）
- 混乱期（ストーミング）——健全な対立、真の対話と機能不全
- 規範期（ノーミング）、成就期（パフォーミング）、ハイパフォーミング：
  チーミングおよびリチーミング
  ——チーム構成vs.チームダイナミクス
- プロジェクト・アリストテレス

チームとはなにか?

なにが人や組織をより良くするのかを議論する前に、まずは「チーム」の概念について見なければならない。このグループこそ、ダイナミクスを理解して正しい行動を促せば一番早く変化を起こせるレベルだからだ。

「チーム」の不思議なところは、人がそれを理解するよりもむしろ感じ取るという点だ。チームがなにを意味するかは誰でも十分よく理解していて、みんなで一致団結して「魔法を起こしていた」、誰よりも結束の固いグループだったころへと瞬時に思いを馳せる。

世界中の講義で(ワシントン大学の「効果的なチームワーク」に関する講義も含む)もっともよく聞かれる「チーム」の定義は、「異なるスキルや異なるタスクを持つ人々の集まりで、この人々が共通のプロジェクトまたはサービス、目標に一緒に取り組み、そのために機能が噛み合い、相互に支え合うもの」とされている。この定義によって、さまざまな人数から成るさまざまなグループが「チーム」と考えられるようになる。教育、スポーツ、防衛、社会活動などどのような分野においても、この概念は明瞭で広く使われている。

コーネル大学による「作業グループとチーム」の研究は、正確な定義を生み出すことと、この概念に誰が責任を持つのか認識することの難しさを認識し、このように述べている。

> *仕事をする基本的な組織におけるこの継続的変革は研究者らの注目を集め、その注目はチームの機能に関する新たな理論、急速に増える実証的研究の件数、そして急増するチーム研究に関する無数の文献・レビューに反映されている。また、チーム研究の中枢の変動にも見て取れる。小規模グループの研究はその歴史の大半において、社会心理学を中心としてきた（McGrath, 1997）。しかしながらこの15年で、グループやチームの研究はますます組織心理学と組織的行動の分野を中心とするようになってきている。実際、レヴィンおよびモアランド（1990）は小グループ研究の徹底的な再考察の中で、「グループはいまだ健在だが、どこか別の場所で生き続けている……バトンはほかの分野の仲間たち、特に組織的心理学の研究者たちへと渡された（あるいはより正確に言うなら、彼らに拾い上げられた）」（p.620）と結論づけている。*

そういうわけで、職場という環境において、この概念は20世紀からの実践的経営の中でのその受け入れられ方、使われ方、そして重要性の点では盛衰を見てきた。

職場におけるチームの概念の進化をもっともうまく説明したのは、フレデリック・ラルーだろう。『ティール組織』（鈴木立哉訳／英治出版／2018年）の著者である彼は『Squads by Invision』というドキュメンタリーの中でインタビューに応じ、部族社会に続いて誕生した近代的チームの初期のものは農業革命と共に現れたと語っている。かつては狼の群れのように、リーダーに従うことがすべてだった。その後、産業革命と共に軍隊に似た構造がもたらされる。ラルーは続いて、この30〜40年間のビジネス界が使ってきた唯一のモデルは、盲目的に指示を遂行し、階層ピラミッドの頂点にいる1人に従うというものだったと主張した。だがその後、アジャイルとリーンの働き方がこうした構造や、そこにあてはめられるリーダーシップについての見識に疑問を投げかけたのだ。

現在、真にアジャイルな組織の構造はもっとフラットで、チームに属する小群（ポッド）や班（スクワッド）、部族（トライブ）、あるいは単に人々の集団（グループ）で構成される。これらの人々は自己組織的で、仕事を円滑に進めるために必要となれば、ほかのチームと合体する。人間中心という概念に注力する私たちにとって、感情的投資とチームの概念に対する純粋に知的な好奇心が定期的に失われているというのはまったくもって理解不能でないにしても、不可解なものだ。前述の「人的負債」について検証すると、その大部分は「チーム」という概念に対するこの態度に帰着する。

過去何年にもわたって世界中で人とチームについて話をしてきた私は、その断絶を目の当たりにしてきた。私の基調講演を聞きに来た何千人もの聴衆の顔にも、新しい対話パートナーの瞳の中にも、私がこの言葉を口にするたびに一種の無関心が浮かぶのだ。まるで、概念として十分な重みがないか、ちゃんと着地させられないとでも言うかのようだ。この理由として私に考えられるのは、ビジネス界の専門用語としてこの言葉があまりにも使われすぎてきたのと同時に、私たちの文化の多くが英雄や好業績を上げた個人にばかり報酬を（金銭的にも表彰的にも）与え、チーム全体が不利益をこうむってきたためだというものだ。

無関心と断絶に対抗するため、私は1枚のスライドを見せるようにしている。そこに書かれているのは「チーム＝家族」、ただそれだけだ。それに対する人々の反応は、間違えようのない完全なる同意だ。ここに、その意味を失っていない言葉がある。それどころか、これは人類が持つ中で本質的にもっとも重要な言葉だ。今ではその言葉には関連性が推定され、それによって即時的なつながりがもたらされる。その直後の反応は多くの場合、懐疑的な笑みであったり、呆れ顔であったりして、「はん！　だけど、あなたは私の家族のことなんか知らないでしょうが！」というつっこみが即座に返ってくる。そのときこそ、私にとってはつながりを繰り返すチャンスだ。「いいえ、信じてください、私は知っているんです。私たちみんな、ひとつは家族を持っています。家族は必ずしも愛し合っているとは限らないし、いつも楽しいとも曖昧なものとも限りません。でもいつもお互いの背後を守っていて、いつも相手の幸せという共通の目標に向かって無私無欲に働くものです。あなたの職場における家族も、そんなふうに感じるべきなんです」。

著書『THE CULTURE CODE 最強チームをつくる方法』でダニエル・コイルは、自分のグループを説明するのに最初に思い浮かぶ言葉はなにかと複数のチームに対して尋ねた。すると、幾度となく返ってきた答えが、まさしく「家族」だったのだそうだ。グループはもっと納得できそうな、たとえば「友人」や「部族（トライブ）」、あるいは「チーム」などという言葉よりも、「家族」を選ぶ場合が多かったと言う。理由や説明を求めると、全員が自分のチーム内で共有する「魔法を起こせる」あの感覚を口にするようだ。「うまく説明できないけど、とにかく物事がしっくりくるんです。何度か辞めようとしたこともあるんですが、そのたびに戻ってきてしまう。こんな感覚はほかにはありませんよ。あの連中は私の兄弟なんです」。本の中でこうコイルに語ったのは、米海軍特殊部隊のチーム6所属のクリストファー・ボールドウィンだ。

この「魔法を起こせる」感覚こそ、実は「心理的安全性」の概念だ。

チームという考え方を真っ向から否定する者もいる。本書のために調査をする中で、私は内向的な人々や社会的交流を忌み嫌う人々が連携を強制されない抽象的な層に分かれている仕事の破片をくっつける能力、あるいは個人主義に関する理不尽と思える見解にも共感しようと自分を鼓舞してきた。チームの構造に無理やり人工的に押しこめられたという人々の意見にも耳を傾け、チームがどのように形成されてどのように機能するか（あるいは場合によってはしないか）まであらゆることに関する定義や理論のすべてに目を通してきたが、それでもなお、私はチームこそ人が人たる上でもっとも驚異的な集団の発現だと信じている。

チームをどう定義するにしても、必ず「信頼」「連携」「善意」や「共通の目的」といった共通の基本的要素が入る。チームの定義の肝はひょっとすると、実際に定義を決めてしまうのではなく、代わりに超個人的なものにしてしまうことかもしれない。チームに属する全員が彼らにとってチームとはなにかという非常に明確な考えを持っている必要がある。その考えは人によって大幅に異なるかもしれないが、基本的要素さえ共通していれば大丈夫だ。チームの本質が人工的な構造物の別名ではなく、これらの基本的要素を含むパターンだと気づくことができれば、それがほかのグループにも見えてくるようになる。家族はチームの一番わかりやすい例だが、カップルや夫婦も同様だ。まあ、少なくとも良い関係のものであれば。学校給食の運営委員会や地元の読書愛好会、またはクリケットクラブなどを中心に編成されるグループもそうだ。

即席のチームというものもある。路上で誰かが急に倒れたときに足を止める通行人がそうだ。メンバーは善意の第三者から救急隊員や医師まで。彼らは瞬時に連携モードに突入し、必要に応じてタスクを請け負い、互いの善意を信頼し、人命救助の可能性という共通の目的を理解して動く。

中には、他者の存在を前提として活躍する、生まれながらに連携向きの人もいる。信頼と善意をより前面に押し出し、揺るぎない目的のビジョンを保持することができる彼らは、伝説の「チームプレイヤー」だ。だがそうでない人々は、自分はそんな人間じゃないと思いこんでいるので、そのように活動することをとても苦手としている。双方がこうした違いを解決し、「家族」になれるように歩み寄らなければならないが、これは人によっては時間がかかる場合もある。

チームの話をしていてもあまり話題にならない要素がいくつかある。安定性と、寿命だ。雇用確保や、なにをおいても社員をつなぎとめなければならないという狂気じみた執着と混同されがちだが、この2つの要素はやはり、チームが共に構築・成長できるようにする上できわめて大事な要素だ。チームが十分長い間しっかりと「パフォーミング」モードでいられなければ――そして、この「十分長い間」というのは業界によって異なる。即席のチーム編成が可能な業界もあるからだ――チームは最高の状態には到達できない。

ほとんどのビジネス環境において、チームの安定性が必須要素だが実現困難である理由はいくつもある。だがチームの場合、安定した堅固な社会構造が望ましいという実例は枚挙にいとまがない。長期的パフォーマンスのデータから、2009年に『ハーバード・ビジネス・レビュー』誌で引用されたNASAの研究まで、多くの証拠があるのだ。このNASAの研究では、長年一緒に働いてきた乗組員が疲れているときに起こす間違いの数が、一度も一緒に飛んだことはないが十分に休息の取れているパイロットたちで構成された乗組員の起こす間違いの半分程度だったことが証明された。

現代のチームと新しい働き方

現代のチームの概念を分析する方法はいくつもある。どのように形成されたのか、どのくらいの規模や種類なのか、目的はなんなのか、どういう産業なのか、そしてどう編成されているかや、どのように機能するかなどだ。

定義の面を見ると、新しい働き方、とりわけアジャイルは、チームの概念に山ほど新しい名前をもたらした。特に新しい考え方や手法がもっとも幅広いソフトウェア開発業界において、それが著しい。「班（スクワッド）」「部族（トライブ）」「支部（チャプター）」「群れ（ハドル）」など、数多くの呼び名が生まれている。通常、どれも小さく、俊敏で、フラットな構造のチームを指す。チームメンバーは共通のタスク残務の中から仕事を選び、アジャイルなフレームワークまたは「スクラム」のような哲学に基づいて、仕事に対するエネルギーが膨張したそのほとばしりによって働く。中でも「班（スクワッド）」は、世界的に有名なアジャイルのコーチ、ヘンリック・クニベルグから生まれたと言われている。エンジニアリング環境における効率的なチームというアイデアとSpotifyにおける彼の考え方を世に広め、それが同社の途方もない成功の一因となったため、「班（スクワッド）」は「Spotifyモデル」という言葉を生み、今ではそれが分散型の、部門の枠を超えたきわめて効率の良い自治的なチームと実質的に同義に扱われている。この概念は広く応用がきき、何万人もの従業員を抱えるオランダの銀行INGがこれを行内のチーム構造に応用したため、大企業にも十分通用することが証明された。いまやこの銀行は350班（スクワッド）と13

部族（トライブ）を中心に編成されている。

規模的に言えば、共通の目標を持って交流するグループはすべて、その規模にかかわらずチームとなる。ただ、効率の良いチームの限界となる自然の境界線が存在することを示唆する研究が増えつつある。Amazonのジェフ・ベゾスが名づけた有名な「ピザ2枚チーム」は彼自身の直感と、集団思考（人々が特定の形で行動し始め、集団の中で優勢となっている思考パターンを受け入れたがために個人の意見が損なわれ、まずい意思決定につながるという理論）に対する彼の嫌悪感とに基づいている。だがこの考え方は、効率の良いチームの人数を5人から8人とする魔法の数字を弾き出した数多くの実験や調査と一致している。

チームが大きくなればなるほど、機能不全の数も顕著になってくる。

ハーバード大学の社会組織心理学エドガー・ピアース記念講座教授で、チームの叡智の探求にキャリアを費やしたチーム研究の第一人者でもあるJ・リチャード・ハックマンが単刀直入に述べたところによると、「大きなチームはたいていの場合、ただ全員の時間を無駄にするだけで終わる」そうだ。5人から8人を超えるどのようなチームでも、単純に保守が必要なつながりの数が指数関数的に増えていき、そのために持続不可能になっていき、生産性が低下して、チームの規模が重荷となってしまうのだ。

前節のp.129で紹介したドキュメンタリー『Squads by Invision』のインタビューで、Scrum Inc. のCEO、J・J・サザーランドは現在の仕事の構造において、10人のチームは「とにかくうまくいかない」ことが明らかで、7人、8人、そして9人のチームのパフォーマンスはそれぞれ大きく異なり、生産性は人数が増えるほど劇的に落ちていくと強調している。

具体的な業界という点では、とりわけ働き方がアジャイルでなければならない最近のデジタル業界におけるチームの概念は、それぞれのチームが活動する分野を超越している。唯一の懸念は、チームが結成されるまでにかかる時間（救急サービスや医療の現場など、即席チームを結成しなければならない場合もある）と構造の全体的な寿命だけだ。

システムやプロセス、ツールに関して言えば、装備品は増える一方だ。チームが最高のパフォーマンスでタスクを完遂できるよう手助けする、何千ものソフトウェアのパッケージを使えるようにするライセンスをシリコンバレーの大手企業が持っているというのは、よく知られた話だ。

現代のチームリーダーの武器庫を覗くと、数々の流行の概念が彼らの「人間中心の行動」において貴重なツールとなっていることが証明できる。「Amazonメモ」「カルチャー・ハッカソン」「リーン・コーヒー」「プライベート・ブレインストーミング」「Googleの順序交代制対話」「失敗する許可の価値」「誰も責めない文化」「対立研修」等々、どれもが非常に不健全なアンチパターンを避けるためにそれぞれの役割を果たしている。オーストラリアのソフトウェア開発会社Atlassianが取り上げている例では、「非構造化」「文句を言う」「ネガティブ」「マイクロマネジメント（＊訳注：上司が部下の仕事に強く細かく干渉してしまう管理方法)」「退屈している・熱心に取り組んでいない」交流などがアンチパターンに挙げられる。

なにより、どのような単位であれ、現代的チームは具体的な数字への注力を減らし、人に重点を置いてこれまで以上に健康や家族、魔法に意識を向けるチームだ。

リーダーシップ2.0

仕事が必ず変わっていくその道筋を時間をかけてすべて検証し、その変化がもっとも効果を発揮する構造がチームであるという点で合意したなら、リーダーシップの概念を省くわけにはいかない。

リーダーシップは広大なトピックで、この本はその詳細な分析を目標としているわけではない。だがチームとそれを最善の状態に保つ方法を考えることに時間を割くなら、ここを避けては通れない。手始めに、完全に自治的なチームという考え方に目を向ける必要がある。チームがほかの組織とコミュニケーションを取る必要があるときにこれは本当に望ましいものなのか、そもそも現実的に可能な話なのか？「責めるべき誰か」を置かず、同時に目の前の氷をどかす人も置かないというのは賢明なのだろうか？

チームの中で正しい方向性を保持する特定の責任者を置かず、成果物を生み出している人々の仕事を支援する誰かを置かないのは本当にいい考えなのだろうか？

チームにどのような「頭脳」も置くべきではないと主張する理論をじっくりと検証すればするほど、それがどれほど魅惑的であろうとも、それを実践に移すのは不可能に思えてくる。誰にも報告する義務がない、まったく独立した完全な自治という考えはいいが、組織図や構造がもたらしてくれる支援や手助けは欲しい。では、答えはなんなのだろう？

答えは、新しいタイプのリーダーシップだ。さまざまな支援機能の責任者がただ支援するためだけにそれぞれの仕事を遂行し、決して邪魔はしない。彼らは共感するが、責めはしない。勇気づけるが管理はせず､命令するのではなく刺激を与える｡現代のリーダーシップ、あるいは私が呼ぶところの「リーダーシップ2.0」の大きなテーマは、窮屈な導き方ではなく、喜び勇んで自ら望んだ成長する立場に立って導くというその本質にある。

指揮統制とサーバント・リーダーシップ

ロバート・グリーンリーフが「サーバント・リーダーシップ」という言葉を生んだのは50年以上前で、この新しい経営の考え方に取り組んだ最初の研究は彼が1964年に創立したグリーンリーフ・サーバント・リーダーシップセンターから出たものだ。これはグリーンリーフがより効率的な経営習慣とみなしたものに対する意識を高めるもので、従業員のニーズに焦点を当て、彼らがより熱心に仕事に取り組み、革新的になれるようにしている。

サーバント・リーダーシップの無私無欲な性質については多くの意見があって、このためにこの用語はビジネスの現実から離れて職業的領域に引きずりこまれている。すべてのサーバント・リーダーはチームとその目的（パーパス）に心から注力しなければならないという点に異議を唱える者はいないが、だからといってそのためだけに常に自己犠牲を払わなければならないという意味ではなく、サーバントであるのが物事を進めるより効率的な方法だと十分に理解することが重要だ。

成功するためには他者に頼らなければならないことを私たちは本能的に知っている。他者の力を最大限に引き出すことができれば、さらに成功できる。誰かに最善を尽くすよう求めるだけでは、最高の力が引き出されるような環境を整えるよりもずっと効率が低いというのも合理的に当然だ。サーバント・リーダーにとっては、チームメンバーのニーズが第一だ。そのニーズを満たせば、従業員は良い業績を達成することができ、したがってビジネスが成功する。「あったらいい」とか「道徳的な拡張機能」などではない。明確なビジネス上の必須事項なのだ。

Johnson & Johnsonは、サーバント・リーダーシップをもっとも重視し、その考え方の結果としてのビジネスの成功を否定しがたい企業のもっとも顕著な実例のひとつだ。現在組織のどの階層にいるかにかかわらず、個人レベルで見れば誰もが成人して以降ほとんどの期間、上司を持っていたはずだ。職場における権力との関係は、ほかのどの領域におけるありとあらゆる人間関係と同様に興味深く複雑だ。しかし多くの場合、検証してみるとそれは不満いっぱいで恐怖で縁取られ、私たちはのちに良くない行動を引き起こすことになるであろうまさにその同じ行動を、無意識のうちにとっている。

概して、私たちは集合的に、経営陣が損益に紐づけられた不明瞭な賞与を受け取っているものと信じている。ある意味、自分たちがどのように扱われてきたか、それに対して自分たちがどのように感じるかを基準に判断する限り、経営陣がどれだけ意地悪かを基準に報酬を受け取っているとしても驚きはしない。恐怖政治のKPIだ。「私がどんなふうに役に立てるかな？」という言葉を聞いて凍りつき、否定的な批評が始まるに違いないと思いこんでも不思議はないだろう。

リーダーが「私がどんなふうに役に立てるかな？」と聞くとき、彼らが誠心誠意、私たちが遂行したいと思っている仕事の邪魔をしている障害物を取り除こうとして、なんの制限も設けずにその質問をしているのだと本当に信じているのか？　その可能性は低いだろう。ある程度までは、それこそ多くの人々がすぐにスクラムに惚れこむ理由だ。賛否はあれど、スクラムマスターは経営することが目的ではなく、チームを本筋から外れないように導き、手助けすることを仕事とする人物の、実に即時的で歴然とした実例なのだ。実際、アジャイル・マニフェストの最初の調印者の1人でScrum.orgの創業者であるジェフ・サザーランドは、マイクロマネジメントを受けたチームメンバーのIQが10ポイント低下するとして、指揮統制に公然と反対を主張している。

言うまでもなく、同じ概念が「サーバント・リーダーシップ」の考え方の背景になっている。リーダーは管理し非難するためではなく、円滑化して安心を与えるために存在する。統制から実施可能性へと、焦点を変えるのだ。リーダーは常に手助けできるように近くにいるべきであって、監督して邪魔をするためにいるべきではなかった。だが組織の誕生からどこかの時点で劇的な変化が起き、リーダーが物語の英雄ではなく悪役になり、さらに劇的なことに、自らその立ち位置を選んでいる。いまや、「マネジメント」という言葉から想起される姿は、達成力がなく、忙しく、冷淡で、そしてたいていの場合疲労困憊しているというものだ。

外的刺激

タスクをずっと先まで想像し、選ばれた数名に割り振ってその後大勢によって順次的に実行できるようにしなければならなかった世界では、反対意見を述べるどころか基本的対話を持つ余地さえなかった。命令と要求が発せられ、それが遂行されなければ首が飛ぶ。だからリーダーは効率良くあるべきで、そして恐れるべき存在だった。

だが、リーダーがどのように報酬を得ているのかを考え直してみたらどうだろう？　直属の部下が全員幸福だと報告しなければ引退できないのだとしたら？　誰か1人でも問題を抱えたままで、答えを得られていなかったら、ボーナスが与えられないとしたら？　本当に役に立つことができるたびに報酬を与えられたとしたら？　それならリーダーを信頼することはできるだろうか？　永遠の「こっち対向こう」という構図を跳ね除け、部下に奉仕することに本当に取り組んでいるのだと「認める」ことはできるだろうか？

内的刺激

「サーバント・リーダーシップ」の定義は、「経営における規範を逆転させるもの」とある。そもそも、それがどうしてあり得るのだろうか？　管理と非サーバントがどうして「規範」なのだろう？

中には、リーダーシップが第二の天性という人もいる。ほかの（おそらく大半の）人々は、それを身につけるために努力しなければならない。生まれついてのリーダーは同時に、本質的に有益な奉仕者（サーバント）としても生まれついている。本当の意味で役に立つことが貴重であると知っており、指示があったからとか特定の手法などを適用したからといった理由なしにそれを実行する。その他大勢は「経営学校」で学び、「数字を基に」導く。したがって、真のリーダーとしての思いやり、共感力、感情的投資は簡単にも自然にも身についていない。

生まれながらのリーダーであるにしろないにしろ、サーバント・リーダーであるのが妥当な選択肢だということに疑いの余地はない。助けること、支援すること、人間らしくあること――それが他者と接する、道徳的で正しい方法だと私たちはわかっている。だからビジネスがその妥当性や本能に反することでうまくいくわけではなく、実際にはリーダーがチームに対するサーバントであることで恩恵を受けると知って安心できる。やっとのことでリーダーシップにたどりついたとき、リーダーの人間性を正当化できるのだ。私からすればこれは、アジャイルが私たちを人間らしさに近づけてくれるもうひとつの方法だ。私たちが鞭を打ち鳴らすリーダーではなく、奉仕するリーダーであることが求められるのだ。

2020年1月にニューヨーク州立大学バッファロー校経営管理大学院がおこなった調査によると、サーバント・リーダーシップは疑いようのないビジネス利益を実証しているだけでなく、予期しなかった、嬉しい副産物ももたらす可能性があることが明らかになった。女性らしさという固定観念の結果かもしれないが、女性のほうがより一貫してリーダーとして高い性能を発揮し、多様性が生まれる傾向があったのだ。経営におけるジェンダーの役割については数多く文書化されており、一般に考えられているのは男性らしさの固定観念が大衆文化における偉大なリーダーシップと同義だというものだ。だが、これは旧式の指揮統制スタイルにしかあてはまらない。バッファローの調査では、サーバント・リーダーシップの観点からは女性のほうが常に良い業績を上げていることが示されている。強権な男らしいエネルギー型の経営手法がもう時代遅れとなり、これからはリーダーシップ2.0の価値を普及させ、深い人間的価値観、エネルギーの育成と純粋な支援への注力をもっと広めるべきだということが示唆されているのかもしれない。

学習し、成長してリーダー2.0になりたいと願う者にとって、覚えるべきことは多く、考えるべき題材もたくさんある。このトピックに関して見つけられる中でもっともすぐれた意見のひとつがカレン・フェリスのもので、リーダーになったときに考え方を変えることで現実的な変化を起こすという彼女の著書はすばらしい。これについて説く彼女やほかの人物による良い資料を見つけ、「規範を変える」手助けにするといい。いわゆる「規範」を検証せずに放置していたら、長期的には害となるからだ。

もっとも重要なのは、習慣として定期的に周りを見渡してこう自問することだ。私たちはリーダーとして、本当に部下に奉仕しているだろうか？　私たちはポジティブで、オープンで、育成的で、共感的でいるだろうか？　私たちはどのような障害物でも排除できる機会をすかさず捉えているだろうか？　私たちは自らの快適さを犠牲にして、チームの幸福に注力しているだろうか？　私たちは進行方向に横たわる氷をどかすよう、常に努力しているだろうか？　そうでないなら、どうして部下たちに勝利を期待できる？　そして彼らが勝利できないなら、私たちはどうやって勝利できると言うのだ？

「経営陣（マネジメント）」がうまくリーダーになれずにフレームワークを手放して降参し、自分たちも人間でチームのほかの誰よりも賢いわけではないと認めながらもつながりを構築し、思いやりをもって傾聴することには執着しているありさまなら、それはより強いチームを作る機会を失ったということだ。特に危機の際、普段の仕事のチームといるよりも地域のボランティア活動や保護者のWhatsAppグループ、同窓生のSlackかMicrosoft Teamsのチャンネルなど、ありとあらゆる即席チームとのほうがつながりと心理的安全性を感じられるのも不思議ではない。これは会社にとっても私たち自身にとっても大きな損失だ。その損失は強い感情指数（EQ）と、価値のある「人間中心の行動」を持つ適切なサーバント・リーダーなら防げるものだ。

形成期（フォーミング）——チームの立ち上げ、カルチャーキャンバス、契約作成（コントラクティング）、共同作業（スウォーミング）

チームが形成される方法、というよりは、それが一度限りの直線的なプロセスであろうと、才能あふれるエイミー・エドモンドソン教授の著書『チームが機能するとはどういうことか』（野津智子訳／英治出版／2014年）やハイディ・ヘルファンドのすばらしい著書『Dynamic Reteaming（ダイナミック・リチーミング）』など何人かが指摘するように生き生きとした、循環的で変化に非常に敏感な、構造の中よりは意識の中のほうに存在するプロセスであろうと、チームが「家族」になって互いに「魔法を起こせる」ようになる理由については、初期の形成の仕組みがカギを握っている可能性が高い。

チームの仕組みや行動に関する理論は無数にあるが、グループとしてのその進化を説明するもっとも信頼性の高いもののひとつが、1965年にブルース・タックマンが最初に定義したグループ発展の「フォーミング―ストーミング―ノーミング―パフォーミング」モデルだ。タックマンはチームが成長し、困難に立ち向かい、問題に取り組み、解決策を見出し、仕事を計画して結果をもたらすためにはこれらの段階がすべて必要不可欠だと主張した。簡単に言ってしまえば、これは複数の人々が寄り集まるその方法と、それぞれの段階における彼らの行動や支援または助言の必要性について述べたものだ。

「形成期（フォーミング）」はしばしば混乱と、合意や強い興味の欠如、不信感、警戒心で特徴づけられる。チームが初めて顔を合わせ、互いに相手を見極めようとしている段階だ。この段階がもっとも指示や指導を必要とする。

次の段階「混乱期（ストーミング）」では、チームはすでにしばらく一緒に仕事をしてきて、ある程度の慣習が生まれ、共通認識が試される時期だ。この段階では公然あるいは非公然とした対立が生まれ、各個人が自らの優位性を確かめようとする「縄張り争い」、認識されたリソース等をめぐる戦いが発生する。ここでもリーダーシップと指導が必要となるが、より融和的で助言的な形でなければならない。ストーミング中のチームは適切な指導と支援を受ければ、生産的対立について貴重な教訓を得ることができる。

チームが本当の意味で独り立ちし、実績を上げ始めるようになると、次に待ち構えているのは「規範期（ノーミング）」だ。この段階ではチームはもうしばらく一緒に活動していて、対立を解消し、今度は強い絆と信頼を構築しつつ、効率良く事績を上げられる新たな方法を見つけようとし始めている。経営（あるいは「人間中心の行動」）の観点から、この段階には円滑化が必要だ。とりわけ、フィードバックの経路を維持し、賛成から反対まで、すべての意見を表明できるオープンさという良い習慣を確実につけることが重要だ。

最後が「成就期（パフォーミング）」だ（中にはこのあとに最終段階をつけ加えたものもある。「散会期（アジャーニング）」と言って、一定期間を経てチームが解散する段階だ）。意味は読んで字のごとくだが、この段階ではチームは「全力を発揮」し、初期に決めた約束事をしっかりと反映する成功へのルーティンに慣れてくる。したがってしっかりとしたコミュニケーションが取れており、目的は明確で、効率良く生産的になれる。これこそ「チームマジック」というもので、経営陣による介入はほとんど必要とせず、もっとも自治的な状態となる。

自治の観点からは、チームを「パフォーミング」の段階で保持しておけば経営陣の必要性は単純になくなるか、あるいはかなり減るのではないかという意見がある。最高の仕事をするために、一種の群知能が使えるからだ。「共同作業（スウォーミング）」は、『The Wisdom of Many – How to Create Self-Organisation and How to Use Collective Intelligence in Companies and in Society From Management to ManagemANT（集合知――自己組織を生み、企業や社会の中で『経営』から『蟻式経営』として集団的知性を用いる方法）』（Kurzmann/Fladerer）で「ManagemANT（蟻式経営）」の概念の一部として紹介された言葉で、機能的なチームは蟻の叡智から学ぶことができると示唆するものだ。蟻は高機能なグループとして常に、もっとも効率良く連携する方法を見つけることができる。同書では、自己組織的構造の必須条件として以下が挙げられている。動機、独立性、多様性、分散化された知識、コミュニケーション、そして非中央管理だ。

当然ながら、これらは非常に壮大なトピックなため、世界中で自治的チームのモデルを見出した企業がめったに見られない理由は説明できる。第一段階に戻って、チームの誕生時になにが起こるかを見るのが非常に大事だ。

ハーバード大学のリチャード・ハックマンは、このように述べている。「グループが最初に顔を合わせるときに起こることは、そのグループが存在している間中、グループがどう機能するかに強く影響をおよぼす。実際、どのような社会的構造であっても、最初の数分間がもっとも重要だ。そこでグループがどこへ向かおうとしているのかだけでなく、チームリーダーとグループとの関係がどのようなものになるか、そしてどのような基本的規範が期待され、施行されるかが決まるからだ」。

ここでも、チーム形成という観点でなにが必要なのかについては数々の理論があり、多くの著者がさまざまなベストプラクティスの実例を紹介している。だが私たちの見解では、もっとも効率の良い理論はスクラムの「チーム立ち上げ（チームローンチ）」の概念だ。これは段階を説明するものではなく、実地での演習となる。それぞれのチームが前進する上で、どのように交流するかを設計する行動計画だ。多くの場合、これは1980年代のチーム構築合宿にも似た1日がかりの演習で、チーム全員が1カ所に集められ（これはバーチャル空間でも可能だが、その場合もっと難しくなる）、自分たちが全力を尽くせるチームとなるものを共に造り上げる一連の演習をみんなでおこなうというものだ。

たいていが非実際的な「人間中心の設計」演習としておこなわれるこれは、新しいチームメンバーたちに対して一連の規範や慣習を一緒に説明して合意するよう求める。どのような規範なら望ましいか、そして成功を約束してくれるかに加えて、目的やビジョンに合意するために共に費やす時間も与える。

後者については、「カルチャーキャンバス」がいつでも役に立つ演習だ。ビジョンの共通性がどこにあるかという全員の意見を取り入れ、どの言葉が一番うまく説明できるか、共通のアイデアや信条がどのようなものか、そして善意の共通項がなにかを知ることができるからだ。昔ながらの共同「ミッション・ステートメント」を明らかにし、描き出し、明確化する、新しい現代的な方法だ。

この演習でもっとも貴重な部分は、キャンバスが誘発する対話であることが多い。チームメンバーの世界観の深いところまでが即座に露呈し、呼び集められて一緒にやるべき仕事に対する見方もわかる。これによりチームメンバーは仲間が表明する考え方についての事実上の短期集中講座を受けたような形となり、相手に対する期待値をすぐに調整できる。これは、過去に一度も仕事をしたことがないメンバーで編成されるチームの場合には特に貴重だ。

価値観やビジョンが並べられ、明確化されたら、チームメンバーは一緒に働く最善の方法を見つけるという、より実践的な問題へと移行することができる。これは契約作成（コントラクティング）とも呼べるもので、プロジェクト管理に用いる手法から実施されるプロセス、お互いあるいは組織のほかの部門とコミュニケーションを取る方法や実際に使用するツールやシステムまで、実務上のあらゆる側面について議論する。チームはこの演習の最後に、実際の「チーム契約」文書を作成することが奨励される。これは（とりわけ「ストーミング」の段階になったときに）内部での良い基準点となるだけでなく、ほかのチームとやり取りする際の外部向け文書としても使える。

このようなチーム立ち上げは通常、チームリーダーだけでなくコーチなどの外部ファシリテーターが主導することが多い。だがほかのチームとも仕事をしたことがあり、過去にも何度か「フォーミング」を経験した、高いEQと強い「人間中心の行動力」を持つ経験豊富なチームリーダーなら、チームが団結してこうした思考ができるようにする「空間を確保しておく」ことが簡単に保証できるはずだ。

混乱期（ストーミング）——健全な対立、真の対話と機能不全

チーム形成後の第2段階「混乱期（ストーミング）」はしばしば、もっとも危険な段階とみなされる。人間関係のもっとも難しい部分、対立を伴うからで、特に職場環境においてはなんとしても対立を避けようという固い意志のために隠蔽や萎縮、不正直、逃げ隠れ、意地悪、いじめ、回避、不誠実、そして対立をさらに深めることを恐れて発言したがらなくなるといった破壊的行為に走る者が出てくる。そうすると体系的問題が生まれて悪いノーミングにつながり、これに対処しないとチームは生産的になることができない。

組織開発のカリスマ的名著『あなたのチームは、機能してますか？』（伊豆原弓訳／翔泳社／2003年）で、著者のパトリック・レンシオーニはチームが直面し得る最大の困難は不信感、対立への恐怖、コミットメントの欠如、説明責任の回避と成果に対する注力の欠如だと述べている。

仮にチームが共通のビジョンを軸に集まってチーム立ち上げに尽力するべく健全な量の共同創作をおこなったとしても、それぞれのビジョンはあくまで理論上のものだ。大筋を決めた目標に向けての誠実な努力を実現するためには、各自が心のもっとも奥底の、仕事に対する気持ちと向き合う必要がある。しかも、その気持ちは多くの場合、対立する意見を含んでいる。対立を制御し、それをポジティブで建設的な演習へと変換させられなければ、メンバーには開かれた議論をする能力が欠けているということにな

り、したがって決してコミットメントや説明責任を達成できず、これらの機能不全は悪循環となって信頼の欠如へと、そして互いの高パフォーマンスを欠如させる状況へと陥っていく。

チームが100％オープンで正直であり、はっきりと意見を述べ、脆弱さを見せて生産的な対立を歓迎するという任務にしっかりと根差していれば、それはノーミングとパフォーミングのさらなる高みへと進む彼らの能力の礎となる。この必要不可欠な一歩を踏み外せば、間違いなく自分たちに不利となる一連の望ましくない行動が生まれるようになり、生産性が実現することは決してないだろう。対立を健全な形で操る方法を見つけたチームとは、まったく異なる方向へ進んでしまうのだ。

開かれた議論を持ち、物事を過剰に個人攻撃と受け取らないようにする方法を学び、白熱した意見交換の間も尊敬の念を忘れないようにする方法を学び、相手より一歩先んじようとする態度をやめて共感的でありながらも、あの有名な「徹底的な率直さ」という概念を体現することは、いずれもストーミングの段階で形成される驚くほど貴重なスキルだ。そしてこれらは、レンシオーニが語る前進する上での機能不全を回避させてくれる。AtlassianやAirbnbなどのチームは、彼らがこの段階を大いに楽しんでいることを公然と認めている。ほかの大半の段階よりも、開かれた対話と議論を通じてより多くの学びと独創性がもたらされるからだそうだ。

ストーミングはなんと言っても、チームが貴重な経験から、率直な発言がただ許されるどころか望ましく、しかも真の価値を持っているものだと学ぶ段階だ。彼らの属する社会的グループの中で率直な対話が持てる聖域なのだから、オープンになって自分の意見を述べることがリスクの高い行為だと思わなくてもいい。これが、職場における心理的安全性の基礎となる。

規範期(ノーミング)、成就期(パフォーミング)、ハイパフォーミング：チーミングおよびリチーミング——チーム構成vs.チームダイナミクス

タックマンのグループ開発モデルにおいて、「魔法が起きる」のは最後の2つの段階だ。言うまでもなく、最初の2段階も必須で、フォーミングのいずれかのステップを飛ばしたり、ストーミングの段階を事実上回避したりすることはできない。だが生産性という観点からは、このいずれも価値は低い。チームは初日から仕事をするように言われているかもしれず、チーム立ち上げのためだけの専用の時間という贅沢はなかなか与えられないかもしれない。だが現実には、彼らの成果物は少なくともノーミングの段階に到達するまでは最高の状態ではない。そしてパフォーミングの段階に至るまでは、潜在能力を存分に発揮することはできないのだ。

ノーミングになると、物事はずっと簡単になり、これでコミットメントが達成できたと気づいてチームメンバーの1人ひとりが安堵のため息をつくだろう。これで目的がはっきりして、仕事のための良い手法ができ、効果的にコミュニケーションを取りながら良い仕事を素早くこなせるようになった。共通の善に対する感覚とスピードは、中毒性がある。チームメンバーたちはお互いが相手に絶対的信頼を置けることに気づき、自分たちが機能的で生産的な団結したグループであり、新たな共通の現実に慣れてきたことを知るのだ。

ノーミングの最中、チームリーダーが事前にチーム契約で触れていたのであれば、健全な「人間中心の行動」を組みこむことが

特に重要となる。このときこそ人々が頼りにできる持続的な支援を必要とするタイミングで、自分の幸福を真剣に考えてもらえていると感じられるべきだからだ。これはチームの精神的・感情的幸福がチームリーダーだけの仕事だというわけでも、不明瞭な潜在的問題を解決して回って、謎の行動を奨励するべきだというわけでもない。むしろその逆で、チームリーダーが「人間中心の行動」でやることすべては完全に透明であるべきで、問題をリストアップしたり、有益な行動を称賛したりする際はチームの助けを借りながら、改善する方法を考えるべきだ。

ノーミングの段階における人的側面に関する一貫した取り組みは、チームの絆を強め、お互いにもっと安心感を覚え、リスクをとっても大丈夫だし意見を言うのは望ましく、脆弱さを見せて互いに完全にオープンでいてもいいし、そうあるべきだと納得させるだけだ。

どの段階でも親密さと達成感を組み合わせていれば、それはノーミングだ。特に、最初の2段階でチームが感じていたかもしれない居心地の悪い混乱の感覚とは対照的なものとなる。一貫した働きと高い集中力はほかのどの段階でも同じく重要で、それぞれの段階は厳密に直線状に並んでいるわけではなく、チームが危機や不確実さの中でストーミングからノーミング、あるいはパフォーミングへと推移していくように複雑に撚り合わされていることを強調するには、このときがいいタイミングだ。フォーミングはチームに大人数の新規加入者がいる場合、あるいはチームが道を見失ってビジョンと目的から外れてしまったときに必要となる。すぐれたチームリーダーは共通の善意に対する一般的な感覚の減少から、あるいは勇気ややる気の急激な低下からこれを感じ取ることができる。とはいえ、ノーミングは通常は中間段階でもあり、ゴールではない。私たち誰しもが思う、チームがいてほしい段階は「パフォーミング」で、それを念頭に置いた上で、すべてのチームリーダーは可能な限り最速の手段でそこへたどりつきたいし、可能な限り長い間そこにいたいと願う。なぜならパフォーミングこそチームの真の潜在能力が発揮され、結果や成果物が明確にそれを反映する段階だからだ。

チームは相対的に機能不全もなく、調子よく活動し、互いを糧にして十分に油を差した機械のように機能して、全員に究極の満足感を与える。この状態のチームは潜在能力を存分に発揮し、たいていが誰でも自慢したくなるような最高の業績の立役者となる。科学的ブレイクスルーや生産性の記録の大幅更新などがその例だ。彼らは、優秀な「ドリームチーム」なのだ。

「ドリームチーム」の話はよく聞くが、それに対する私たちの反応は、それがそのチームの構成によるものだと思いこむというものだ。チームメンバーはそれぞれが特定の人格を持っていて、それぞれの人格が完璧に噛み合ったから特別な絆を構築することができたのだと。

この思いこみは意外なものではなく、ビジネス界には構成力を実証しようとする努力や、360度評価ツールや適性検査があふれている。大手コンサルタント4社のうち1社が、完璧なチーム構成の概念にとことん惚れこむあまり、結婚マッチングサイトMatch.comのアルゴリズムを構築したチームを雇って同じようなものを作らせたという逸話がある。だが結婚ではなく仕事上のマッチングを目的として、人々を最善の方法で組み合わせるというそのシステム、Business Chemistryの成果が輝かしいものではないのは、驚くには値しない。

PeopleNotTechでも、「ドリームチーム」のトピックをあまりにも深く追い求めるあまり、チームが動的に集結するときに最高のマッチングを保証するようなソフトウェアソリューションのプロトタイプを開発した。すべては、ある単純な事実に対する私たちの極端な憤りから始まっている。それは一部の企業では認めると認めざるとにかかわらず、新しいプロジェクトのために結成される新しいチームは、精密科学であると同時に芸術でもある手法――手の空いている者をExcelで機械的に選ぶ――によって選ばれるというものに対してだった。

多くの企業、とりわけ銀行業（私たちがこの仮説を用いている事例を多く目にしたのはこの業界だ）では、適当なやり方で従業員をチームにつっこむ前に、彼らに関するデータや知識を一切活用していないことを、隠そうともしていなかった。せいぜい、従業員のスキルをざっとさらう程度だ。これが私たちにとっては衝撃的で、無責任にさえ思えた。この時代にはまったくもって不必要なやり方であることは言うまでもない。今では実に簡単に生の本音のフィードバックを従業員から受け取り、そこから彼らの興味や情熱の対象がなんなのか、どのような仕事に携わりたいか、そして特定のチームに特定の時期に加わるにあたって、チーム仲間がその従業員の能力に対してどの程度の信頼を置いているかまで測定することができる。そこで私たちは機械学習を利用し、企業が従業員についてすでに持っていたデータに基づいて、そしてより重要なのは、適切な質問を適切なタイミングで聞くことで入手した新たなデータに基づいて特定のプロジェクトのチームメンバー候補を提案し、チームの企画書を投票にかけて提案されたチーム構成をほかの従業員がどう思うか確認する仕組みを開発した。この演習を経て、すでに同僚たちの信頼を得ているやる気と能力にあふれた人々から成るチームが編成できる。まったく新しい人の集め方だ。

この過程で、私たちはかなりの時間をかけて世の中に出回っているマッチングソフトの実績を検証し、前述の仕組みを重ね合わせられるくらい信頼のおけるものを探した。そこに、目的と信頼の理論的マッチングもつけ加えたのだ。全財産を賭けてもいいと思えるようなものは見つからず、その理由を調べていた最中に出会ったのが、Googleのプロジェクト・アリストテレスとそれが実現したチーム構成だ。彼らの成果に比べたら、私たちの初期の目的と信頼でさえ痛いほど無意味だった。チームの成功と高実績の主な予知因子はチームを構成しているのが誰なのかとはまったく関係がなく、彼らに心理的安全性があるかどうかなのだということを、プロジェクト・アリストテレスは疑念の余地なく示していた。

プロジェクト・アリストテレス

経営陣の役割とすぐれた管理者の条件を理解することに焦点を置いたGoogleの2008年の「プロジェクト・オキシジェン」は、すぐれたリーダーの資質や行動の数々の概要を並べ、同社が抱える膨大な数のエンジニアたちにとってそれがどの程度重要かを実証したものだ。このプロジェクトに続いて、Googleはさらに一歩進み、従業員について深く理解し、彼らを優秀な人員とするのはなにかを解明するべく、「アリストテレス」と名づけた別のプロジェクトを立ち上げた。

180のチームと3万7,000人の従業員を対象に数年におよぶ徹底的な調査をおこなう中で、Googleは革新的な質問を投げかけた。「Googleでチームを効果的にしているのはなにか？」

アリストテレスの名言「全体は部分の総和に勝る」に対する賛辞として、彼らは前述の理由すべてのためにチームに注力した。彼らはチームを「本当の生産が起こる分子単位で、革新的なアイデアが生まれ、検証され、従業員が仕事のほとんどを経験する場」と呼び、プロジェクト・オキシジェンと比べるとずっと深部まで至る調査をおこなった。よく知られている話だが、彼らは、最高の能力を持つ人々を雇うための過酷なことで有名な採用方法と、彼らが従業員を非常に優遇するというこれまた有名な事実との組み合わせによっていかにGoogleのチームマジックが生まれるかに主な焦点があたる結果になるだろうと期待していた。言い換えれば、最高のIQと最高の経験値を持つエンジニアを採用して休憩ポッドやGoogleバイク、卓球台を用意してきたのだから、効率の良いチームができて当然だという結果が出ることを期待していたのだ。

「私たちは最高のチームに求められる個人の資質とスキルの完璧な組み合わせが見られるだろうと強く確信していました。たとえばローズ奨学制度（＊訳注：世界最古の国際的な奨学金制度）で学んだ人物を1人、外交的な人物を2人、AngularJSがものすごく得意なエンジニアを1人と博士号を1人、といった具合に。それでドリームチームが完成です。そうでしょう？

*でも、私たちは完全に間違っていました。**誰がチームに属しているかは、チームメンバーたちがどのように作用し合うか、どのように仕事を構築するか、そして自分たちの貢献度合いをどのように見るかほど重要じゃないんです。**魔法のアルゴリズムもその程度のものだったってことですよ」（Google re:Workより）*

このように、結果は彼らを驚かせるものだった。前述の要素――IQ、経験値、現在の職場環境に対する満足度――は、チームの成功にとって重要な条件の上位にはまったくひっかからなかったのだ。代わりに、優秀なチームに共通する特徴が5つ見つかった。1.信頼性を持ち、2.明確性と3.構造があり、4.影響と5.意義（つまり目的（パーパス））がはっきりしていること。加えてなによりも重要なのが、それらすべてを常に超越する要素、すなわち全員が高い心理的安全性を持っていることだった。

Googleが心理的安全性の概念に出会ったのはこのときだ。MITのエドガー・シャインとウォレン・ベニスが名づけた1960年代ごろから存在し、1990年代にはウィリアム・カーンの研究で再度脚光を浴びたこの言葉は、今では誰もが知っているように徹底的に調べられ、エイミー・エドモンドソン教授の研究によって確立されているが、プロジェクト・アリストテレスの結果が公表されるまではビジネス用語として浸透してはいなかった。

Googleの研究からは、学ぶべきことがある。心理的に安全なチームの力に関する山のような証拠に基づき、研究の結果から「チーム」がもっとも重要であり、ほかのどの構造も非効率(個人)か、想像上（組織）だと結論づけているからだ。成功を求めるなら、心理的安全性を通じてチームに力を与える方法に尽力しなければならない。そうすれば、チームは常にパフォーミングの状態にあり、このかけがえのない、家族のような構造の中で魔法を起こすことができる。

CHAPTER 4

心理的安全性 ——高いパフォーマンスのための唯一のスイッチ

- 心理的安全性 ——高いパフォーマンスのための唯一のスイッチ
- 経営陣における心理的安全性
- 心理的安全性ではないもの
- 信頼
- 「柔軟性（フレキシビリティ）」と「回復力（レジリエンス）」
- 意見を言う、すなわち「勇気」と「オープンさ」
- 「学習」—— 学び、実験し、失敗する
- 士気と「やる気」
- 印象操作を回避する
- バブルでの対話
- チームの幸福と人的負債

心理的安全性
――高いパフォーマンスのための唯一のスイッチ

前章で学んだとおり、Googleが発見したのはチームが作られるその方法や、実際にチームを構成するのが誰かはおおむねどうでもよく、会社の成功を左右するほかの条件ほど重要ではないということだった。その他の条件の中でも大きなものが、チームの心理的安全性の健全なダイナミクスだ。

この発見はよく研究され、ほかと比べ物にならないほどうまく説明されているが、Googleだけに限った話ではまったくないし、ほかの多くのシリコンバレーの寵児たちも長年胸を張って人に注力しており、その際には同じ価値観を奨励し、似たようなビジョンを生み出してきた。

「私たちは人間中心の会社です」というのは近年Netflix、Apple、ZapposやAmazonからよく聞かれる名言だ。彼らはビジネス的に大成功している企業の実例というだけでなく、成功するためには自社の従業員であれ、顧客であれ、場合によっては会社が属するコミュニティであれ、人をすべての行動の中心に据えておかなければならないという信念も共通している。

Zapposは、そうした人間中心の会社の輝かしい代表例だ。この会社からは、多くの驚異的な従業員や顧客中心の行動が生まれている。彼らの時間と労力のほとんどは従業員の幸福とやる気のために費やされていて、その成果は本書のいたるところに散りばめられている。だがほかにも、彼らは共有されたビジョンの価値観にかなり時間をかけて投資している。たとえば、この会社は新入社員が辞めるのに報酬を出すことで有名だ。新人研修の終わりに、今Zapposを辞めて出ていくなら1,000ドルがもらえると全員が提示される。こんなことをするのは、同社の中心的価値観が「情熱と決意を持つ」ことで、辞める社員に報酬を出すのはそれでも残るという社員なら仕事に対して驚くほどの情熱を持っていて、長期間働いてくれるはずだからだ。同社のカルチャーキャンバスの有効性を試す、初期のリトマス試験紙というわけだ。

この人間中心の熱烈な姿勢が企業的な美辞麗句だと思うのは簡単だが、彼らの行動の一部を検証すると、彼らが人を扱うその方法が常に人的負債を削減し、安全で幸せな環境を守るものだということがわかる。従業員の幸福に対する彼らの注力は、報酬の出し方からやる気の出させ方まであらゆる領域におよぶので、会社にとって従業員が真の競争的優位性であることを彼らが理解している可能性は高い。

人間中心のこの観点を実際に体現している会社の最近の例は、経済的危機とそれが従業員にもたらした壊滅的影響へのAirbnbによる対処の仕方だろう。CEOで共同創業者のブライアン・チェスキーは2020年の新型コロナウイルスのパンデミックによる観光客の激減で会社が大打撃を受け、従業員を解雇しなければならなくなったとき、人間味あふれ、やさしく、気持ちのこもった親身な文章の適切な手紙を書いただけでなく、どうすれば解雇する従業員の役に立てるかについて誠心誠意考えてそれを実践した。退職する従業員に対して金銭的な補償はもちろん、新しい仕事を探すときに適切なツールがあることがいかに大事かをわかっていたがゆえに会社のノートPCをそのまま持って行っていいと許可するところまで、非常に寛大な処置を施したパッケージを発表したのち、彼はこのように締めくくった。

> *［……］この8週間でわかったことですが、有事の際には本当に大事なことが明確に見えるようになります。私たちは大嵐に巻きこまれましたが、そのおかげで私には、今まで以上にはっきりと見えるようになったことがあります。*
>
> *まず、ここAirbnbのみなさんすべてに感謝しています。今回の痛ましい経験を通じて、私はみなさん全員からインスピレーションを受けました。最悪の状況においても、最高の自分たちを見ることができたのです。今、世界はかつてないほど人と人とのつながりを必要としていて、私はAirbnbならこの難局をうまく切り抜けられると確信しています。そう信じられるのも、私がみなさんを信頼しているからです。*
>
> *次に、私はみなさん全員に深い愛情を感じています。私たちのミッションは、ただの旅行だけではありません。Airbnbを立ち上げたとき、もともとのキャッチフレーズは「人間らしく旅をしよう」でした。その「人間」の部分は、いつでも「旅」の部分よりも重視されてきました。私たちの存在意義は帰属感にあり、帰属感の根底にあるのは愛情です。*
>
> *会社に残るみなさんへ。*
>
> *会社を去る人たちに敬意を示せるもっとも重要な手段のひとつが、彼らの貢献に意義があったと知ってもらうこと、*

そして彼らがずっとAirbnbの歴史の一部であり続けると覚えておいてもらうことです。私は彼らの業績が生き続けることを確信しています。ちょうど、このミッションが生き続けるのと同じようにです。

Airbnbを去るみなさんへ。

本当に申し訳ありません。これがあなたのせいではないことは知っておいてください。あなたがAirbnbにもたらしてくれ、Airbnbを創り上げてくれた資質や才能を世界は常に求め続けるでしょう。それを私たちと共有してくれたことに、心の底から感謝申し上げます。

ブライアン

本当に人間中心の会社かどうかは、このAirbnbのメッセージのように人間らしさをどのように扱うか、そして心理的安全性にどのくらい時間と労力を割く意思があるかを見ればわかる。ソフトウェア分析会社NewRelicのアレックス・クローマンいわく、「心理的安全性は主要経営指標として扱うべきだ。収益や売上原価、稼働時間などと同じように重要なものなのだ。それはほかの主要経営指標と併せて、チームの有効性、生産性、従業員の定着率にも役立つのだ」

心理的安全性を実際の価値にふさわしいように扱うには、それが本当のところはなんなのかを学び、さまざまな構成要素に分解してみる必要がある。

経営陣における心理的安全性

すべての下位管理者からCEOやCxOレベルまでを含む経営陣における心理的安全性の欠如は、圧倒的大多数の組織で見られるあらゆる組織悪の根源だ。なりすまし症候群、リスク回避、恐れ、おびえ、停滞などが経営幹部レベルの間で蔓延していて、これをこの特定のレベルで解決し、最高経営チームを復元するまでは、ほかのどのチームの心理的安全性に取り組んでも事足りず、組織における本当の精神的・文化的変化も起こせないと私は信じている。

組織で上に行けば行くほど、リーダーはチームを構造として考え、自分の下にある層に存在し、自分の命令で動くものだと思いがちだ。これこそ、もっとも上層部において、心理的安全性についての議論や期待が見られない理由の一部だ。チームのレベルでその重要性を認めたとしても、実際に自分がその一部だとは感じておらず、したがって自分が所属する特定のグループにおいてそれに期待しないからだ。

多くの意味で、これは驚くことではない。チームに注力するにはあまりに多くが求められる。勇気と脆弱さの体現に基づいた共感力のある感情指数（EQ）の高い人間中心の行動を構築し、自分自身と他者を信頼し、評判や経済面でのリスクと見られるものを負い、学びと成長を渇望しなければならないのだ。

ひとつわかりやすい事実は、「リーダー向けの心理的安全性」をネットで検索してみると、本当にリーダーが経営陣の心理的安全性を高めることを意図した検索結果がまったくないという点だ。この用語自体は、迅速性と生産性を手に入れたいどのようなチームでも広く認識されているだけに、これは衝撃の事実だ。

最高経営者は自分の経営陣のチームリーダーやプロダクトオーナー、あるいはプロジェクトマネージャーやスクラムマスター以外の何者でもあるべきではないと私は思う。チームを正しく選び、彼らが本当に貴重で、彼らの心が正しい方向に向かっていることを保証するなら（これは実現するために極端な手段を取る価値がある、重要な仮定ではあるが）、彼らが本当にチームであり、堅固で成功できるチームであることを保証する以上に重要なことはほとんどない。ほかのどのようなチームのリーダーも避けて通れないのと同じく、CEOたちも思慮深い介入や強い気持ちをチームの幸福のために投入するという仕事を避けて通ることはできない。

いいリトマス試験紙は、経営陣のオフィスや役員会議室を見渡して、そこにいる面々が印象操作や格好つけ、プレスリリースの読み上げのためだけにいるばらばらの個人の寄せ集めではなく、なにかを達成するために共に働くチームとして見られるかどうか考えることだ。

ここで、自分の経営陣が心理的安全からは程遠いことに気づけるくらい賢明なEQを持つサーバント・リーダー2.0に実践的なアドバイスをいくつか。

経営陣のチーム再立ち上げをおこなう

- **嫌になるほどの時間をかけてミッションについてもう一度話し合い、メンバーがわくわくしてのめり込めるような未来予想図を描く**――前述の価値観とビジョンのキャンバスを引っ張り出して、必要に応じて何度でもチームを立ち上げ直す。
- **今現在起こっている無気力な権力の誇示を防ぐため、再契約と、すべての交流を批判的な目で検証することに集中する**――一緒に働ける最善の形はどんなものだろう？　ミーティングは一定の頻度で開くべきか？　全員がAmazon方式のメモを用意して全リーダーが読み上げ、その後オープンで率直な対話の時間を設けるべきか？　共に達成していることについてのカンバンやTrelloボードはあるか？　株主報告以外に、スプリント／エピック／希望が定義されているところはあるか？
- **「恩送り」の力を利用する**――指導の文化を構築する。それぞれのCxOが持っている一握りのお気に入りの代わりに、経営陣が複数の従業員に指導を提供するようにする。たとえば新人1人、問題を抱えたリーダー1人、無作為に選んだもう1人、というように。そして、この直接のやり取りと助言でなにを変えることができたかを示す。

物語を変える

- **いつもどおりの仕事ではなく、もっと新しいことを**――損益に直結する成果を達成するのではなく、新しくて革新的なことに直接関係するものに褒賞を与えることで視点を変える。達成されたのが些末事であったり、ただ衛生的（ハイジーン）なものでしかなかったりして、前進するという目標にあまり貢献していなくても、それを罰するのではなく注目し、極端な実験を奨励する。

- **許可を実践する**――そしてそれをチームに伝えさせるようにする。今では人間らしくいて、感情を持ち、人間中心の行動に集中してチームを元気づけてもいい時代だ。失敗することは望ましく、オープンで正直でいることが求められる。
- **リーダーたちの読書会**――1カ月に1度、もしくは四半期に1度（願わくはスプリントのキックオフのために）経営陣とミーティングをおこなっているのなら、毎回、それぞれが刺激を受けた本をお薦めしてもらい、彼らがフォローしているブログの最新情報を教えてもらう。共に学ぶことで親密さが増す。経営陣のすばらしい頭脳は、無駄にするにはあまりにも惜しい。ある最高経営者が一度私に話してくれたのだが、最近の経営陣は驚くほど誰も本を読んでいないそうだ。

より良い経営陣

- **自らのブランドを育てさせる**――そして自らの英雄譚を綴らせる。リーダーには非常に貴重な存在であってほしい。流動性をまったく恐れず、そばにいることを選んでくれて、毎朝目標を新たに誓っていてほしいものだ。彼らが業界に足跡を残せるようにし、書いたり発言したりして、インフルエンサーになるよう励ます。そうしたことは、必ず報われる。引退間近のリーダーであっても、人目につく英雄の物語を構築することに価値を見出せるものだから、必ずさせること。
- **アジャイルな経営スプリント**――経営陣ですでにやっていな

いなら、これこそ今すぐ導入できる一番の変化のスイッチだ。年間目標をバックログに分解し、エピックやスプリントを設定して、チームメンバーには所属部署に関係なくそこからタスクを選ばせる。やる気とリソースがあるなら、最高リスク責任者（CRO）がDXを手助けしたり、最高技術責任者（CTO）が人事の再構築を手伝ったりしていけないわけがあるだろうか？
ほかのことはともかく、なんらかの形のアジャイルを経営陣チームで実施することで、迅速な実験と連携が、しかも悲劇的な結末なしに可能であり、失敗は本質的に進歩へとつながることをすぐに見せられる。

安心感を与える

- 当社でやっているようなチームソリューションの一部を使って、ほかのどのチームでも気にかけなければならない要素に注力する。経営陣は、ひょっとするとほかのチームよりもさらに柔軟で強い回復力を持っていなければならないのかもしれない。常に勇敢でオープンであり、学び続ける方法を見つけなければならないし、築き上げた強靭な経営陣の概念に熱中し、気持ちを維持し続けるようにするため注力するべきだ。
- 印象操作（無能に見えることを恐れて発言しない、ネガティブ、破壊的、でしゃばり、無知）を避けられるように手助けする。無知と無能から始めて、それらの恐怖を取り除く。Xeroxの元CEO、アン・マルケイヒーの逸話を聞かせよう。彼女は自分が答えを知らないと言うことにまったくためらいを感じなかったので、人々が彼女に「わかりませんの達人」とあだ名をつけたほどだった。これがXeroxの社員には会社が直面する問題に全力で取り組む自信を与え、マルケイヒーの指揮の下、同社は破綻の危機から復活を遂げた。

- 物理的または精神的なチームアクションを設定する新しい方法にこだわる。さらなる親密さを構築するために、役員会議室ではなく、月例の夕食会などの際に（中心的チームでこれをやっていないなら、オンラインでもいいからやるべきだ！）おもしろハッカソンから「リーダーシップの真実か挑戦かゲーム（トゥルース・オア・デア）」まで、さまざまな介入もおこなおう。常に新しく個人的なあれこれを公開したり、（平常時なら）親友たちと居酒屋で飲んでいるときや、（今なら）金曜日にZoom飲み会をやっているときのようにばかげた行動をとったり、家族とクイズ大会をやっているときに発揮する分かち合いの精神を見せたりすることをチーム全員に奨励する。

最後に、どう定義するのであれ、あなたの会社の経営陣は定期的な交流の手段を持っているだろうか？　たとえば、WhatsAppのグループは？　あるいはSlackのチャンネルや、日々の膨れ上がった電子メールのリスト、イントラネットのグループ、Workplaceのコミュニティ、またはTwitterのグループなどは？　形はなんでもいい。全員の間での対話が公開され、継続されることを意図した空間はあるか？　もしないなら、それなしでどうやってチームであることを期待するのだろう？　今すぐひとつ作ろう。もしもうあるなら、子どもの話やスポーツの結果の話をするのをすっかりやめてしまった人がいないか注意しておいて、オープンでいられるくらい心理的に安全に感じられなくなった兆候を見逃さないようにしよう。

管理職、リーダー、CxO――あなたの会社のトップを構成するのは、圧倒的な才能とすばらしいIQを持ち、かつては自分たちが構築しているものが持つ目的に夢中だった人々だ。それが今は影もなく、半ば敵意に満ち、おびえ、十分に活用されておらず、政治と数字に過剰消費されてしまった、もう終わっているばらばらの存在だ。本当のチームとは、真逆の存在なのだ。

最初の火花にもう一度着火することができ、共に誓いを新たにすることができ、実験してチームとして一緒に成長しても大丈夫なのだと安心させることができ、再び迅速に動いてEQを使い、勇気を奮い起こし、知識豊富で情熱的になる手助けができるのなら、心理的に安全な経営陣ができあがる。そして、すばらしい成果を「作業中」から「作業完了！」へと移行させられる可能性がぐっと高くなるはずだ。

心理的安全性ではないもの

ほかのすべての「人間中心のトピック」に関する心理的安全性と同様、Googleと学術界は、どれほど世間に認められていようとも、これまでに相当の軽蔑や中傷を受けてきた。大半は、これがとてつもなく重要であることを本能でわかっているが、より良い方向に影響を与えるためには多大な努力が必要であると感じ取っており、その労力を費やしたくないと思っている人々からのものだ。私たちは長年の間に、最初は完全に不信感を持ち、人間中心の行動に必要な重労働である人的負債の解消を避けるために思いつく限りの反対意見を投げつけるばかりだった経営陣を何百人と見てきた。

心理的安全性ではないものがなにかについて、明確にしなければならないだろう。エイミー・エドモンドソン教授、シェーン・スノウ、それに私自身は、このトピックをめぐる生半可な伝説や異論を分解するという仕事を引き受けた著者たちのごく一部の例だ。だがこの概念に注力する者なら誰でも、一度はそれをやらなければならなかったのではないだろうか。

心理的安全性ではないもの、それは……

……チャリティー・ショップ向けのふわふわした概念ではない

これが、心理的安全性の概念の応用性に関してもっとも腹立たしい誤解かもしれない。このテーマを研究した者なら誰でも、この用語を生み出すにあたってエイミー・エドモンドソン教授が医療分野の調査から始めたことを知っているだろう。その後のデータへの言及のほとんどはその医療業界と航空業界からくるもので、Googleのプロジェクト・アリストテレスが出てくるまでは、この概念はそこまで厳しくない環境で働くチームにはあてはめられることもなかった。これは単にスマイルマークつきのやるべき仕事のメモでもなければ、ヒップスターたちの無料の髭お手入れ講座でもない。ビジネス界においては優秀なチームを通じて祝福すべき生産性がもたらされるが、エドモンドソン教授が調査した分野では、容易に生死を分ける問題につながり得る。

……怠け者の町と自己満足ではない

心理的安全性は、仕事やチームをあたりまえだと思って気を緩めてもいいという許可証などではまったくない。実は、安全でやる気のあるチームにおいて、メンバーがさぼったり実際の仕事を避けたりしたいという気になる可能性ははるかに少ない。加えて、これはアジャイルなチームで働く場合に特にあてはまることで、あまり議論されていない利点ではあるが、アジャイルはプロセスが見えやすいというその性質のため、いかなる形の怠惰にも効く抜群の特効薬だ。

……雇用の保証ではない

一部の北欧の国では無能な従業員を解雇するのが不可能だというのは有名な話で、民間企業が政治的に公正な再研修の無限の悪循環に囚われているという恐ろしい話は誰もが聞いたことがあるだろう。心理的安全性は、チームにおいて雇用が保証されているという感覚を植えつけることを奨励しているわけではない。前述の話はひどく誇張されているかもしれないが、一部のスカンジナビア国家には社会的安全弁があり、実際に人を解雇する必要性を証明するのがずっと難しいという話には一抹の真実が含まれている。だがそれにもかかわらず、彼の国のチームがより大胆でリスクや批判を受けて立ち、学ぶ意思と共に脆弱さをさらけ出す勇気を持っているという証拠は見られない。実は、批判者たちによれば、ときにはその逆が起こっているとのことだ。これは興味深い研究対象なので、誰か組織設計の研究者が彼の地でやってくれないかと願っている。

……業績評価やその他の測定の死ではない

チームがどんな業績を上げているかに気づかないふりをするのは決していい考えではないし、当然、心理的安全性の擁護者たちが主張していることでもない。一番の動機がより高い生産性であるならなおさらだ。測定がなければ生産性は検証できないのだから。

このトピックに積極的に取り組むほど革新的な数少ない場所の

中には、「公正（ジャスト）なカルチャーモデル」という概念を取り入れているところがある。これは2001年に思いつく限りの発生し得るさまざまな間違いや事故の根本原因を追究する研究者らとデイヴィッド・マルクスが提唱したもので、言うまでもなく本質的にはミスを認めて話し合うオープンさを伴うものだが、同時に、公式に認識されていなくても黙示的な業績評価を包含しており、ずっと腑に落ちやすい。

加えて、アジャイルには極度に明確でこの上なく測定しやすい成果があるので、業績判断を避けて通ることはほぼ不可能だ。さらに、矛盾するようだが、チームがより安全になればなるほど、個人の（チームの）責任を安心して受け止めることができ、評価や測定が歓迎されるだけでなく、チームのほうからそれを始めることもある。

……一対の手袋のように、互いに欠かせないものではない

個人の心理的安全とチームの心理的安全の間には、かなりの混同が見られる。どちらも望ましいもので、ある程度までは間違いなく互いにつながっているが、これらは2つの異なる概念で、原動力も異なっている。

個人の感情的安心感は多くの条件に左右され、職場で個人がチームとうまくやっていく方法はひとつではない。そこにはさまざまな要素がかかわってくるし、その多くは個人的で仕事とは関係がない。その個人の自己定義と実現化の機構のどこに位置する

かにもよるが、ごく小さな割合しか占めないと言ってもいいだろう。

接点はチームの相互信頼の精神と共感力を発揮するそれぞれの能力にあるが、チーム全体の心理的安全性はチームメンバー1人ひとりの安心感の集合体ではなく、独立した構造だ。したがって同僚の人としての品性と深い知識が必ずより良い交流を生むとはいえ、それがそのままリスクを負ったり議論をしたりするチームの意思につながるとは限らない。

……すべての倫理的フィルターを捨ててもいいという許可証ではない

これは難しい。チームに心理的安全性を植えつけようという希望を少しでも抱くなら、なにをおいてもまずは彼らが言論の自由を与えられていると確実に感じられるようにしなければならない。対話はなによりも重要で、批判や反発の恐れなしに発言できるようにしておくことがカギとなる。これはもちろん、いわゆる「自由」に対する倫理的制約をめぐるお定まりの疑問を呼ぶものだ。

この対話が一定規模のチームでおこなわれている場合、それは目に見えるし、個人が日々の生活で用いる倫理的責任の規範に従う。言い換えれば、チームは一番弱いメンバーに偏るか、あるいは優遇するようにできていて、全員が発言を許され、奨励されるとそれが顕著になり、通常のグループダイナミクスを通じて規制されるのだ。

とはいえ、批評家たちが正しく指摘する点だが、一部の企業では完全に自由な対話の場としてのフォーラムを作ろうという熱意のあまり、そのための手順に十分な配慮がなされず、人としての品性や個人の責任の代わりに、匿名による極論の応酬が奨励されてしまった。Googleも例外ではない。同社の従業員による極端な行動や政治的に著しく不適切な発言、あるいは偏見まで、最近のスキャンダルを見ればわかる。

本来の目的は、チームメンバー全員が自分の最悪の一面をさらけ出し、ただ衝撃を与えたいがためだけに子どもじみた無遠慮さで他者をやりこめようとする社内「2ちゃんねる」を作ることではない。大人として期待される倫理的範囲内での対話の場を開き、共に学んで成長できるようにすることだ。したがって、これは本質的には、従業員がなにをしようと、あるいはもっとひどい場合にはなにもしなくとも、ずっと雇用され続けると感じさせることが目的ではない。チームを際限なく甘やかさなければならないというわけでもないし、幸福に対する個人の定義についての話でもない。従業員が片手間にちょっとやる小さな仕事でもないし、企業の成功に直接関係しない幸福のスイッチでもない。一般常識と良識を融合させて、セーフティネットを作るという話でもない。

いずれもあてはまらない。

ここで言っているのは、間違いを犯しても大丈夫だとチームに伝えることだ。すべてを知っていなくても大丈夫、オープンになって脆弱さをさらけ出しても大丈夫、情熱を注げる共通の目的をもっていても、人間らしくあっても大丈夫、家族になって、魔法を起こしても大丈夫だと伝えることだ。なによりも、心理的安全性は私たちの手に負えないただ感触が良くて曖昧な、影響力のない概念ではない。変化を起こすことに注力できるように使える一握りの要素や行動で、それを実行するべき義務を私たちは自分自身に、チームに、そして組織に対して負っている。

私たちは、そうするために掘り下げ、明らかにし、調査しなければならない。私たちが提案しているようなチームソリューションを使える人もいるだろうし、「手作り」でやらなければならない人もいるだろうが、やるべき仕事はそこにある。そしてなによりも、測定は必須だ。質問しなければならない。測定し、質問するくらいちゃんと気にかけなければならない。知恵を集結してこの大きく曖昧な概念を実践可能な部品に分解し、その1つひとつを偏見のない好奇心で見ていかなければならないのだ。

信頼

心理的安全性というと本能的にまず思い浮かべるのが、すべては信頼に尽きるということだ。そしてある意味、それは事実だ。ただし、たとえば人と人の間の信頼とは違って、チームレベルの信頼だ。明確なつながりには反対するものではないが、私たちPeopleNotTechは、心理的安全性がそれよりもずっと奥深いものだという点に全財産を賭けてもいいと思っている。それに、信頼も曖昧な用語で、チームダイナミクスをより良くするためには、さらに解剖してみる必要があるものだという点にも。

そのために実施した調査の一部で、私たちは実際に信頼を分解するさまざまなフレームワークに目を向けた。そしてその調査結果の一部を使って、最終的に測定するべきと結論づけた心理的安全性の要素を確認した。

ゼンガーとフォークマンが2019年に『ハーバード・ビジネス・レビュー』で発表した8万7,000人のリーダーたちに対する360度評価についての報告は、信頼を構築して維持するために注力するべき3つの領域を編み出した。「ポジティブな関係」(たとえばこまめに連絡を取り合う、共感と関心を示す、対立を解決する、協力を生み出す、役立つ方法でフィードバックを提供するなど)、「良い判断と専門知識」(たとえば意思決定の際に良い判断と知識を発揮する、十分に信頼できる意見を持つ、チームの実績に貢献するなど)、そして「一貫性」(たとえば手本であり良い実例となる、約束を尊重する、コミットメントを守る、遂行するなど）だ。こうした要素はすべて重要ではあったが、チームがリーダーに対する信頼度を数値化するとき、特に重視したのは最初の領域であることが判明した。

『Dream Teams: Working Together Without Falling Apart（ドリームチーム：崩壊せずに共に働く）』の著者シェーン・スノウが信頼を寄せる「組織的信頼の統合的モデル」と題された1995年の調査では、信頼の3つの主要な特徴が挙げられている。「能力」「善行」「誠実さ」だ。そして、2020年に発表された『The Trust Factor: The Missing Key to Unlocking Business and Personal Success（信頼の要素：ビジネスと個人の成功への扉を開く失われた鍵）』で、ラッセル・フォン・フランクはこの概念について批判的かつ非常に詳細な探求をおこなっている。言葉、中核的価値、それに信頼への道を「鋳造」できるさまざまな方法をめぐる仕事と個人の領域を網羅したものだ。

だが、私にもっとも響いたモデルは、ブレネー・ブラウンが『Dare to Lead: Brave Work. Tough Conversations. Whole Hearts（勇気をもって率いる：勇敢な仕事、つらい会話、真心）』で、信頼の「BRAVING」フレームワークを提唱している箇所だ。本質的に、ブレネーは信頼がなにかしらの意味ある形で存在するためには、人は「Boundaries（領域）」「Reliability（信頼性）」「Accountability（説明責任）」「Vault（金庫室）」「Integrity（誠実さ）」「Nonjudgement（偏らない判断）」「Generosity（寛大さ）」を持っていなければならないと書いている。これらはブレネーの代表的な主題である勇気に伴う性質の同義語だが、包括的であり、事実上前述のすべてのモデルに加えてさらに多くを含んでいる。ブレネーのフレームワークの驚異的なところは、ほかの信頼の解剖と比べると、無益な理論上の演習ではなく、チームにおける信頼を増加させるための手法を意図している点だ。ブレネーはこの著書にワークブックをつけていて、「信頼を組織化する」ことについて語っている。これは物事の学術的な側面からのすばらしい旅立ちで、リーダーやチームに単刀直入な演習を提案し、人間中心の行動にこれらを含めて信頼を高めるように助言している。

これらがいかに有効かにかかわらず、私は信頼それ自体がとりたてて心理的安全性の有効かつ十分な測定指標になるとは考えていない。前述の概念の多くは、頑固なほどに測定不可能なままだったからだ。そこでPeopleNotTechでは、『Dream Team』に触れて心理的安全性を法医学的（科学的かつ客観的）に見る方法を見つけなければならないと気づいたあと、数百人のプロフェッショナルに聞き取りをおこなった。開発者、リーダー、テクニカルアーキテクト、ストラテジスト、プロジェクトマネージャー、科学者、オペレーションズ、デザイナー、サポート人員などさまざまな職業の人々だ。そして、心理的安全性を測定するための6項目に落ち着き、それをエイミー・エドモンドソン教授の質問票に重ね合わせ、「信頼性」「構造と明確性」「意義」「影響力」など、Googleのプロジェクト・アリストテレスの結果も含めた。その結果、「柔軟性」「回復力」「勇気」「オープンさ」「学習」と「やる気」を測定するという、かなり強化されたバージョンにたどりつくことができた。

これらは、質問が感情や直感、知識に基づくものかどうか、質問に行動的要素（人がチームソリューションとどのようにかかわるかも測定している）が含まれているか、質問が自己報告型かほかを参照するか、質問の聞き方、重要性が軽いか、中間か、重いか、印象操作による恐れに触れているか、信頼の存在を示しているかいないかを考慮した、専用のアルゴリズムに基づいて測定される（＊編注：一部の実践的なチェック項目は本書にて後述）。

「柔軟性（フレキシビリティ）」と「回復力（レジリエンス）」

まずは、違いから。多くの人々がこの2つを混同したり、意味的には十分近いのだからとひっくるめてしまったりしがちだ。だが実際には、チームが一定期間変化と柔軟性に対する極端な嗜好を示すこともあるかもしれないが、それが長期間は続かず、その後彼らのチームとしての心理的安全性が回復力を欠くために直接打撃を受ける可能性がある。言い換えれば、よくしなりはするが、最後には折れてしまうということだ。彼らの変化に対する嗜好や、それをある時点で試みようという善意と感情的有効性を測定することができれば、彼らの総合的な順応性と持続力も測れるはずだ。

著書『Workplace Wellness That Works（うまくいく職場の健康）』でローラ・パットナムはこのように述べている。「するとそこには感情的幸福、またの名を回復力（レジリエンス）が存在する。これは変化から立ち直る能力のことで、マインドフルネスを実践することではぐくまれる」。後半は事実だが、前半は私の考えでは議論の余地がある。健康（ウェルネス）はもっと大きな包含的用語で、回復力はそのごく一部にすぎないが、だとしても、回復力を持つというトピックはチームの安定性の土台で、それに伴うチームとしての感情的幸福、ひいては心理的安全性も同様だ。

私たちがチームソリューションを設計したときは、個人の概念に対比したチームの概念における回復力の定義や、それを測定して改善する方法を考えることにはかなり時間をかけた。検証したり影響を与えたりする方法がすでに存在する至極単純なトピックとは程遠く、回復力は職場という概念のもとでは誰にとっても新しいものだ。

苦労と思われるものを耐え抜き、安定して強いままでいる能力は人として繁栄する能力の土台だが、職場ではそんなことは求められてこなかった。むしろ、過去数十年にわたって、全体的に期待されることと言えば一連のスキルをより良く理解して身につければつけるほど、そしてそれをプロセスにおいてうまく適用すればするほど、私たちは突然の変化がもたらすリスクを排除できるというものだった。そしてそれによって高い安定性と予測可能性が期待され、それは成功のこの上ない指標として祝福され、称賛されるのだ。

予測可能性と安定感は実際、繁栄と進歩のための良い土台だ。既知のなじみあるものだけがもたらす総合的な安心感が得られ、備えをもって正しい道筋をたどっているという安心感も得られる。

ただし、現代のVUCA世界においては、そのいずれもまだ現実にはなっていない。そして、これまでに用いてきたツールや手段では、安定性と予測可能性を手に入れることなどできない。それどころか、ビジネススクールで学んだことがなんであれ、どの講義を受けたのであれ、どんなプロセスを過去に実施して成功させてきたのであれ、次もうまくいくと信じる理由はなにひとつないし、一部の人々が突入している光の速度と競争させてくれる手助けにもならない。

つまり、私たちは集合的にマクロレベルで、「ベストプラクティス」を検索したり「賢いフォロワー」でいられたりする、既知の理解されている世界の確実さと居心地の良さを失ってしまったということだ。いまや私たちはみんな滝に向かって落ちていく激しい流れの中にいるのに、古き良き時代の小川を下っていたときのような、同じちゃちなオールでさかのぼろうとしているのだ。

個人レベルで言えば、これが主に反映するのは柔軟性になり、不安定性がもたらす多大な不快感にあっても落ち着いて仕事に取り組めるような習慣を生み出す喫緊の必要性に迫られているという事実だ。

チームレベルになると、回復力は心理的安全性をすでに備えているチームの概念でしか議論することができない。それがなければ、回復力など望むべくもない。安心感のなさから全員まったく身動きが取れず、急激な変化に反応して順応性の高い勇敢な行動を実践することなどできないからだ。

心理的安全性を備えているチームだと、VUCAな背景の中でそれを保持することこそ本質的に一番の課題であり、同時に成功の最大の予知因子となる。つながりを維持し、共にしなり、成長し、どのような外的変化にも家族としての一体感やチームとして魔法を起こせるという感覚を、揺るがされることなくいられる方法を見つけるのが回復力だ。そしてチームとして回復力があるということは、創造と実現を可能にする至福の状態を保持できるということだ。

社会的単位としての家族は、内在的にある程度の回復力を持っている。人生におけるどのような困難においても、単位としては本当の恐怖や失敗はおおむね存在しない。対立に悩まされている亀裂の入った家族でさえ、最終的にはここまで長続きしたのだからという理由で、いずれは対立が解決できるという期待が持てる。未来があるということ、そして親近感と愛情を通じて十分な善意と調和があるということのために、解決方法を模索して支持を取りつけ、それをはぐくむ環境を再構築しようという努力が成される。これが、家族を強くする要素だ。家族という構造が持続し、耐えられるという期待感は、職場ではデフォルトで内在しているものではない。むしろ、チームはそれを構築するために努力し、なにをおいてもそれを守らなければならない。

チームができること、そしてするべきこと（これは多くの場合、チームリーダーから始まる。したがって願わくは、リーダーになる人物は誰であれ、これに対する執拗な目を持っていてもらいたい。これがサーバント・リーダーシップの宿題その1、「回復力を構築する」だ）は失敗を祝福すること、学びと脆弱さの価値を再強化すること、全員の心に刻みこまれるまで目的（パーパス）とビジョンを再説明して疑問を投げかけ、透明性を徹底的にはぐくみ、集合的なリスクオーナーシップの価値を提示し、家族としての感覚を執拗に育て、すべての急転換や変化を勝利のチャンスとして見られるように議論を再形成することだ。

回復力を鍛えることの美点は、すべての災難、すべての挫折、すべての困難が成長して安全性を再確認する機会だということにある。私たちは転び、骨折し、とことん失敗することができ、それでも救いようがないわけではなく、祝福する理由になることを知る。これは筋トレとかなり似ていて、新しい筋肉組織は既存のものをいったん破壊しなければ成長しない。共に失敗しても大丈夫なのだという事実を補強すれば、私たちは学習し、改善し、成長し、最終的にはこの変化とスピードの新しい世界で生き抜いていける。間違えないでもらいたい。成功できるのは回復力のある者だけなのだ。

今後20年から30年の間に、多くのビジネスがこのVUCA世界で成長したり死に絶えたりするだろう。勝者は、回復力を身につけた者たちだ。そして勝ち組の組織は全体としてではなく、チーム単位で回復力がある集合体だ。回復力のあるチームは心理的に安全で、それを保全するために意識的に努力している。したがって、回復力の前兆としての柔軟性を、さらには心理的に安全なチームの絶対的な基本要素として回復力を測定する必要がある。

心理的に安全かどうかを判断する質問を投げかけるときは、柔軟性と回復力の両方が確実に測定されるようにするべきだ。従業員が単にリスクを好む傾向を見せているだけなのか、それとも実際に変化にわくわくしているのかを必ず検証しよう。Netflixのパティ・マッコードは有名なTEDの動画「みんなが楽しく働く会社を作る8つのヒント」でこのように述べている。「チームには、会社が全速力で左に向かって進んでいて、ある朝出社したら今度は右に向かって走らなければならない、これがその理由だと説明したら、全員が喜んでそれをすぐさま実行するようであってほしい」。それを測定しよう。しかも何回も。

意見を言う、すなわち「勇気」と「オープンさ」

チームの中で、負の結果を恐れることなく率直に意見を言えることが有益だという点について、たいして説得は必要ないだろう。結局のところ、それこそコミュニケーションやイノベーション、成長、その他ビジネス界における諸々の酸いや甘いのカギなのだ。だが歴史的に見ると、意見を言うことは今では多くの人にとって不可能に近い。その理由は無数にあって、人的負債の確実な一部となっている。チーム全員が完全に、喜んでオープンになれるような慣習をあらためて整備するそのときまで、高い業績など望むべくもない。

意見を言うためには、人は勇気を出さなければならず、加えてオープンになるというリスクを負う意志も持っていなければならない。チームが定期的に意見を言えているかどうかを測定したければ、主題に対する答えや、意見を表明するのにリスクを負って印象操作を避けなければならないときにどのような行動をとるかとは別に、勇気とオープンさの両方を徹底的に測定するべきだと私たちが助言しているのはこのためだ。

一見自信たっぷりの人であっても、発言するのが難しいと感じる瞬間があって、代わりに印象操作に走ってしまう場合がある。エイミー・エドモンドソン教授の著書『恐れのない組織「心理的安全性」が学習・イノベーション・成長をもたらす』（エイミー・C・エドモンドソン著／野津智子訳／英治出版／2021年）で紹介されている例を見るといい。ビジネス・イノベーターのニロファー・マーチャントは2013年にCNBCによって「ビジョナリー（先見の明のある人）」と呼ばれ、2年に1度発表されるすぐれた経営思想家のランキング、Thinkers50で「未来の思想家賞」に選ばれた人物だ。だが2011年の『ハーバード・ビジネス・レビュー』でニロファーは、Appleで働いていたときには問題に気づいても間違っていたら嫌だから黙っていたと告白している。「なにか発言して馬鹿みたいに見られるリスクを負うよりは、みんなと足並みを揃えて仕事を守りたかった」と彼女は言ったそうだ。これはもちろん、印象操作の典型的な例だ。ニロファーは無知に見られることを回避したが、それで彼女が一般的に見て勇敢な人物だということにはならない。ただ、オープンさではあまり高い数値にならないことが示されたというだけだ。

心理的に安全なチームという贅沢がなく、ビジネスにとって壊滅的な結果となることがのちに証明される行動に対して発言できる者がいなかった会社の例は、ここ数年だけでも無数にある。その一例がWells Fargoだ（＊訳注：2016年に発覚した同銀行の不正販売慣行事件を指す）。この会社が実践していた習慣には多くの人が愕然とした。従業員にとってもクライアントにとっても不当な習慣で、道徳的にも非難されるべきものだったが、誰も反対の声を上げなかった。

もうひとつの例がNokiaだ。1990年代には世界トップの携帯電話メーカーだったが、2012年までにはその座を失い、さらに20億ドルを超える損失と、市場価値の75%減少を招いていた。

2015年、経営大学院INSEADによる同社の衰退についての調査を見ると、Nokiaの経営陣が、台頭してきた競合他社のAppleやGoogleの脅威についてオープンに議論してこなかったことがはっきりとわかる。同時に、管理職もエンジニアも、自社の技術では進化し続ける市場で競争できないと上司に伝えることが怖くてできなかった。その結果、Nokiaは革新の機会を逃し、ほどなくその存在感を失ってしまったのだった。

いずれも、従業員が意見を言える勇気とオープンさを持っていなかった典型的な例で、チーム内で自らの考えを表明できる心理的に安全な基盤がおそらくなかったのだろう。

心理的安全性がチーム内で生まれるためには、こうしたことすべてが揃っていなければならない。これらが欠けたままチームが勝ち続ける可能性はないのだ。

「私たちは情熱と深い思いやりを持たなければならない」
「私たちは自分らしくいなければならない」
「私たちはお互いに強い絆を感じ、安全なバブルの中にいるように感じなければならない」
「私たちは共感力を育て、実践しなければならない」
「私たちは柔軟であり、回復力を持たなければならない」
「私たちは徹底的に実験し、『成長的に』失敗することを学ばなければならない」
「私たちはネガティブ、無能、無知、または問題的、でしゃばり、素人っぽく見えることを恐れてはならない」
「私たちは意見を言わなければならない」

そしてこれらすべてに、ひとつ残らず、根本的なテーマがある。勇気だ。

「私たちは勇敢でいなければならない」

これが一番難しくはないだろうか？　どうやってこれを許可し、形作ればいいのだろう。正直に認めよう。やる気だけで子猫をライオンに変えることはできない。私たちは勇猛果敢で大胆な自分を夢見ることはできるが、常にその反対の行動を取ってしまう。

それに、歴史的に見て一度も本当の意味で求められてこなかったのに、意識を高めて元気づける独特の用語を使うだけで十分だなどとどうして言えるのだろう？　私たちは会社に出勤し、なにかをした。それが、機能的な人間として、あるいは模範的従業員として求められていることのすべてだった。勇敢でいるのは映画や伝説の世界の話で、日常生活にはスーパーヒーローは必要ない。勇気をふりしぼるのはせいぜい、何杯かビールを飲んだあとでカラオケのマイクを受け取るときくらいのものだ。

一般的に、人として、私たちはリスクを最小化しようと努力しなければならない。だが、実験と進歩はリスクを示唆している。これはマズローの欲求ピラミッドが常に網羅されているよう努力している私生活においてはあまりわからない矛盾で、人生における大きな決断の瀬戸際にならなければ勇猛果敢な人物としての自分の性格の価値が試されることはない。だがこのVUCA世界では、職場で避けて通ることは不可能だ。

物事は超高速で変化している。安定性とリスク回避はもはや不可能になった。私たちに求められているのは勇敢な行為の集合体だ。受け入れられない点を指摘するという小さなものから、新しい未知のことに挑戦するという大きなものまで、さまざまな勇気が求められる。継続的な挑戦、継続的な突進が求められているのだ。

出社して、わかっていることを適用するだけではもはや十分ではない。出社して、完全にオープンであり、毎日失敗し、学び、順応できるようにしていなければならないのが今の新たな枠組み（パラダイム）だ。

勇気と共に訪れるのがあの恐ろしい「脆弱さをさらけ出す」というやつだ。どの経営学の講義でも、これを避けることは既定だった。真のリーダーはそのアキレス腱の太さで測られ、したがって常に頑丈で貫通できない鎧をまとっていなければならなかった。致命的な弱点を持っているからと褒められることは決してなく、鎧の脱ぎ方を忘れてしまう者さえいた。夏休みに子どもと海で泳ぐときでさえ鎧をまとったままだったのだ。それが今ではリーダーも含め全員に対し、鎧をはぎとって全身を脆弱な素材で覆い、チームにもそうするように認めるべきだと言っている。魔法のバブルにいるチームには、守るべきものはなにもないはずだからだ。恐れがなく、保護が約束されていれば、代わりに得られるのはオープンさと、共に実験し、学び、創造する能力だ。

したがって、脆弱さは許されているし望ましいだけでなく、強く求められてもいる。

実践的な助言が欲しい？　私たちが使っているものがいくつかある。壁にドクター・スース（*訳注：アメリカで長年人気の絵本の作家。言葉遊びで知られる）や『オズの魔法使い』のポスターを貼る——陳腐だが、勇気を奨励してやる気を起こさせるには驚くほど効果的だ。質問を形成する——稼働時間からプロセスまで、そして用いる用語まで、物事がどうしてそうなのか疑問に思い、それについてオープンに議論する。すべてのミーティングでなにか個人的なことを共有する。自分をさらけ出して、なにかについて匿名のフィードバックを求める。自分の利益にならないことについて発言し、そのことを指摘する。毎週、普段の仕事とはまったく逆、または完全に新しいなにかに挑戦する。自分の仕事とチームにとってもっとも納得できる勇気の測定方法を考える……リストはまだまだ続く。

そしてなによりも、これら1つひとつを祝福するべきだ。笑い、学び、同情し、コミュニケーションを取り、共有し、成長したこと。大胆な行動を取ったすべての瞬間。「勇気」が単なる大衆扇動のための材料ではなく、実行可能で測定可能な勝利につながったすべての瞬間を祝福しよう。

「学習」
――学び、実験し、失敗する

共に学び、共に好成績を上げるチーム、そして彼らがチームという状況において一体となって学べるし学んでいるという事実は、チームの心理的安全性を強化する。そしてこの成長のための行動に取り組まないチームよりも、全体としてさらに生産的になる。優秀なチームを研究してきた者にとっては一目瞭然だ。だが継続的学習という概念が比較的新しく、学校を卒業した時点で教育は完結したという過去の私たちの考え方とは対照的であるため、職場において好奇心を持ち、集合的に新たな見識やスキルを獲得するにはどうすればいいかというのは複雑な問題だ。

一部の組織では、学ぶ許可と、そのもっとも生の表現である「好奇心」は、高く評価されている。それは勝利への備えができている組織だ。その一例に、大手製薬会社NovartisのCEOヴァサント・ナラシンハンがいる。彼はこの概念の忠実な支持者で、それを広めるために多大な労力を費やしてきた。そうしながら、好奇心を持つことの本質に対する彼自身の信念を実践してきたのだ。

ヴァサントは、こう述べている。「好奇心は、ますます複雑さを増すこの世界の中で、成功には欠かせない要素です」。これは空虚な美辞麗句とは程遠く、社内の真剣な取り組みによって実践されている。学習の実践はNovartisの従業員1人ひとりが数々の#WeAreCurious（私たちは好奇心を持っている）という社内キャンペーンで奨励され、支持され、測定されている。これは単に、働きながら学び続けることが許可され、奨励されていると従業員が心から信じることができるという点で、ヴァサントとNovartisの経営陣が人的負債の規模について明確に理解していることを示している。さらに心理的安全性の価値に対する理解も相まって、Novartisは注目に値する企業となっている。

心理的に安全な（したがって非常に優秀な）チームがこの新たなVUCA的現実において学習に対する揺るぎない嗜好を持つことの意味は、デジタル時代における競争に関心のある者なら誰でもはっきりとわかるはずだ。だが驚くことに、実際にはそこまで明確ではないようだ。

「失敗しても安全か？」
「学習は安全／奨励されているか？」
「失敗と学習なしに心理的に安全なチームは作れるか？」
そしてそれが望ましいことに全員が合意できたなら、「企業文化のDNAに、どうすれば好奇心が確実に内在するようにできるだろうか？」
「経営陣も必ず学び続けるようにするためにはどうすればいいだろうか？」
「印象操作は効果的な学習を直接的に阻止しないだろうか？」
「好奇心と勇気の関係はなんだろう？　学習と脆弱さの関係は？」
「共に学んでいるチームはより多くのやる気を見せているだろうか、そして彼らはより回復力が強いだろうか？」
「どのような種類の学習も、同じように心理的安全性の構築に貢献するだろうか？」

「好奇心の重視が失敗への恐怖を上回ったら、それが実験とイノベーションという切望される文化をはぐくみはしないだろうか？」

これらは、チームが持つ心理的安全性のレベルを示す要素のひとつとしての学習意欲や好奇心を、ソフトウェアソリューションで測定しようと私たちが決めたときに自問した内容だ。チームを良くしたいと思うなら、同じ質問を自らに問いかけることを強くお勧めする。

自分の周りで、そして自分の内面に、なにが観察できるだろうか？　ほかの仕事やほかのチームにいたときよりも、知識欲は増えているだろうか、減っているだろうか？　自分のチームが共に学び、効果的に共有していると感じられるだろうか？　新しい知識、共有した経験、獲得した知識をめぐるチーム内での交流から、得られるものはあるだろうか？

携わっている仕事や業界の種類によって、学習に求められるペースは異なる（そして情報は別として、この新たな職場の現実において競争力を保てるくらい素早くEQを伸ばす際、私たちが誰しも直面する急勾配の学習曲線より差し迫った問題もある）。だが、それがこのVUCA世界では鈍化すると考えることに対する反論は存在しない。したがって私たちは学習についてもっと好奇心を持つべきだし、好奇心についてもっと学び、その探求によってチームがより心理的に安全に感じられるのを目撃するべきだ。

ただ、学習には時間がかかる。そして奨励されないまでもせめて、学習する許可が与えられていると感じられなければならない。このいずれも、私たちの多くが手に入れられない贅沢だ。

自らを改善する行動を取っているはずが、スピードと効率に執着する世界でなりすまし症候群を悪化させてしまうという逆説的効果については、十分な研究がなされてきていないが、本来はもっと探求するべき分野だと私は考えている。

学習については、幾人かのすばらしいビジョナリーたちによる率直な対話があるが、彼らがそのために悪戦苦闘したという事実が多くを語っている。長年の間に、このテーマをめぐっては少なからず不協和音が聞かれてきた。Googleが従業員に対し、好奇心と情熱を満たすために必要と考えることに給与時間の20%を費やしてもいいと許可した、「20-80%ルール」を発表したときもそうだった。経営陣がどのように時間を使っているかについての報告を読んでもそうだ。だが全般的に、職場では仕事をするために給料を払っているのであって、「ほかのこと」をするためではないという見方が優勢のようだ。

悲しいかな、この「ほかのこと」は学習や情熱、対人関係、感情、その他ありとあらゆる改善に関係するさまざまなことを十把ひとからげにしている。私の持論だが、こんなことになるのは私たちが仕事というのは堅苦しく、苦痛ではないにしても不愉快な演習で、さもなければ引き換えに金をもらえるはずがないと思いこむようになったからだ。その結果、私たちはあらゆる不快な仕事や嫌な行為を仕事と関連づけ、少しでも楽しいことは余暇に紐づけて、職場でなにかしら気分のいいことがあったら、それは会社から給料を盗んでいるのに等しく、本来「自分の暇な時間」にやらなければならないことだと思いこんでしまっている。

これには、リーダーが人間関係の問題をどのように扱うかにおける、広範囲におよぶ、そして途方もなくネガティブな意味合いが含まれている。効果的に会社を率いるためには、彼らはチームや同僚、自分自身の感情や交流など、人間らしさについて考えることに膨大な時間を費やすよう努力しなければならない。だが正直に言って、考えることで給料がもらえるなどと誰が思うだろう？

給料をもらいながらやってもいいのだと考える人が少ないもうひとつの大きなテーマが、学習全般だ。人生の見方にDevOps的な性質はない。思考や行動に、継続的インテグレーション／継続的デリバリーの供給経路は存在しないのだ。自らの存在の段階を見るために教えこまれた順次的、ウォーターフォール型手法のために、私たちはまず形成期に知識を蓄積し、仕事人生において活用することでその蓄積をダウンロードするものだと思いこんでいる。ステップ1は学習、ステップ2は知識の活用。ステップ3（そこまで生き延びられればだが）はリラックスして、学んだり自分のためになることをしたりといった、楽しいことにようやく時間を使える。

この凝り固まった無意識の精神的区分があるからこそ、私たちは「学校に戻る」や「博士号のために稼いでいる」といった言い方をするのだ。いったん仕事の現場に出たら、採用されるまでに獲得していた知識やスキルの集合体だけを発揮することが期待されているように感じる。それ以下でもなければ、それ以上でもないのだ。

従業員はどうすれば学び続けることが期待されている、あるいは少なくともその権利があると思えるだろう？　採用にあたってのやり取りではそんなことに価値があると思わせるようなヒントはなにもなかった。いつ、どうやってどんな本を読んでいるかなど誰も聞いてこなかったし、自分自身のどこを改善したいと思っているかも聞いてこなかった。入社すると、会社の費用でカンファレンスに参加したい、本を買いたい、ポッドキャストを聴きたいと思うたびに、それが自分には権利のない特別な行為のように思わせられてきた。システム全体が、大人になってからの社会人生活における学びの余地を残さない、こうした順次的段階を強化するようにできているのだ。

もちろん、人の好奇心は抑えられないし、仕事に対してほんの少しでも情熱があるなら学び続けはするだろう。だが読書は、それによって得たものがどれほど会社に還元されたとしても、「片手間に」あるいは「自分の自由時間で」やるものになってしまっている。

なんと不公平な交換であることか。そしてそれを自分に許すとき、どれほど私たちは自分を過小評価していることか！

これを読んでいる読者の何人が、自分の仕事の傍ら読書をする、ヨガをやる、あるいはコーディングをするなどのために、少なくともGoogleの20%ルールの導入を交渉したことがあるだろうか？　機械に乗っ取られたあとの世界がどうなるかを夢想したり、会計課のジェーンが最近ずいぶん物静かなのはなぜだろうと考えたりするためだけでも、本を開いたりポッドキャストを聴いたりするためでも。会社のデスクで、みんなに見えるところで、就業時間中にそれをやって、その分の給料をもらって。

少ない、というのが実情だろう。職場が、私たちをより良くするために力を与えるという便宜を図ってくれているのだと思いこむのは、そろそろやめるべきだ。会社のほうも、より低い価値のために給料など払うはずがないだろう？

とはいえ、いったんチームの中心的文化に「学習」を組みこんだら、メンバーにはそれを利用することが本当に奨励されているのだと知らせる必要がある。徹底的に実験し、その延長線上で、必要があれば、ときには失敗してもいい。失敗なしに革新はあり得ない。残念ながら、絶対に不可能なのだ。失敗を恐れていたら、創造と革新に必要なあらゆる行動を回避してしまう。

失敗の重要性に関するエイミー・エドモンドソン教授お気に入りの実例のひとつが、Pixarの例だ。アニメーション制作スタジオのPixarは、史上最高収益を上げたアニメ映画上位50作品のうち15作品を占める。だが共同創業者エド・キャットムルは、すべての映画が初期段階ではひどいものだったとスタッフに必ず伝えるようにしている。こうすれば失敗に対する恐怖が軽減され、フィードバックに対してよりオープンになれるからだ。

キャットムルの著書『ピクサー流創造するちから』（エド・

キャットムル、エイミー・ワラス著／石原薫訳／ダイヤモンド社／2014年）では、なぜ失敗が望ましく、必要なのかを示す例がふんだんに挙げられている。革新的な、型に囚われない思考が求められる仕事をする60の研究開発チームを対象に、台湾人研究者Chi-Cheng HuangとPin-Chen Jiangが2012年におこなった研究では、心理的安全性のあるチームのほうが、拒否されることが怖すぎて考えを共有できないチームよりも業績が良かったことが示されている。そして製薬会社Eli Lilyでは、実験が失敗したらそれを共有して祝福するためのパーティまで開いている。これは極端な話に思えるかもしれないが、失敗はポジティブなものなのだという考えを植えつければ、どこにもたどりつけない実験にみんなが時間やリソースを無駄にせずにすむ。

この本ではまた、アメリカのいくつかの高等教育機関が今では学生に、失敗は後退ではなく学習へと前進する一歩なのだと理解させるような講座を提供していることに触れている。それによってこのVUCA世界での彼らの回復力や機能性を高めるのだ。この世界は私たちに常に学び続け、失敗に対してオープンであり、イノベーションを渇望し、変化に備えることを求めているのだから。

士気と「やる気」

まず、チームダイナミクスの構成要素としてのこれらの言葉について。私たちはかなりの時間をかけて、この2つが本当に互換性のあるものなのかどうかを見てきた。そして今わかっている限り、たしかに、それで良いと結論づけた。それから次は「やる気(エンゲージメント)」という言葉がなぜ損なわれてしまったのかを突き止めようとした。だが正直に言うと、そちらの探求は（それなりに楽しかったのだが）放棄せざるを得なかった。代わりに、近年の人事部破綻の伝説（こちらも、「従業員満足度」「雇用主のブランディング」「目的(パーパス)」「動機」「幸福」それに「チーム」それ自体の用語の意味に至るまで、ほかの謎めいた破綻や消滅の事例から成る）を検討することにした。これが組織の意識に浮かんだり消えたりしている理由を知っても、現状の役には立たない。

そして現状はどうかと言うと、「やる気」の現在の状況は実はかなり厳しい。すでに述べたとおり、過去20年から30年におよぶ人事部の主導権の中で多く美辞麗句に用いられてきたにもかかわらず、その最盛期が訪れることは実際にはなかった。

Gallupによると、アメリカの労働人口の70%が職場でやる気を持てずにいると言う。これはどのような職場環境においても有毒で、年間約4,500億ドルの損失につながっている。さらに、『ハーバード・ビジネスレビュー』の記事や数々の調査報告書でも、従業員の3人に2人が完全に切り離されたように感じており、72%

が「仕事に本当にやる気を感じたことが一度もない」と答えている。正直に見まわしてみただけでも、従業員のやる気が全体的にかつてないほど低くなっていて、それをどうにかしようという過去の協調した努力の大半も放棄されてしまっている。

時折見かける非現実的な空間が、この言葉を半ばヒップスター的な「従業員幸福度」という言葉に置き換えることによって多少の生命を吹きこんでいる。『ハーバード・ビジネス・レビュー』が、この言葉を包含するバリエーションをシリコンバレーの希望に満ちた肩書に置き換えてブランド再生していることに苛立ちを覚える者もいるだろう。少なくともそれでこの言葉についてもう一度議論できるようになったのだから、この変化は成功だ。

中には、これがブランド再生などではないと主張する向きもあるだろう。「やる気」はどちらかと言うと「目的（パーパス）」寄りだが、「幸福度」は包括的で、従業員の福利厚生全体を見渡しているからだ。たしかにそうかもしれないが、現在のように従業員が恒常的に不幸せで尊重されていない世界、感情や幸福を甚だしく無視して真実性をくじくことで膨大な人的負債を生み出してきたこの世界では、なんと呼ぼうがやるべきことがたくさんあるという事実に変わりはない。

「幸福度」でもいいという理由はもうひとつあって、最終的に私たちが答えようとしている質問——もっと重要な点として、私たちがすべてのチームリーダーに執着してもらいたいと思っている質問——は、「みんなは幸せか？」だからだ。だが、チームに関する限り、すべての中心にあるという意味で、ここでは「士気」

を選んだ。

一部の人の想像には反して、「士気」は中心にあるわりには、心理的に安全な、したがって優秀なチームの唯一の成功の指標や予知因子とは程遠い。だが、非常に重要なものだ。

「みんなは本当に全身全霊をこめているだろうか？」「みんな意気揚々と取り組んでいるだろうか？」「みんなお互いのことを深く気にかけているだろうか？」「みんな、やっていることや、誰のためにやっているかに精神的に注力しているだろうか？」――従業員1人ひとりに対し、自分自身やお互いについてどう感じているかを示唆する士気関連の質問をして、これらの質問にチームレベルで答えていかなければならない。

心理的安全性の一環としてチームの士気がどんなものかを確立するということは、チームメンバーが互いに交流しているかどうか、チーム内に笑いがあるかどうか、一緒にいる時間を心から楽しんでいるか、秘密を共有しているか、オープンでいられるかどうか、本当につながり合っているかどうかを突き止めるということだ。一緒にいることで親密に感じ、脆弱さをさらけ出して成長できるくらい強く士気を感じられるときに起きる、あの「魔法」があるかどうかを知るのだ。

だが、数字はあまり良くない。もっとも楽観的な研究のもっとも低い予測でも、従業員の3人に1人は職場で孤独と不確実性を感じ、憂鬱になっている。どのような組織でもそれでは持続不可能で、業績を潰してしまうことはわかっている（そして悲しいことだし、認めたくはないが、それがいずれは人も潰してしまうこともわかっている)。しかし変化のスイッチを特定するのには苦労する。効果的なソリューションを見つけるのにはそれ以上に苦労する。その理由は、士気・やる気・幸福それ自体を改善させることが強く求められているのに、純利益にはすぐに反映されないからだ。パズルの大きなピースではあるが、単独で変化を起こすほど大きくはない。成果としてどう針を動かすかを示すにはほかのさまざまな要素が必要で、だからこそ私たちはそれをほかの要素と連動させて測定するのだし、組織もそうするべきだと考えている。

私は、「やる気」というトピックそのものが心理的安全性というトピックの地位向上と、それがもたらす好成績達成の重要性を大きく助けると考える。イノベーションと持続可能なパフォーマンスに換算できる唯一の人的測定項目が、チームにおける心理的安全性だということをサクセスストーリーや研究によって実証し、認めることができれば、そしてやる気はそこに欠かせない要素のひとつなのだと示すことができれば、それにふさわしい重要度にまで昇格させる新たなチャンスが生まれる。誤解された道徳的必須事項の名目においてではなく、健全なビジネスのレンズを通したものになるのだ。職場における幸福に取り組むことは、常に報われるのだから。

印象操作を回避する

印象操作とは、人生のあらゆる場面で、他者に与える自分自身についての見解を操作するためにおこなう一連の行為を指す。今のこの時代、印象操作に費やされるエネルギーは職場環境にとどまらず、私たちの日々の社会生活にまで忍びこんでいる。とりわけソーシャルメディアによって自分をさらけ出す手段がますます増える中、好ましく見られることの重要性がどんどん増している。こうなると、コミュニティの感覚についてもっと本格的な議論がなされるべきだ。自分が発信している相手とつながっているように感じているかどうか、この行為がいずれ悲劇的な結果を招くかどうかを議論するべきではあるが、これらは職場と心理的安全性という概念の中で示唆する「印象操作」と厳密には同じ定義ではない。

大枠の意味で最初にこの用語が生まれたのは1950年代、アーウィン・ゴッフマンによってで、その後1990年にリアリーおよびコワルスキーによってさらなる研究がおこなわれた。チームを生産的かつ健全なものにするという概念においては我らがヒーロー、エイミー・エドモンドソン教授が調査した。エドモンドソン教授の研究では、印象操作は誰もが即座に共感できる驚くほどチームとの関連性が高い概念でもあるし、その存在を認識した上でもなお、避けることが非常に難しい行動でもある。

単純化されすぎた考え方としては、私たちがオープンになって互いに脆弱さをさらけ出したがらない理由のひとつ、意見を言わず、すなわちチームの心理的安全性を生み出していない理由は、快楽を最大化して苦痛を回避するように刷りこまれているからだというものがある。その結果、私たちは皆、自分がネガティブと感じる、したがって私たちの幸福にとってリスクとなる特定の形で見られる機会をできるだけ減らそうと努力するのだ。

私たちは他人に「無能」「無知」「ネガティブ」「破壊的」または「でしゃばり」のいずれかの印象を与えることのないよう、常に苦労している。発言したり貢献したりするのをやめるたび、その理由はこの5つの恐れのいずれかに帰結する。ここに、私個人的には6つ目を加えたい。「プロフェッショナルらしく見えない」というものだ。これは従業員が多くの場合に率直な反応を示すことを妨げる。とりわけ、新しく、標準から外れた状況に反応する場合や、ユーモアなどの自然発生的な行動を取るときによくあることだ。

これらの恐怖と戦うひとつ明らかな方法が、逆の恐れ知らずの行動を模範として作ることだ。知識のなさ、経験不足、極端な政治的公正さの欠如を誇示するという大胆な行為で模範を示す。これが、確固たるEQと強力な人間中心の行動を身につけたチームリーダーにとってのカギとなる。そのようなリーダーはチームに対してこれらの行動を示すことを習慣にしている。だが印象操作が起きたときに気づけるだろうか？　そしてその逆の行動をチームから引き出すことはできるだろうか？　それに、チームが十分な理解力を身につけ、印象操作に気づいて自ら行動を変えられるようにはならないだろうか？

言い換えれば、印象操作を検知して阻止することはチームリーダーだけの仕事ではなく、メンバー全員がやるべきことなのだ。これを実現する方法のひとつが、自分自身やチームに対して容赦ない質問を投げかけ、それによって自分や他者の恐れからくる行動を監視するのは望ましいと定めることだ。その際、そのような質問への答えは公開されるものではないと告げることが重要だ。単にそうした場合の内的な「心理的カウンター」を使うことに慣れておけば（これを私たちは「自分を捕まえる」カウンターと呼んでいる）行動を再構成させてくれる。

「自分を含めて、誰かが批評をするのを避けるところを見たことはあるか？」
「ふりかえりのあと、たとえば一杯やりながらでもその話をしているのを聞いたことは？」
「過去1カ月以内に、チームの誰かがなにかを告白しようとしかけているような雰囲気になったことはあるか？　自分でも、なにかについてあと少しで言うところだったというような経験は？」
「私たちはチームとしてよりオープンになっているか、それともより無口になっているか？」
「同僚が特定のツールを一度も使ったことがないが、ずっと使ってみたいと思っていたのだと認めたときに称賛したことはあるか？」
「チームメンバーの間で、立ち入りすぎじゃないかと思うような質問が出たことはあるか？」
「誰かの発言で自己防衛的になりかけて、そのあとで自分が『家族』と一緒にいるのだと思い出したことはあるか？」

こうした質問は調査や分析目的の自由回答形式のものではないが、暗示的であり、願わくは行動を特定の望ましい方向に変化させるよう回答者を導くものだ。

仕事の性質と職場における政治的公正の風潮のため、「無能」と「無知」は見つけやすく、「ネガティブ」「破壊的」そして「でしゃばり」よりも軽減しやすい。とりわけ後者は、今の在宅と出勤のハイブリッドという現実においてはかなり問題になる。したがって、こうした要素のごくわずかなものでも影響を与えることができれば、心理的安全性の向上に大きな差を生むことができるし、それによってチームの能力を伸ばし、共に高い業績を上げることができるようになる。

心理的に安全なチームにとって、チームリーダーは「うちのメンバーは先月中に何回ネガティブ／無能／でしゃばり／破壊的／無知に見えることを避けただろうか？」という質問を常に念頭に置いていてもらいたい存在だ。メンバーがそのような行為に走った回数が多ければ多いほど、オープンなコミュニケーションが少なかったということで、あるべきはずだった信頼と学びも少なく、チーム全体の生産性と心理的安全性が低くなるからだ。

私たちが提供するチームソリューションの答えは、チームリーダーにそれが見えるよう、モニタリングできるようにすることだった。そしてそれを実現するもっともすっきりした方法は、リーダーのダッシュボードに「印象操作アラーム」という機能をつけ、チームが提供した気がかりな回答の総数を表示させてデータを可視化するというものだった。こうすればチームリーダーはそれらの行動がもっと大きな要素、たとえばオープンさややる気、回復力の欠如といった破片に変化してしまう前に対処できる。

だがそのような質問を投げかける支援ソフトがなければ、チームリーダーはひたすら自力で印象操作を特定することに執着しなければならず、チームの日常業務の中でそれが発生したときに検知し、緩和しなければならない。チームリーダーは自らを審判、医師、そして教師のハイブリッドとして考えるべきだ。誰かがオープンで快適に感じるのではなく、面目を保って特定のイメージを見せようとしている兆候を見逃さないようにしなければならない。

正直で弱みをさらけ出した脆弱な状態を維持することは難しい。状況が変わって防衛本能が起動し、従業員が慣れ親しんだ神経経路に戻ってなにも言わず、なにもせず、無知に見えたりなにもできなかったりするように思われることを避け、自分や他人に対して問題を起こさないようにしているような場合には特にそうだ。ありがたいことに、印象操作は心理的安全性に関して言えば誰にでもほぼ直感的に理解できるトピックのひとつだ。率直で正直である代わりに、閉鎖的でイメージを植えつけることが悪いものだとなぜそんなにすぐわかるかと言うと、私生活ではそれに警戒する習慣がすでに身についているからだ。

パートナーや友人、子どものことになると、誰でもこの印象操作への警戒をおこなっている。相手が本当の気持ちをこちらから隠そうとしていたり、オープンでいることを恐れていたりしたらすぐに注意喚起され、最愛の現状を維持するためにその理由を突き止めようとする。

愛する人が「なにか隠している」か、こちらが期待するほどオープンに接してくれず、代わりに特定のイメージを植えつけようとしていると考えると、私たちはすぐさま苦悩に陥ってしまう。それは、完全な開示に基づく強力で親密な絆の重要性を、私たちが本能的に知っているからだ。

これは、チームでもまったく同じだ。なのに職場でそのことについてもっと定期的に集中して考えない唯一の理由は、「プライベート」と「仕事」の関係を隔てる精神的な壁があるからだ。だがチームリーダーの呼びかけでチームを家族とみなすことが許されていれば、あの注意深く思いやりのある精神的状態にすぐ移行できる。

脆弱であることが学ぼうという意志を示すために褒め称えられる世界、間違いや無知を認めることが祝福され、でしゃばりと思われるかもしれない質問をしたりネガティブと受け取られるかもしれない意見を提案したりすることが破壊的などではまったくなく、むしろ勇気の証なのだから望ましく称賛に値する行為だと受け止められる世界が想像できれば、私たちは恐れることをやめ、もっと心理的に安全なチームを作ることができるようになる。

バブルでの対話

心理的に安全なチームへの道は、明確で信頼できる、しっかりとした対話の道筋がなければ実現不可能だ。メンバーがどう感じているかを教えてもらえなかったら、ばらばらの構成要素すべてを精査することなどどうしてできるだろう？　同じ理由で、1年に1度だけ質問をされ、関係ない質問に答えて自分が意見を出したという証拠がまったく見られなかったり、もっとひどいのは答えたことによって懲罰的措置が予想されたりするような組織にいたら、こちらが心を開いて意見を聞けるくらい相手のことを考えていると説得できたとしても、従業員がどのような意見でも定期的に教えてくれるわけがない。

真のコミュニケーション経路が開かれ、その状態がチーム内で維持されるためには、いくつか補強しなければならないことがある。

- ✔**頻度**──Netflixのパティ・マッコードは、この章の前半で紹介した動画でこう語っていた。「私たちは年に1回従業員に質問をするだけで、みんなもっと話をしてくれないと文句を言っています。でも私たちのほうから彼らに質問していますか？」　どのようなチームリーダーの「人間中心の行動」でも、経路が開かれていると宣言するのは最優先事項だ。そして次に必須なステップは、フィードバックのニーズが持つ、循環的性質を確認することだ。コミュニケーションの習慣を構築するには時間がかかるかもしれないが、必要不可欠だ。パンデミック後の分散された、遠隔的チームにおいて、これはカレンダーに定例チームミーティングや個別ミーティングを設定することでほんの少し容易になったが、これらのツールやミーティング参加への期待は、チーム立ち上げ時から「パフォーミング」期までしっかりと「チーム契約」に含めておかなければ効果が望めない。

✔**明確性**――ブレネー・ブラウンは著書『Dare to Lead』の中で、フィードバックは残酷なまで正直におこなってほしいとチームに頼んだときの話を回想している。そのフィードバックを受け取ったとき、彼女は最初困惑して傷ついたが、その後、「はっきり言うのはやさしさだ」と気づいた。曖昧にしたりオブラートで包んだりしたら侮辱的だし、非生産的なのだ。チームの立ち上げや再立ち上げの際の根拠のない攻撃ではなく、歓迎される「徹底的な率直さ」とチームがみなすものに対する許容範囲の共通の限界を試す価値はある。チームメンバーそれぞれ、感じる度合いが異なるのだからなおさらだ。

✔**本当の意味での「誰も責めない、懲罰もない」**――「誰も責めない」方針を誇るチームは多々あるが、ただそれを認めるだけでは不十分だ。人的負債の一部として、チームメンバーはしばしば、経営陣や組織を信頼して率直な意見を提案したり実験したりした結果、懲罰を受けたり降格させられたりした経験に傷ついている。そんな状況で、またあのポジティブな行動に取り組むのが難しいのも不思議ではない。「誰も責めない」を実証する唯一の方法は、極端な実験を奨励し、失敗を称賛し、絶え間なくあらゆる意見に耳を傾けることだ。

✔**価値**――チームにとって対話がどれほど重要で貴重なものかをあらためて強調することは、チームリーダーが人間中心の行動の一環として常に考えているべきことだ。

✔**「バブル」**――コミュニケーション経路がチームレベルだけに限定されていると示すことが、なによりも重要だ。チームのバブル内で出た発言はバブル内にとどまり、チームリーダーはチームのためになることとしてチーム全員が合意しているのでない限り、会社にはなにも報告しない。

心理的に安全なチームはコミュニケーションを取る。しかも、オープンかつふんだんに。世界中にメンバーが点在している革新的チームを対象に、オーストラリア大学のクリスティナ・ギブソン教授とラトガース大学のジェニファー・ギブス教授が2006年におこなった調査では、心理的安全性はチームがよりオープンにコミュニケーションを取り合う手助けをすることが判明した。チームが考えをオープンに共有できるだけでなく、一緒にその考えについて話し合うことができれば、直面するどのような困難にでも立ち向かう備えがずっとうまくできるのだ。

ただし、こそこそ探るのではなく、聞くことだ。

2020年2月、バークレイズ銀行はこの10年で最大の人事関連の大失態でマスコミを騒がせた。従業員に許可も得ず、知らせもせずに、就業時間中になにをしているのかを調べるソフトウェアをパソコンにインストールしたことが調査で判明したのだ。バークレイズの「従業員監視ソフト」を設計した人間がこれはいいアイデアだと言って売りこんだとき、壁に止まるハエにでもなってその場にいたかったものだ。どんな会話が交わされたのだろう？

「従業員が実際にどのくらいの時間を仕事に費やしているのかはおわかりなんですか？」

「まあ、どのくらいの時間を施設内で過ごしているかはわかりますよ」

「じゃあデスクについている時間は？　どのプログラムやブラウザを使っているかは？　休憩時間についてはどうです？　トイレ休憩が長すぎないかどうか、どうやってモニタリングしているんですか？」

「そうだねえ……」

「そこが、過去にはなかったようなデータを入手して、それによってコストパフォーマンスを最大化するチャンスですよ。こうしたことすべてをモニタリングして、『ゾーンに入った状態』でより多くの時間を過ごすよう従業員に助言して、彼らの行動を変えるんです。休憩時間をもっと短く、頻度も減らさせる。トイレに行くのは『使途不明行動』に区分すれば、会社の時間を無駄遣いするのは良くないのだと知らしめることができます！　弊社のソフトウェアをお使いいただければ、従業員の生産性は3倍になりますよ！」

売り文句はなんだったのだろう？「机に縛りつけられている時間でパフォーマンスを測定する」？　あるいは「信頼？　トイレ休憩が測定できるならそんなものは必要だろうか？」など？

これがなぜ悲しい話なのかを説明しよう。これを導入させた経営陣の頭からは抜け落ちていたあらゆる一般常識は別として、これはデータ探索の全般的な欠点であり、きわめて残念な話だ。残念だというのは、私たちは従業員の人生についてはあまり質問するべきではないという結論につい陥りがちだが、実際にはもっとたくさん質問するべきだからだ。ただし、従業員をだますような形であってはいけないし、構築しようと必死にがんばっている信頼をほんの一欠片でも欠くような行為があってはならない。

「組織」は自社の従業員のために、たくさんの調査をおこなう義務がある。従業員がなにを考え、どう感じているかを聞き出すことに多くの人的負債があるのだ。だがその好奇心は思いやりをもって心を開いて示されるべきもので、誤解に基づくこそこそとしたものであってはいけない。取調室のミラーガラスの向こうから観察するのではなく、同じ部屋にいて共に学ぶことが重要だ。

　ばかげた監視ソフトがいい考えだと思った経営陣がなにに取りつかれていたのか、なにを達成しようとしていたのかは想像するしかない。唯一考え得る答えは、従業員が物理的に在席しているときに、やる気が欠けていないかどうかの基準を作ろうとしていたのではないかというものだ。つまり、「これについてなにかしなければならない。従業員はビルの中にはいるが、仕事に集中してはいない。これが信じられないなら、データで証明してみせよう」ということだ。

　ひょっとしたら、とてつもなく高い目標を考えていたのかもしれない。これらのデータを銀行の役員会で提示して、その否定できないデータの存在の揺るぎない暴露に額をぴしゃりとたたいて、その後は全員が在宅でフレキシブルに働けるようにすることになるだろうと思っていたのかもしれない。ひょっとしたら、トイレに隠れている時間がどれほど長いか、デスクトップから『デイリー・メール』紙に何回アクセスしたかというデータを入手して従業員の気持ちが離れていることを経営陣に示してみせれば、従業員の幸福に対する真剣な配慮を取り戻せるだろうという考えのもと、壮大な「従業員への尊敬」計画を開始するつもりだったのかもしれない（それが現実だったら良かったのに！）。ひょっとしたら。だがおそらくは、こうしたことはいずれも事実ではなく、単にとんでもない判断ミスをしただけだったのだろう。しかも歴史に刻まれるほどの、そしておそらくは修復不可能な規模の。

従業員と組織との関係は今すでに相当破綻してしまっていて、「会社レベルのチーム」などという感覚自体がほぼ存在しないのが現状だ。こうしたばかげた事件が起こる前でさえ、世界中の人々が会社に信頼されず、監視されているように感じていた。これらの事件が、信頼にどれほどの影響を与えるだろう？

PeopleNotTechでは、企業レベルでどのような項目を測定することもほぼ間違いなく無益で効果がなく、現実的なアイデアという意味では得るものが少ないと考えている。それはチームレベルで実践されるべきことであって、それぞれのチーム内にとどめておくべきだ。チームこそが唯一の生産的なバブルの単位で、唯一の重要な単位だ。心理的安全性を浸透させることで従業員の利益になるような、持続的かつ重要な変化を少しでももたらせる、唯一のグループがチームなのだ。だが好奇心を持ち、質問をし、部下がなにを考えて感じているかを解読しようという意志を持つのは決して悪いことではない。ただ、公然と、思慮深くおこなうべきだというだけだ。

ここで、実際に心を配っていて、ジョージ・オーウェルの『一九八四年』的な監視ではなく、ちゃんと善意に基づいて測定をおこないたいと思っている組織向けの一般常識的なアドバイスを紹介しよう。

- ✔**手を差し伸べる**──誠意のこもった、率直な好奇心を示して部下の了解を取りつける。こちらが善意を持っていると彼らが信じられなければ、質問の仕方を考え始めるべきではない。
- ✔**本当の同意を得る**──質問は両者が協力して作り上げるべきだ。会社には優秀な人材がいるのだから、そこいらの適当なコンサルタント会社に頼むのではなく、社内の人間にこの探求を手伝ってもらい、自分のチームにとって感情的に強くかかわるものにするべきだ。
- ✔**本当に安全に感じられるようにする**──安全性、反発のなさ、そして失敗の許可を実践するために、オープンで、明確で、法医学的に細かくなること。
- ✔**100%オープンで正直でいる**──なにも隠さず、なにも無視せず、誰のことも監視しない！（最後のひとつをわざわざ書かなければならないなど、誰が予想しただろう？）
- ✔**大事なことを測定する**──本当に意義のある行為とするため、なにを測定するかを判断するのは難しい。私たちはたとえば「勇気」を測定する確実な方法はなにかなど、心理的安全性を作り上げる中核について考えることに1年の大半を費やした。だがここでひとつヒントを。なんであれ、学んだことは重要だ。「マウスを動かすだけのために費やした時間」や「特定のブラウザやアプリに費やした時間」だけで終わらないことはまず間違いなく保証できる。

✔**強力なフィードバック・ループを構築する**――学んだこと、改善したことの結果としてなにが変わったかを示す。質問し続け、フィードバック・ループがしっかりとできあがっていること、これがいまや継続的な対話であって、これからは「目に見える」、本当に「耳を傾けてもらえる」ものだということを実践する。

「こそこそ探るのではなく、聞くことだ」は、お互いについて知ることで集団として成長を目指すのであれば良い第一の戒めになる。これは「『でしゃばり』や『詮索』をしない許可」であるべきではなく、心を配った正しい質問をすることにより、心理的に安全な「ビッグ・チーム」を構築するために一緒に好奇心をもって、心を開いてできることがなんなのかを考える時間にするべきということだ。

チームの幸福と人的負債

昨今の成功している企業は（煽り立てるような報道がどう言っていようが）ほかの企業より圧倒的にやる気があり、幸福で、生産的な、きわめて優秀な従業員とチームを擁している。その大きな要素は、そうしたチームには相当量の心理的安全性があるからで、その祝福された状態を再現することは間違いなく可能ではあるものの、多大な時間と労力の投資が必要だ。

価値を創造するには、時間がかかる。人的負債はある日突然生まれたわけではない。従業員に一夜にして不安感を植えつけたわけではないし、尊敬と称賛をもって思慮深く再構築するのも簡単にはできない。だが、この道筋をたどることがどれほど重要かすら確信が持てないのに、長くつらい道のりに備えることなど、どうしてできるだろう？

なにをおいてもまず、このトピックを「あったらいい」から、確実で緊急性を持った「絶対に必要」へと格上げする必要がある。私は、道徳的に高尚な立場において実践される企業理念を信じない。それは単体では存在し得ないからだ。最低限、動機の一部分は商業的性質を持っていて、関連する価値がすぐに見えるはずだ。

心理的安全性の前は、離職率へのマイナス影響や、実地での従業員満足度のKPIによるプラス影響を示す学者や専門家の努力にもかかわらず、従業員を幸福にしておくというトピックは「本当の仕事をやったあとで時間と予算が残っていればやってもいい」程度のものとみなされていた。心理的安全性はそれをがらりと変えるものだ。生産性にあまりにも明確な関連性が見られるため、ここにきて初めて――偶然にも――従業員が職場で幸福でいられれば、驚くなかれ、彼らがより生産的で事業にとって有益になることが歴然としたのだ。シリコンバレーの大手IT企業などデジタルネイティブな会社は、企業の本質的な価値が、自らの生み出す完全に再現可能なテクノロジーではないとわかっている。安全で幸福な、やる気に満ちたチームを構築すれば、回復力のある、強くて健全な組織が生まれる。そのほうが重要だとわかっているのだ。これこそが成功の秘訣だとわかっているから、ついでのように考えることなど夢にも思わない。

心理的安全性か従業員幸福度か？

チームの心理的安全性はさまざまな考え方を超越するが、従業員のやる気や従業員満足度といった美しくふわふわとした概念にも確実に含まれている。ただし、心理的安全性は分析可能で、影響も受けやすいというのが重要な注意事項だ。したがって、心理的安全性は最終利益を改善するための重要な実行ボタンだが、ほかの考え方は企業にとっての実践不可能な美辞麗句の範疇にすぎない。

一時期、10年ほど前だが、これらの用語が流行していたことがあった。そのため満足度と生産性との直接的な関係を示す研究がわずかながら出てくる余地があり、その結果は世界的に見て20～45％の範囲だった。x％収益性が高い、x％株価が高い、次の大きな変化を乗り切れる可能性がx%高い、といった具合だ。すべての最高経験責任者（CxO）は、ひとつふたつはこうした数字を手持ちのカードに含めて達成を誓っていたが、時間が経つにつれ、これを優先順位の上位に置いておくことを支持するソリューションがなにも見つからなかったのでこれらの数字は落ちていき、もっと流行に乗っていて一見実行しやすそうな、多様性のほうに置き換わっていった。つまるところ、提案された唯一のソリューションがオープンなオフィス空間のデスク配置に関するものだけだったとしたら、従業員が意見を聞いてもらえ、尊敬され、満足しているかどうかという、より大きな、そして見えにくいトピックに取り組む気になれる者がいないのも無理はない。

気が滅入る余談だが、「幸福度」は経営陣の手持ちのカードからほぼ抜け落ちてしまった最初の従業員関連の概念ではない。何年か前、「才能」という用語も、その厳粛な響きと共にいたるところで聞かれたが、今となっては誰の肩書にも採用時の野望にも含まれていない。従業員を「資産」ではなく「リソース」と見る現実に沿っていることが露呈するというものだ。

非現実的な概念から変化の確実なソリューションへ

チームとネットワークの概念で知られるパトリック・レンシオーニは著書『The Truth About Employee Engagement（従業員のやる気に関する真実）』の中でこれについて語っている。そしてこれを改善するには、従業員に自分が重要だと感じさせること、影響を与え、前進し、進歩していると感じさせることが重要だと仮定している。これは今では昔よりずっと実行しやすくなっている。ありがたいことに、彼が述べる最新の2つの改善方法の中で、目的と関連性が透明性を持ち迅速にフィードバックされることや、進捗の可視性によって下支えされているグループに関するものは、アジャイルやその他の新しい働き方の概念の中で説明されている。

これがアジャイルな（主にソフトウェア開発関連の）チームにとってなにを意味するかと言うと、幸福を構築するという仕事の一部は、プロセスの力によって実現されるということだ。そして皮肉なことに、プロセスが人にとっていかに二次的でしかないかによっても。こうしたチームにとって、レンシオーニの理論で説明される残りの部分は従業員に自分が重要だと感じさせるという部分だが、PeopleNotTechではこれが問題のまさに核心だと信じている。従業員が自分の意見を聞いてもらえると感じられることが、著しい人的負債に対処する第一歩だ。

一見、シンプルでわかりやすい話に思えるかもしれない。「意見を聞いてもらえると感じられる」というのは、チームがただ聞くだけでなく、耳を傾けているという意味だ。つまり、心を配っていることが示唆される。その心配りは、グループが団結しているときしか実現しない。その結果、チームメンバー同士が親しい関係であることを証明したチームのほうが51％も多くやる気があるという恩恵がもたらされる。また、大事なことだが、これは組織も「聞いている」ことを意味している。

これは認識、高い士気、理解、健全なグループダイナミクス、反応の高さなどを包含する言葉だ。また、すべての開かれた対話の基礎でもあり、これが転じて、脆弱さを見せて学べるくらい安全に感じられる基礎にもなる。

日々の仕事で従業員の幸福度を改善する

卓越したテクノロジーやサービスを提供する、人間に精通した企業と競争するためには、自分たち自身も人間に精通しなければならないというのがますます一般常識となっている今、経営陣は近いうちにこの結果を潔く受け止め、優先順位に対する自分たちの考え方を完全に再構成しなければならなくなる。業界を混乱の波が襲い、純然たる消費者需要によって良いものと悪いものとが区別される中、多くは自らの生存があやしくなっているのを目の当たりにしている。だから今は緊急事態で、変化を起こすために必要なツールがないという言い訳はもはや通用しない。

満足度を向上させるという漠然とした概念を求められることはもはやない。求められるのは、それを達成できるスイッチを起動させるための明確なソリューションやツールだ。まるで、伴侶から長年にわたって「私を幸せにして」という範囲の広い一般的な愚痴や泣き言を聞かされ続け、なにから手をつければいいか当惑していたのが、「もっと頻繁に洗い物をして」といった具体的なタスクに分解して、しかもラベルまで作って機械を設定する方法を覚えられるようにしてくれたようなものだ。

もう言い訳はできない。士気や信頼、透明性を高めるソフトウェアは存在するし、人の心の状態を測るソフトウェアもある。他人や自分に傾聴の仕方を教えることでEQを高める、明確で実証された方法もある。そろそろ、リーダーたちは過去の遺産である中核システムを改良したり、アプリケーションをクラウドに移行したり、規制に対抗したりといった快適なToDoリストを下に置き、代わりにずっと不愉快かつ途方もなく大きな、従業員の声に耳を傾けて真の「人間中心の行動」を生み出すというタスクに置き換える頃合いだ。

時は満ちた。

心理的安全性は簡単に手に入るものではないかもしれないが、必要不可欠で重要な、必須の「なくてはならない」ものだ。試合に出続けたいと思うなら、「あったらいい」程度に考えていてはいけないものだ。心理的に安全なチームは幸福だ――これは、はるかに幸福という意味だ。そのため、彼らは会社に残って発展するし、もっと重要なことに彼らはいっそう努力し、より賢くなる。オープンで好奇心を持ち、回復力を高め、柔軟になって革新を起こし、成長して優秀な業績を残せるようになる。

GoogleでもAmazonでも、規模はもっと小さいが認知度の高いSpotifyやAirbnbなどでも、心理的安全性について多くの数字が見られる。従業員幸福度の数値だけではない。それはもちろん存在するが、それだけではなく、具体的な測定と、心理的安全性と最終利益との関係性に関する数値もだ。これらの数字は公開されているわけではなく、場合によっては従業員ですら知らないこともある。政治的公正さは奇妙な形に働くものだからだ。しかしそれはたしかに存在し、昔からあったほかの驚くほど多くのビジネスKPIよりも行動や判断の基準となってくれている。だからこそ、これらの企業は成功しているのだ。だからこそ、彼らは消費者のニーズに素早く反応してテクノロジーを活用し、付加的な経験値を構築して勝利できるのだ。だからこそ、彼らは世界がうらやむ「文化」を持っているのだ。

これが、彼らの秘伝のソースだ。

金で幸福は買えないなどと言うが、従業員に関する限り、彼らの幸福はあなたの資金も、ゲームを続けられる残り時間も増やしてくれる。だからそれを無視するなら、それなりの代償は覚悟しておいたほうがいい。

CHAPTER 5

心理的安全性と感情指数を数字に置き換える

- 人的負債を削減する
- 行動的基礎
- チームへの介入と改善――「人間中心の行動」
- さまざまな業界からの教訓
- ビジネスではなぜ数字を見る前に人とチームのことを気にかけないのか
- 実験しようとする実験
- 大きく勝利するために小さく、しつこく、頻繁に測定する

人的負債を削減する

世の中には、真に人間中心の最大の勝利者がきわめて少数ながら存在する。GAFA（Google、Amazon、Facebook（現Meta）、Apple）やいくつかのシリコンバレーの勝利者たちは別として、初期の文化的推進力がまだとても新しいために、なにをするにしても中心に人を据える新興企業も数に入れていいだろう。それに、従業員という中心的価値を基礎に再構築する必要性を理解している一握りの既存の大手企業も。だがこれらすべてを合わせても、すべての企業のごくわずかな割合しか占めていない。

明らかに、正しく構築するほうが再構築して重大な変化を実行するよりもずっと簡単だ。尽力する意思と必要性に対する明確な認識があるときにしか変化は可能にならないという古い格言は、個人にあてはまるのとまったく同じように、大手組織にもあてはまる。文化的変化の必要性は、既存の方法ではもはや前進できないこと、そしてデジタル革命の「犠牲者」となったほかの巨大マンモスたちの運命をたどる脅威にさらされ得ることを感じ取った大手組織だけが明確に認識できる。技術的負債と人的負債まみれの企業はそれに気づくことができないのだ。

BlockbusterやKodakの轍を踏みたい会社はいないだろう。どちらも、変化と革新の必要性を無視し、デジタル時代のほんの数年間のうちに成功企業から存在しないに等しい企業へと転落してしまった。これらの例は、自らが率いる企業のことを気にかける多くの経営陣の心に重くのしかかっている。

その一方で、ほとんどの業界には正しい選択をした企業の例もある。そのため、「保守派」の競合他社は皆、そうした企業がどうやってこんなに早くここまで成功することができたのかを知るため、過去20年間に注意深く目を向けてこなければならなかった。そして昔ながらの企業がGoogleやAmazonに目を向けたときに気づくのは、まったく異なる物事の進め方だ。そこにはアジャイルな考え方と、すべての中心に人を据えるやり方があった。

こうした大手企業が他社の成功例を目の当たりにしても、自社への称賛の嵐に目をくらまされて失敗に気づくことができず、自社の行動や理念と成功者のそれとの違いを理解できない場合が多い。明確な違いがあることを受け入れるには、「証拠」が必要なのだ。スライドに表示された数字、リスク軽減を裏づける調査や研究、ベストプラクティスからのデータ。こうしたものを使って、カタルシス的な「我々には変革が必要だ」という啓示と勢いに十分な材料を集めるのだ。

どのような組織でも、大きな変化をもたらそうと試みるにあたって参照可能なデータの本質的価値を理解するのに、数字に強くある必要はない。歴史的に、既存の組織では職場における人というテーマで提示できる数字がなかったか——これまで集合的に、一般常識があれば十分だしそれが優勢だと思いこんできたからかもしれない——あるいは、数字が導入されるころには、すでに「もう遅」かった。

この「もう遅い」数字の問題は、ひとつの考え方がビジネスの集合的な意識下に「ふわふわした」トピックとして埋めこまれると、実際的な活用ができ、求めてやまない損益に直接かかわってくるという証拠が山のようにあるにもかかわらず、そのやり方を二度と元には戻せないという問題にも触れるものかもしれない。こうして、数々のトピックがやがて、データや数字をこの「もう遅い」バケツに入れることになった。

多くの組織が、自社の成功には人事能力の品質と安定性がもっとも重要であることはわかっている。やる気と多様性の効果についての正確な数字を示す研究は無数にあるし、包括的な職場環境を整備することの重要性を強調するとして認識されている数字も、さまざまなスキルの重要性を訴える数字もある。

調査に次ぐ調査——Gallupの「従業員エンゲージメント、満足度、および事業分野レベルでの成果」やAccentureが2018年におこなった「Getting to Equal」という、アメリカの140社の労働力における障害や多様性、包括に関する研究など——により、やる気と包括がよりうまく出せている企業のほうが28%高い収益を上げているという直接的な相関関係が証明されている。ほかにも多くの調査で、従業員の定着率や人材確保の重要性を示す数字が出ている。だがこれらの数字すべての性質を分析してみると、その大部分が業務に関係していることがわかる。特定のタイプあるいは数の従業員もしくはノウハウの有無が組織の純利益に与える影響について触れているが、その従業員の暮らしや彼らがどういう人物なのか、そしてなにが彼らを幸福にし、能率を向上させるのかにはまったく触れていない。

私たちは間違った項目を測定していたのだろうか（そもそも測定していたのだとしたらだが……）？　従業員が定着することや、彼らが幸せであることは重要なのだろうか？　会社の社員数や、どのくらい効率的に利益を上げられているかは関係あるだろうか？　どこでどのように仕事を進めるかは重要だろうか、あるいはその仕事がどんなもので、それがちゃんと実行されているかどうかは？　それは業務上の課題か事業計画上の課題か、それよりも連携と独創性に注力するべきか？　必要なのはプレゼンティーズム（＊訳注：疾病就業。体調が悪くても出勤したり必要以上に残業したりして、自分の存在をアピールする行為）か、独創性とインパクトなのか？

企業が測定してきたことのあまりにも多くが、デジタル時代のテクノロジーのスピードと新たなパラダイムによってひっくり返されてしまった。ビジネススクールが幾世代もの頭脳に重要だと刷りこんできたことが突如として重要ではなくなったのに、多くの経営陣が「その話を聞いて」いなかった。

ほとんどの会社は、今でも従業員が出入りするたびに記録をつけている。在席イコール生産性ではないことを、重々承知しているにもかかわらずだ。ほとんどの会社は、2020年のパンデミックの機会により、完全リモートに移行できたのにしなかった。したがって、人間中心のトピックを一番前に押し出すことの重要性と、（善意や道徳の実践だけではなく）ビジネスを率い、生産性によって突き動かされる推進力からくるビジネスリーダーの理解との間には大きなグレーゾーンがまぎれもなく存在する。この空間は数字で埋めなければならない。人的負債を撲滅するのが実際にビジネスにとっていいことで、このデジタル経済の中で競争力を維持する唯一の方法であることを示す、揺るがぬデータで。

残念ながら、歴史的にはビジネスが人関連のトピックについてなにかしらデータを測定したとき、とりわけ業績について測定したときは、「指揮統制」と「飴と鞭」のレンズを通していた。人は厳しく、敬意を払われず、多くの場合不公平に感じられる一方的な状況で評価され、その結果がもたらすのは罰則だった。これでは、従業員が職場におけるあらゆる業績評価を警戒するのも無理はない。このような評価の結果、経済的であれ地位であれ、損失をこうむるリスクが高ければ、人は本能的に恐れるものだ。

理論上、改善が必要と思われる領域を特定し、共通の利益のためにその改善に取り組む目的で設計された個別の業績評価はあまりにも多くの場合、懲罰的になってしまい、したがって従業員と会社が双方にとってより良い現実を一緒に創るための連携の瞬間ではなく、責任をなすりつけ合うための一時停止の場となってしまっている。

どのように測定するにしても、従業員の幸福と、仕事の投資額や業務量、望ましい成果物の量との関係とでも定義すべき「生産性」との関係を理解するとき以上に、データ中心の考え方が重要なときはない。そしてもっとも重要なのは、これがかつて付随していた搾取的含意から離れて、チームと会社のために最善の自分で出勤したくなるような包括的で注力される空間へと再構成することだ。

総称して「経験」と呼ぶにしろ「幸福」と呼ぶにしろ、あるいは「やる気（エンゲージメント）」という概念にすべての要素をひっくるめるにしろ（これには単に高い士気を持っているという以上に数多くの要素を含むため、正確ではないが）、幸福というトピックはしばしば見すごされ、最終的に不承不承検討されるときでも、生産性との相関関係を無視しておこなわれる。そして、やがては持続不可能な執着として切り捨てられてしまうのだ。

職場における心理的安全性となると、その存在の有無を診断することすら難しい。その結果、心理的安全性を高める新たな方法を特定するのはいっそう困難な課題となる。経営陣の頭にそれがちらりとでも浮かぶことがあったとしても、現場にすでに存在するツールやベストプラクティスがあまりに少ないためにいっそう難しい。つまり、研究とビジネスの狭間で心理的安全性を生み出そうと努力している人々は、基本的には継続的インテグレーションのモードで実験しつつ、ビジネスにおけるその価値を説得し、それがなぜそこまで重要なのかを示しているのだ。

2018年に調査会社CensuswideがCity & Guilds Groupの依頼によってグローバル組織の管理職、経営幹部レベル、そして一般従業員1,000人を対象に実施した調査では、従業員の52%が心理的に安全ではないように感じると答えている。これをCity & Guilds Groupは「能力を最大限発揮できるように支援されていると感じられず、問題について発言することに懸念を感じる状態」と定義している。回答者の94%が職場における心理的安全性は重要だと回答しているにもかかわらず、心理的安全性を優先事項に掲げていると思われる組織は10%にとどまっており、残る90%のうち、ほとんどはこの概念になじみすらない。City &

Guilds Groupによると、加えて上級管理職の43%が職場における心理的安全性は人事部に対処してもらいたいと考えている一方、従業員の56%はそれが上級管理職やリーダーの責任だと考えているそうだ。

見るからに悲惨な結果だが、私個人的には、心理的安全性について最低限触れており、意見を持っている回答者たちが十分な数いたことに勇気をもらえた。一番恐ろしいのは、これについてまったく知らない層だからだ。これがなぜ重要なのか？　心理的に安全な従業員は実験し、革新を起こし、会社にとどまり、業績を上げ、KPIを達成するからだ。会社が年末までの業績を測定するのにどのような物差しを使うにせよ、データをたどることができた場合には、すべてが従業員の心理的安全性のレベルに落としこまれるということだ。

アジャイルなプロジェクトの状況下ではずっと測定しやすく、したがってもっと明確なことだが、どのような仕事をしているどのようなチームにでも、同じ概念があてはまる。勇気とイニシアティブ、情熱と気概を発揮する機会は、新しい働き方のスピードと内省的空間の恩恵を受けない昔ながらの組織構造では簡単には見つけづらいものの、飛び抜けて優秀な従業員の行為はあちこちで発生している。ヒーローたちはいつだって、自分らしくいて成長しても大丈夫なのだと感じられる従業員たちなのだ。

従業員の人生をより良くするという企業の道徳的責務について語るべきことは多いが、それは熱帯雨林を救うためという動機だけに基づいてペーパーレスに移行しなければならないという責務と同程度の効果しかないと私は感じている。ペーパーレスに移行することでなにが救えるかという明確な数字を見るまで、印刷の量を減らした企業はなかった。道徳的責務それ自体はいいもので、ビジネスケースと組み合わせた道徳的責務はさらにいい。そしてありがたいことに、心理的安全性に関して言うと、測定可能なあらゆる側面との相関関係は実際、現金という単位で定量化することが可能だ。

行動的基礎

その相関関係を示すために、まずは心理的安全性そのものを確実に特定し、定量化できるようにしなければならない。前の章で、心理的に安全なチームについて語るときに必須条件と私が考える要素のいくつかについて詳細に述べた（第4章p.196参照）。それらはすべて、発言する、常に恐れずに意見を提供する、柔軟性と回復力を持つ、共に学び、実験する、探求心を持つ等々のポジティブな行動を示す。そしてその結果、オープンでポジティブでいて、やる気を持ち、脆弱であることを恐れず、誠意をもってお互いに信頼するようになるが、同時に、無能や無知、ネガティブ、破壊的、でしゃばり、さらにはつけ加えるならプロらしくないように見えることを恐れて発言を避けるなどのネガティブな行為も明らかになる。これらはすべて実際にあることで、すべてを解剖して注目する必要があるが、現実にはこの作業が予期しているよりも大きい場合があり、すべてに目を光らせておくのは簡単ではない。

私にとって、ここで最大の変数は共感だ。人間中心の行動におけるほかの実に多くの側面が測定可能だし、実際測定されてもいる。だが、チームリーダーや、あるいはチームメンバーであっても、「プロらしくないように見える」ことを恐れて印象操作に走る行為を避ける方法を見つけ、深く掘り下げて共感しなければ、感情を認識して重視する能力にすべてがかかっている状況で、どうやって本気で感情指数（EQ）に取り組むことなどできるだろう？　次の章では、共感力を構築する上でたどり得る道筋をより詳細に見ていくが、ここでは、ただそれがあらゆる人間中心の行動の基盤であることを述べるのが重要だと指摘するだけで十分だ。

共感力と職場におけるその明確な望ましさを説明するだけでも、自らの感情と他者の感情に対して健全な関心を持つ許可を表しているため、実現のカギとしての役割を果たす。お互いの目を通して世界を理解する能力を向上させることは、あらゆる領域において有益な結果しか生まない。多様性と包括に対する真の渇望に力を与えるものなのだ。それでも、人は共感力となると、人的負債があるがために組織の建前を変えることに対して本能的にためらいと抵抗を感じる。切望される許可証を渡す簡単な方法のひとつとして企業にアドバイスしているのは、「共感力アップ！」空間を作ることだ。週に1回の短いセッションでも、その日1日集中してやる仕事でも、簡単な「もしこんなふうだったらどう感じる？」という質問をさまざまな状況設定で問いかける。そうすれば、他人の立場に立ってみることが今では許され、重視されていることが参加者に伝わるはずだ。

この作業をさらに進める効果的な方法が、ブレネー・ブラウンの『Dare to Lead』ワークブックを入手することだ。そして、コーチやチームリーダーに、共感力を高めるためにブラウンが説明しているほかの練習問題をやらせてみるといい。

人の共感力を測定するのは、大きな課題だ。共感力は主に潜在意識下にあり、訓練して向上させられるとは信じているものの、決して簡単なことではない。深く偽りのないつながりが必要なのだが、子どものころのトラウマ、感情や認識力の発達不足、その他大量の無意識の先入観などが邪魔をするため、多くの人にとっては達成するのが難しいのだ。だからといって不可能というわけではない。ただ、ときに達成するのがきわめて難しいというだけだ。言い換えれば、人が精神的により健全で安定していればいるほど、共感力が高くなり、それによってさらにEQが高くなる可能性が高まるが、同時に、いくつかのポイントで苦戦する人でも、関心を持ち、支えがあれば、やがてはその状態に到達できるということだ。

一部のチームにとって、巷に出回っているありとあらゆる瞑想の習慣から借りてきたより高い共感力への近道は、苦痛という性質、あるいは実際には、経験という性質を強調するものだ（ただし、たしかに、ネガティブな経験がより早く絆を構築することもあるのは事実だ）。同じ現実を共有していることを説明する方法が見つけられれば、自然と互いに共感を覚えるし、そのために努力する必要もない。したがって、きわめて感情的かつ強く似通っている状況をただ声に出して説明するだけでも、驚くほどの効果がある。

仕事の状況、実践する現場や業界によって、「外的」共感力（職場、すなわち公に交流する人々に対する）の必要性は大きい場合も小さい場合もある（救急や災害対応、医療現場の人々は間違いなく、それを維持する必要性がより高く、問題点も異なる）。だがそれを総合的なスキルとして発展させ、意図的に強く、一貫してチームメンバーに対して発揮し続ける必要性は、どこでも同じだ。

人間中心の行動を構築する作業を準備する前段階に到達するた

めだけにでも、必ず備えていなければならないグループ行動がある。勇気、好奇心、正直さ、善意、そして情熱と、意図的な弱点だ。これらが共感とともにチームに備わっていれば、回復力（レジリエンス）と柔軟性、全体的なやる気、信頼、学習、そして印象操作の回避など、心理的安全性のほかのすべての要素に注力する人間中心の行動を通じて、切迫感を伴う好奇心と徹底的な慎重さの重要性を認め始めることができる。

中でも勇気は、本書の中で折に触れて登場する。チームから心理的安全性を奪い、やがては業績を上げられなくしてしまうあらゆるマイナス行動は、恐れからくるからだ。尻込みするたび、ミスを隠蔽するたび、なにかを回避するたび、疑うたび、不誠実であったり気配りを欠いたりするたびに、それらはすべて容易に恐れへとさかのぼることができる。だから、互いに行動する上でのどのような危険な方法を回避するにも、勇敢さが基盤となることに気づかなければならない。

エイミー・エドモンドソン教授が著書の1冊を『恐れのない組織』と題した理由こそ、恐怖が現代に見られるあらゆる組織のアンチパターンとすべての毒性のまさに根源だからだ。それを直接攻撃し、撲滅する方法を見つけない限り、私たちは自らの潜在能力を最大限に引き出し、革新を起こし、心理的に安全なチームが持つ魔法を生み出すことはできない。

もうひとつ、すべてのチームまたは組織が人的負債を減少させるために必要不可欠となる重要な行動は、「好奇心」だ。本当に心の底から関心を持ち、チームのメンバーにかかわるあらゆることを知るために力を注ぐことが重要だ。

ある意味、オープンで探求心のある姿勢は、深い共通の理解を基盤として共感を構築する人の能力においては示唆されるものだが、そこからさらに一歩踏みこんで、常にアンテナを伸ばし、データを渇望することこそ、私たちがお互いに提供し合える気遣いの真の発現だ。だからこそ常に、しつこく調べ、尋ね、測定しなければならないのだ。

自己発見の絶え間なき探求という文化が欠如していたら、驚異的な実績を達成するために人間中心の仕事は絶対に欠かせないのだと示すことのできる、自己強化につながるデータはどのような組織でも生み出せない。だから、探求心を規範とすることは基礎的な取り組みだ。

こうした行動のどれでも、組織またはチームの中で詳細に説明し、そして奨励できるかどうかは、それが必要であり望ましいのだという方向に流れを変えられるかどうかに直接かかっている。「許可証」という概念は、ビジネスにおけるほかのすべての有益な結果をはぐくむ方法として、こうした行動を最優先とすることの多大な重要性を組織レベルで理解している個人や組織にあてはまる。企業がこれを心の奥底で理解でき、人間中心の仕事の必要性を「直感的に」感じることができた上で、従業員が勇気を持ち、大胆に、共感力と気遣いをもって、人間中心の仕事にとことん注力してもいいという許可と励ましを受けていると確信できるようにその天啓を伝えられれば、そのときこそすばらしいことが起こり、「人間中心の行動」が現れ、人的負債が減り始めるときだ。

チームへの介入と改善
――「人間中心の行動」

　職場において人的負債を減少させることの重要性について全員が自覚したなら、行動の基礎は完成し、心理的安全性を生み出す要素とEQの重要性も理解できたことになる。では次は？　組織からのあらゆる許可を得たら、次に取れる行動はなんだろう。そしてその行動が「人間中心の行動を構築する」だった場合、それは誰がどうやってするべきなのだろう？

「人間中心の行動」のもっとも純粋な定義、「周りの人々に注意を払い、気を配る習慣」がいずれは全員にとっての重要事項となるべきなのは当然として、まずはチームリーダーが始めるべきだというのが明白な答えだ。これは具体的な肩書や地位のことを指しているのではなく、必ずしも最小でもっとも効率の良いチーム単位を率いる人々について言っているのではなく、ある程度の人数の部下がいる誰にでもあてはまる（ちなみに、「リーダー」は指揮管理文化の痕跡である、忌むべき言葉だ）。部下が2人でも20万人でも同じだ。

　リーダーが仕事を前進させる上でこれがもっとも重要な部分なのだと気づくことができ、EQが特定のレベルにまで到達し、十分に注意を払って測定と分析に適したツールを使えるようになったら、チームの中で奨励したい、あるいは避けさせたい行動パターンがすぐに見えてくるはずだ。すると、そうするためにはチームレベルで特定の行動が必要になり、彼らが交流する方法にも介入が必要だということが見えてくるだろう。

多くのリーダーが、さまざまな介入の仕方を練るのにコーチに頼る。そして、自分たちにあてはまるフレームワークや思考方法によってさまざまな手法を採用する。通常、介入というものは、どのような問題や合意された行動があるかにかかわらず、以下を含む。

- **意識向上キャンペーン**　介入を始めるにあたって、推奨されるベストプラクティスもセットにして問題をチーム全体に明確に示し、その背後にある概念を広め、その重要性を示すことが必要不可欠だ（たとえば、チームがオープンでいることに関して問題を抱えていたら、チームリーダーまたはコーチはまずその問題をチームに示し、それからチームワークにおける正直さの重要性を説明し、その問題がチームワークと生産性にどのような影響を与えるかを示すデータや統計で補い、それを強化するためにほかの人々がどのようにやっているかを見せる）。
- **目標設定の練習**　チームリーダーまたはコーチが、奨励される行動が容易に観察できるような、定量化できる成果について考えるようチームを促す。
- **行動計画の策定**　目標とする領域内で改善が見られるかどうか、チームが特定の期間実施する行動の明確な策定がおこなわれる段階。内容としては追加の啓蒙活動、ハッカソン、チーム演習、革新的行動など、結果を支持する目的でチーム自身のブレインストーミングから生まれたもの。
- **各自の介入の実施**　期間や内容は、奨励または削減しようとしている行動によって異なる。そして最後に、

- **しっかりとしたレビュー／ふりかえりの段階**　介入が成功したにせよ失敗したにせよ、チームがそこから学べるようにする段階。この最後の一歩は特に重要で、最高の結果を得るには究極の正直さをもって実施されるべきだ。

これらの要素はどのような状況においてどのような変化をもたらす行動計画にでも明らかに含まれるものなので、詳しく説明する必要があるかと言うとぎりぎりのところでなさそうに思える。だがこれらが人間中心という観点から存在することをはっきりと、しっかり策定された形で保証できれば、もう半分勝ったも同然だ。必要不可欠なチームワークへの構造化された揺るぎないアプローチの必要性を再確認させてくれるからで、もしこれらがなければ、一部のリーダーは捉えどころのない測定不可能な補足部分としてただ片づけてしまいたくなるだろう。

心理的安全性のどの部分も、正しい介入がおこなわれれば改善することができる。だからこそPeopleNotTechのソフトウェアではコツや裏技、ベストプラクティスを見せることよりも、リーダーがEQを使って（私たちのデータと研修の補助を得て）観察できたことをチームと共有し、行動を変えるためになにができるか定義するのを手伝ってほしいと頼める習慣を身につけさせることのほうに注力しているのだ。

当社のチームソフトウェアソリューションに入っている「Coach me!」という機能の役割は、チームに「頭をかきむしって考えこむ段階」でのガイダンスを提供することだ。これはつまり、データを目の前にして問題がなにか、あるいは次の最善の行動がなにかを理解しようとしている段階を指す。私たちが一緒に仕事をするコーチは非常に自由なアプローチをする傾向があり、人間中心の行動における良き「案内役(シェルパ)」であることに忠実に努力している。言い換えれば、彼らは通常、チームが場面ごとになにをするべきかを一歩一歩指示するのではなく、むしろチームが自立して自治的な、感情を伴うグループダイナミクスや行動を構築できるよう、アドバイスやガイダンス、ファシリテーションを提供するほうに注力しているということだ。

チームのためにコーチやメンターを選ぶなら、あの悪名高い(そしてしばしば苛立たせられる)「で、それであなたはどう感じる？」と尋ねてくる部類の人を必ず選ぶことだ。その他の、たとえば規範的指示を出す部類などは短期的には応急処置をしてくれるように見えても、チームのEQと、長期的に独立した進歩が遂げられるような能力になにも価値を付加してはくれない。具体的な行動への介入の一部となり、人間中心の行動の一般的な武器庫に含められるツールには、このようなものがある。

- **人間中心のハッカソン**　IT業界から借りてきたこの「人間中心のハッカソン」とは通常、数時間から丸1日まで任意の期間中、チームが集まって特定のトピックに対する新しく革新的な方法を一緒に生み出すという介入だ。ユーモアから文化、やる気まで、どのような行動や目標でもハッカソンにすることができる。そしてその際、さまざまな介入のミニプロトタイプがチームによって明るみに出される。
- **チームの再立ち上げ**　これまでの各章で述べてきたように、基本的ニーズや価値観を中心にチームを再結成することは非常に強力な手段となり得るため、定期的に実施されるべきだ。とりわけ、チームになにかしら変化があって「形成期（フォーミング）」の要素があるならなおさらだ。これはチーム契約と共通の目的を再確認するいいリセット地点で、チェックポイントにもなり、その際は契約作成（コントラクティング）やカルチャーキャンバスは何度使っても有用だろう。ハッカソンと異なり、チーム再立ち上げの構造はもっときっちりとしていて、明確な手順があり、もっと綿密なファシリテーションを要する。だがこのような介入に注ぎこむ時間は同じくらい、あるいはもっと多い。

- ✔**挑戦**　これは演習のもっと細かい例で、前述の大枠の行動2つから生まれることもある。たとえばハッカソンの終わりに、特定の行動を改善する方法としてチームが挑戦を考えつく場合などがそうで、例としては発言を奨励するためにコミュニケーションに関する挑戦が掲げられたりする（どこでも率直な意見をもって参加することができないチームに対して、全員に何回も意見を求める「必ず2度声をかける」挑戦や、自分が挙げる例や意見の中でももっとも「並外れた」ものを出す「斬新週間」で脆弱さをさらけ出し、それによって安全を形作る等）。
- ✔**デザインスプリント**　ハッカソンとほぼ同じだが、専用の人間中心デザイン手法や要素が用いられる。人格や物語、調査を用いて共感を奨励し、チームのブレインストーミングやホワイトボードミーティング、独創的な発想から生まれた実験をそこからさらに深く掘り下げる。
- ✔**没入演習**　適用可能な場合、ロールプレイングは人的価値にかかわる核心課題をチームメンバーに理解させる効果的な方法となる。「他人の立場に立ってみる」という単純な行為が必然的に一段高いレベルの共感力へと人を押し上げ、それは実際の介入が終わってもずっと残るからだ。舞台芸術、中でも即興劇から借りた手法を用いてそのような瞬間を生み出すのは、非常に有効だ。

- **説明責任の訓練**　人間中心の行動に向けて一般的な責任感を奨励するには、ある程度の説明責任の補強がチームの人間中心の行動に定期的に組みこまれているべきだ。とりわけ、自治の感覚が組織によって損なわれてしまい、自らの能力に対する自信がなくなってしまったチームにとって、自分たちの幸福のために主導権を握り、責任を担う行為は実に大きな力となる。説明責任に関する行動で調査する価値のあるものは幅広く存在し、個人のより強い責任感を奨励するものから、チーム全体として人間中心の目標を意識し続け、注力するもの、そしてネガティブな行動があれば互いに注意し合うようチームに念を押すものまでさまざまだ。言うまでもなく、それらの中でも最大の説明責任の必要性は、チームリーダーからチームに対するものだ。したがって、チームワークに関して全員が正直で注力しているようにすることが必要不可欠で、それはチームが自分たちの進捗を注意深く、積極的に観察していれば達成できる。
- **リフレーミング**　これは認知行動療法（CBT）から借りてきたもので、特定の問題に対する視点を変え、再配置する特に強力な手法だ。チームがネガティブな行動を特定してその根本原因について話し合うことができるなら、次はその思考パターンをたどって、視点をネガティブなものからポジティブなものへと変える。そうすれば、即座に行動を変えることができる。たとえば、誰かが「泣き言を言っていると思われるのが怖くて発言できない」なら、その個人の発言の経路をたどり、それが「泣き言を言っていたら、非建設的な悪いチームプレイヤーとして見られる。そうしたらみんなに嫌われてしまう」であれば、それを言い換えてこのような別の説明を提案する。「泣き言は、意識的に、注意深く、問題点を指摘する意思があるのだからいいアイデアだ、としてチーム内で褒められるなら？」そして「そうしたら泣き言を言う人は自分を表現する勇気を持ったすばらしいチームプレイヤーで、チームの幸福を心の底から考えているということになる」といった具合だ。

✔**報酬**　良い行動に報酬を与える最善の方法を見つけるのは難しいが、とても重要だ。それを適切にできれば、チームが恩恵を受けられる行動を奨励するのにとても役立つからだ。私たちが提案するチームソリューションでは、率直さやフィードバックの提供といった行動に報酬を提供できる機能を組みこんでいる。それだけでなく、発言する行動を補強した場合も報酬が出せるようになっているが、こうした報酬の性質と価値は重要ではない。私たちが一緒に仕事をするチームの多くがしばしば「私たちのチームの報酬」と名づけたデザインスプリントやハッカソンを実施していて、革新的でコストパフォーマンスが良い、きわめて個人的な報酬を考えついている。有給、バッジ、サプライズのテイクアウト料理や子どものための誕生日パーティなど、そのチームにとって一番意味があるものだ（デューク大学の心理学および行動経済学教授ダン・アリエリーの「報酬代用品」理論によれば、タイミング良く与えられる小さな報酬は、大きな報酬と同じくらい効果的だそうだ）。

人間中心の行動に関する介入やツール、そしてそれを円滑化するチームコーチングは、新しい「チーム構築」だ。ただし同時に、チームが非常に個人的な形で親密さとやる気も構築できる方法を見つけることを強く奨励する。人間中心の行動において、どれかひとつの理論を選んでそれをそっくりそのまま適用すればいいという考えの代わりに、実践的な実験の必要性について考えることにこれ以上時間を費やすなら、参考にできる数少ないモデルに目を向ける必要がある。ひょっとすると言わずもがなかもしれないが、エイミー・エドモンドソン教授はしばしば自著に付随して説得力のある記事を書いていて、それには通常、革新を奨励するためには失敗と学習の安全性を保証する戦略を中心とした実践的なアドバイスの欠片が含まれている。だが教授はこれを達成するための処方箋めいた手順はめったに提供せず、常に、心理的に安全な仕事について非直線的な特徴を示唆している。

心理的安全性に関するほかの理論のひとつは、ティモシー・R・クラークと彼の著書『The 4 Stages of Psychological Safety: Defining the Path to Inclusion and Innovation（心理的安全性の4つの段階：包括と革新への道筋を定義する）』で、その中でクラークはこのように述べている。

第1段階　包括
第2段階　学んでも安全
第3段階　貢献しても安全
第4段階　現状を変えても安全

この理論の分析に私たちはそれなりに時間をかけ、結果的には不十分であることがわかった。私の主な反論は、ひとつには心理的安全性が、この段階の考え方が示唆するように直線的に前進するものではないということだ。それぞれのチームダイナミクスの行動に特有の要素は変化し、前述のような複数の中間的で絡み合う段階を生むものだと私は考えている。心理的安全性はむしろ流動的で、常に動いているものだ。また、貢献するのが安全だと感じられることと、現状を変える能力を感じることとは別だという考えにも同意しかねる。この2つが切り離されていることは私にとってはどうしても、概念的に理屈が通らないのだ。発言するなら発言するわけで、それをするのは変化が実現可能だと信じているからなのだから。

また、ここで学びという考え方がどう入ってくるのかも議論の余地がある。共に学習することには希望、信頼の基盤、目的意識がすべてひっくるめて入っていることが示唆される。つまり、経験を共有できるチームは間違いなくお互いにつながりを感じられ、ほかのチームよりも心理的安全性が強い可能性が高い。それを踏まえて、知的関心と感情的関心は複雑な上に個人の信念体系、進化してきた過去、そして個人的動機に深く根差したものだ。そこに文化的要素をつけ加えるとしたら、すでに複雑なキャンバスとなる。その上、学びに対する組織自体の姿勢がグループの行動を支配するものとしてしっかりと載っているのだ。それは許されるべきか？　称賛に値するものか？　革新と成長につながるものとして見られるか？　奨励されるものか？　失敗する許可に深く根差しているのか？

これは、学びを測定するべきではないという意味ではない。それは知的好奇心と新しい情報に対するチームの欲求の両方を見ることで測定するが、あくまで要素のひとつとしてだけであって、先に提案されたような「段階」として見ることはできない。ある意味、クラークは人が学ばなければならないと感じるかどうかにかかわらず、それを組織の文化の反映として見たのだと主張できるかもしれない。それは間違いなく重要なのだが、私に言わせれば、チーム内で失敗してもいい、実験と革新を望んでもいいという揺るぎない許可があるとメンバーが感じられることに比べれば二の次だ。

もっとも悲惨な組織のど真ん中にあっても存続し、成功できる革新的なチームのすばらしい実例は、そうやって得られる。そのようなチームは自分たちが属する組織にまったくその気がなくても、学びと改善への欲求を持ち続けている。不正確な直線的進歩を示唆する段階的アプローチに対する私の反論は別として、これこそ私がどのようなフレームワークや理論に対しても立ち向かう主な理由だ。先に述べたものと同様、それらは空想上の組織の行動や文化の反映に依存している。心理的安全性は、チーム内部の仕事なのだ。

バブルという考え方、あるいは「自分たちだけで」発見し、作業するという考え方は私たちにとっては非常に重要で、私たちが構築したソフトウェアソリューションの「チームだけのもの」という特徴を強化するために、多大な努力を費やしている。グループの親密な特性を保全するまさにその必要性のために、このソリューションを構築したからだ。職場環境がどのようなものであれ、メンバー同士の交流が真実のものである、揺るぎない「バブル」の感覚を感じられなければ、彼らがもっとうまくやることはできない。

私が諸手を挙げて称賛するアプローチのひとつが、リチャード・カスペルスキーによるものだ。彼は著書『High-Performance Teams（パフォーマンスの高いチーム）』に続いて『The Core Protocols: A Guide to Greatness（中核的手順：偉大さへの手引き）』という本を出した。題名とは異なり、これはEQや心理的に安全な生産性の高いチームを築くために必要な作業の価値に対する、本当の純粋主義者的で自由な観点を示している。カスペルスキーは人間中心の仕事に注力することの最大の擁護者の1人と言っても過言ではなく、組織が業績を向上させられるように人間中心の行動のための研修プログラムを個別に構築するその方法を見てもそれがわかる。

私自身は人対人の、カスタマイズされた魔法のワークショップと実地での人力による仕事で達成できることに置き換わるものはないと信じているが、私がPeopleNotTechを立ち上げた理由は、人的負債に十分な打撃を与えるにはそのアプローチではあまりにも変化の速度が遅すぎて、今私たちに必要なのは最小限のコーチによる介入で人間中心の行動のいくつかを導ける、知的なソフトウェアソリューションだからだ。だからこそ、EQを増加させ、それによってリーダーもチームも自立できるよう、そして人間中心の仕事において自足できるようにすることに努力を注ぎこむべきだと私たちは考えている。

どのようなチームリーダーでも（1チームしか率いていないリーダーでも、組織のCEOでも）、中心にEQと心理的安全性を据えた人間中心の行動を支持し、強化できるソフトウェアソリューションを探しているなら次を手引きにするといい。

- フレームワークと自己拡大的な用語や略語を使う人間に耳を傾けてはならない。このトピックはただでさえ難しいのだから、わかりやすい言葉で説明した簡単な定義が必要だ。
- 心理的安全性にフェーズがあって、「1回で完了」という感覚を植えつけてはならない。そのあとで半永久的に継続させられるように、どこに手を加えるかを見つければいいという問題では決してない。複数の要素が変化する、常に変動するもので、全体的な状態も同様に変動するため、1回限りのプロセスではなく、定期健診のようなものだと考える必要がある。
- EQと人間中心の行動とのつながりを排除する人物に注意を払うべきではない。「極端な率直さ」や「順番での対話」は試してもいいすばらしいアイデアだが、どれひとつとして特効薬ではない。それらはいくつかの介入にすぎず、チームが進化し、心理的安全性を持てるように手助けすることが自分の主な仕事だとわかっている、EQの高いチームリーダーのバックログには、そうした介入を含む、常に変わり続ける何百件ものリストがあるべきだ。
- 企業レベルの報告や測定を含むものはなにひとつ信用してはならない。ここで扱っているのは組織全体の人事や管理関係のトピックではなく、チーム内にとどまるべき内容だ。私たちは長い年月をかけて、従業員から信頼という資本をあまりにも大量に奪い、「人的負債」として消費してきてしまった。これ以上消費することはできないし、チームのプライバシーを心理的安全性の「バブル」のレベルで守ることができなければ、待っているのは悲劇だ。組織がチームの進捗を知りたければ、全体の月ごとの改善を見ればいい。それ以上細かい情報は必要ない。
- 質問への回答を義務化しない。代わりに、本音での対話を構築することに集中する。もっと多くの答えに対する必要性は常にあるからだ。

- なんであれ印象操作を測定しないものは、その重要性を真剣に考えていない。
- 「生きたツール」でないものはどれも検討するべきではない。1年に1度の調査すら出てこないようなものはなおさらだ。
- チームレベルで詳細なデータをかなり徹底的に掘り下げ、チームが自力で、またはコーチの助けを借りて、次の行動がなにかを定義できる余地を確保するソリューションを探す。
- 完全なプライバシーを従業員に対して保証することに全力を尽くすが、そこに対する信頼度を測定するのみのソリューションも検討する。
- 発言するなどの望ましい行動に報酬を与える方法を見つける。

さまざまな業界からの教訓

心理的安全性の概念は一般的なチームダイナミクスのそれであり、したがって業界をまたいでどのような分野にもあてはまる。とはいえ、職場においてはまだ新しい概念で、それを舞台の中央に据えるためにビジネスが求めている数字と併せて、逸話や物語、実例など、その重要性を否定できない例が必要だ。

私たちが心理的安全性について持っている膨大な量の知識はエイミー・エドモンドソン教授の調査を基にしているため、この見事な「魔法」の感覚を持っているチームの観点が一番わかるのは医療、製薬、IT、そして航空業界だ。航空業界からは残念ながら、もっとも憂慮すべき、心理的安全性の欠如がきわめて危険であることを示す最近の例が提供されている。

Boeing 737の悲劇（2018年10月のライオン・エア610便の墜落事故と、2019年3月のエチオピア航空302便の墜落事故）でのちに明らかになったメールを見ると、まぎれもなく、従業員が恐ろしい問題を非常に強く感じていて大きな疑念を持っていたにもかかわらず、お互いの間でしかそのことを話していなかった恐怖の空気があったことがわかる。明白な、心理的安全性の欠如の例だ。エイミー・エドモンドソン教授はBoeingの組織文化について、「心理的安全性の欠如が悲劇的結果につながり得ることを示す教科書的例」と述べている。

強気な製造スケジュールから経営陣がコストを抑えていた事実まで、懸念は複数あった。737MAX機にはその前世代機と比べてかなり異なる技術的側面があったことを考えると、絶対に必要だった追加のパイロット訓練まで、コスト削減のために回避されていたのだ。どれも些末とは言いがたい懸念だったが、懲罰を恐れて誰も声を上げなかった。

医学業界では、声を上げたり医学的判断に疑問を投げかけたりする意思の欠如が患者の安全、ひいては死亡率に与え得る壊滅的影響に関する研究に事欠かない。看護師や研修医、医師らは皆、今では内在的な安全策としてのオープンなコミュニケーションの重要性を痛感している。健康医療の分野では、「チーミング」という背景のためにややこしくなる場合が多い。安定して快適な、十分な試行を重ねたチームダイナミクスという贅沢には多くのチームが恵まれておらず、特に緊急医療の場合などは即席でチームを結成しなければならないのだ。

心理的安全性で避けるべき行動、たとえば印象操作などは、どのような業界でも共通し、同じように問題のある行動だ。前述のような例はほかの分野でも見られる。Wells Fargoのスキャンダルもそうだし、映画業界における#MeToo運動もそうだし、ほかにもまだまだある。

ドイツで働くトルコ系移民について2016年に実施された調査では、研究者らは心理的安全性が大きければ大きいほどやる気と心の健康、そして低い離職率が見られることを発見した。この相関関係は同じ職場で働くドイツ人よりも移民のほうで多く見られ、自分たちのほうが不利あるいは脆弱だと考えている人々にとって、心理的安全性の恩恵はより大きいということが示唆される。ひょっとすると、ビジネスにおける心理的安全性の適用の一番いい例はまたしてもGoogleの友人たちかもしれない。実に便利なre:Workというサイトでプロジェクト・アリストテレスの結果について述べた際、彼らはこのように率直に語っている。

Google社員はデータが大好きです。しかし、ただデータを持っているだけでなにもせずに座っているのは嫌いです。行動したいのです。そこで［プロジェクト・アリストテレスのあと］私たちはgTeams演習というツールを創りました。5つのダイナミクスに関する10分間の確認で、チームがどんな調子かをまとめる報告書、結果を話し合うための実際の対面での会話、そしてチームが改善できるよう手助けするための、カスタマイズされた開発リソース。この1年で、300のチームに属する3,000人以上の社員がこのツールを利用しています。そのチームの中で、新しい集団規範——たとえば、チームミーティングの冒頭で毎回、先週とったリスクについて話すなど——を採用したものは心理的安全性の評定が6％改善し、構造と明確性の評定は10％改善しました。チームの有効性を中心としたフレームワークと、こうしたダイナミクスについて話し合わざるを得ないような機能は、かつてはなかったもので、これらを備えることがなによりも大きな影響力を与えたとチームは語っています。

ダブリンの営業チームからマウンテンビューの開発チームまで、このフレームワークに注力すればどのようなチーム

でも改善できることがわかったのです。

ビジネスではなぜ数字を見る前に人とチームのことを気にかけないのか

PeopleNotTechでは、これまでに職場を調査してきた中で、チームにおける心理的安全性が業績を上げるためのなによりも重要なスイッチだということに全財産を賭けてもいいと思っている。これまでにも繰り返し述べてきたように、これらの大きな人間中心のトピックは、各地の企業や機関にとっては比較的新しいものだ。生産性と業績に結びつける明確な数字がなければ（そして疑念を避けるために言っておくと、そのような数字はありがたいことに、逸話的には存在する）、これらもまた、その他多くの「ふわふわした」「ソフトな」「人間中心の」トピックとひとつにまとめられ、成功の重要な要素が一緒くたにされて集合的に無視される恐れがある。

従業員の「やる気」「満足度」「幸福度」は長年、どのような組織においてもきわめて重要だと謳われてきた。だが率直に言って、今ではそれらは常に優先順位の2番目以降に格下げされ、法的または実務的性質を主に持つ「現実の優先順位」との観念的・予算的競争に必然的に敗北している。従業員の幸福度を気にかけていないと公言する役員会はないだろうが、戦略会議において、役員がそれはどのようなリスク戦略にも含まれておらず、最優先事項とみなされていないと指摘するのを私は見たことがない。

長年にわたって経験的に、そして現場でも人事部の窮状を見てきた立場からすると、一部の環境におけるこのトピックに対する重要性の欠如、軽視、格下げは、それを描写するために使われてきた主な指標が「従業員の定着率」だったからではないかと推測できる。組織はこんなふうに言われたのだ。「見ろ、従業員・人材が流出している。それには金がかかる。x%まで離職率を減らしたいなら、従業員を満足させろ」。多くの場合、それを達成するために必要な手順書が伴っていなかったことはさておき、そして現実的な提案や実行に移せる真剣な計画が存在しなかったこともさておいて、この忠告は本来意図された形で響かせることに失敗してしまった。私が仮定するところでは、これは企業側の動機の「恐れ」の側面に訴えかけていたからだ。一方、もし大きな変化を起こせていたら、それは「欲望」の側面に訴えかけていたことになる。

定着率の数字がすべて正しいとして、「従業員を今より1%多く満足させれば、ビジネスが40%改善するぞ」と言われていたら、企業の反応はそこまで鈍かっただろうか？　絶対に違うだろう。それを実行できる方法を探すため、大騒ぎしていたに違いない。覚えていてほしいのだが、ついでながらそのために彼らはまず現在の満足度がどのくらいかを調べるところから始めなければならない。すべてではないにせよ、ほとんどの企業にとってはそれもまた曖昧な領域だろう。

どこか途中で、組織の関心のなさがプロフェッショナルたちにとって正当化できるものとなり、「欲望」に訴えかけるはずだった数字——「ふわふわしたトピック」をどうやって利害関係者のポケットに入るコインの数に直接結びつけるかを示す関係性——を見つける熱心さと知的好奇心を失ってしまった。そしてプリンターや新しい規制、データセンターに関する部分に比べると、人に関する部分はとにかくそこまで重要ではないという考え方を、誰もがただ黙って受け入れるようになってしまったのだ。

ちなみに、私はこの奇妙な現状に対する諦めこそ、機能としての人事部の崩壊につながった（あるいはつながる）原因ではないかと感じている。自分たちが理解し、支援し、より良くするべきだった人間の重要性を高めることに、人事部が失敗したからだ。もしそれをやっていれば、そして私が言及している数字のいくつかでも見つけていれば、機能やトピックの重要性の梯子は人間中心の問題を一番高い位置へと持って行き、業務部や経理部とはまったく別次元の重要な部分としてみなされていたはずだ。

今、測定に関する新たな表現方法がビジネスのほかの部分で促進されている。成功する組織には、人的負債を修復し、改善することに関心を持っている、もっと人間中心な考え方をする最高技術責任者（CTO）や最高情報責任者（CIO）が、人事部のベテランよりも多い場合がある。そして、なにかデジタルで革新的、あるいは持続的なものを構築しようとする際に人間の重要性を証明する数字がDevOpsコミュニティから出ている状況を見ると、彼らがより良く、団結力があり、勇敢で幸せな人々から成るオープンで幸せなチームを促進する新たな導き手であることは明白だ。彼らはそれがより良く、より早く、より長続きする業績と関連していることを証明できるのだ。

逆に、健康医療などの業界には、もっと確固とした責務がある。患者の安全だ。ここでは数字はきわめて明確になっているが、それも患者の安全に対する医療チームに心理的安全性が欠如していた場合の直接的影響について、エイミー・エドモンドソン教授やほかの学者たちが研究してくれたおかげだ。これは、どの病院も決して優先順位を下げることなど考えられない、無視できない測定だ。皮肉なことに、この測定でさえ「倫理観」や「良識」に関するものではないが、健康医療では非常にしっかりと定義された数字があるため、ビジネスにおいてこれを定義することへの私たちのためらいを乗り越えさせてくれる。

中には、人間中心のトピックとなると数字を非難する声もある。生産性に集中してそれを解剖するのは非人間的だという意見もある。人間性の最後にドル記号をつけるのは悪趣味だという意見もある。私は、数字の欠如のために従業員が企業によってぞっとするような扱い——フィードバックの欠如、傾聴の欠如、尊敬の欠如——を受ける悪循環が続くと言いたい。数字を出し、絶え間なくそれを公表していかなければ心理的に安全なチームは持てないし、幸せで人間らしい、高いEQを持つ従業員やチームリーダーも持てないのだ。

チームにとって心理的安全性が必須で、従業員が意見を聞いてもらえると感じられる、人がなにより重要という文化から始まったところでは、それが最終利益にとってなにを意味するかを測定していた。Google、Spotify、その他のシリコンバレーの寵児たちがその例で（2020年現在、願わくは、いくつかの既存の企業もそうしてくれていることを祈る！）、そして彼らが測定した結果は、驚くほど高い割合だった。社内調査について知っている者に聞いてみるといい。驚愕すること請け合いだ。

どうやら、従業員を適切に扱い、彼らの幸福と安全を保証し、職場における環境を改善することは報われるらしい。意外だろうか？　既存の企業の圧倒的大多数はそれが意外だと思うようで、彼らが重い腰を上げ、人的負債を削減するために必要な作業の量に注意を払うようにするためには、まず心理的安全性と生産性を結びつける数字をビジネスにおけるもっとも強力な測定指標とし、それを認識可能で、否定しがたいものにしなければならないと私たちは考えている。

実験しようとする実験

生産性を心理的安全性に直接結びつける確かな数字が欠如していたら、ビジネス界はいつまで経ってもそれを優先順位の上位に置かないだろう。この自らの主張にかんがみて、私はその数字を入手する方法を見つけようと決断した。

自分のアジャイルフェチと、幸福な従業員の重要性を強調することが自分の天命だという信念とを根拠に、心理的安全性に必要な数字を生み出すには「アジャイルKPI」の視点を通してみる余地があると私は強く感じた。そこで、まず考え得る調査をざっくりと定義するところから探求を始め、すぐさま最高のチームを見つけるべくコミュニティに助けを求めた。

その呼びかけの中で、私はこのように述べた。「アイデアは単純なものです。まずはなにかしら共通のアジャイルKPIに合意して、それから両方のチームの心理的安全性を測定し、次は2チームのうち片方だけのチームリーダーを、EQを高められるよう支援します。彼らがそのことをすべてのキックオフやふりかえりの中で必ず意識するようにして、人間中心の行動全般と、とりわけ心理的安全性の要素を改善できるようなピンポイントの介入を2度のスプリントでおこない、どうなるかを見ます。私の仮説が正しければ、そのくらい短い時間枠の中でも、心理的安全性の向上とアジャイルKPI（わかってますよ、私もその言葉が大嫌いです！）との間には直接の相関関係が見られるはずです」。

この呼びかけを送った時点で、データを集めるために残された時間はごく短かった（3カ月）。そこで、参加できるくらいに俊敏で、お役所仕事をしない企業を具体的に希望した。

次に起こったことは、私を驚かせた。私が出した条件を満たせると自覚した上で参加しようという熱意を持つ会社がどっと押し寄せることは、期待していなかった。十分にアジャイルで、測定していて、迅速で、PeopleNotTechの心理的に安全なチームソリューションを使い始めるために準備を整えられ、チームのひとつを改善させられるような作業空間を迅速に提供してくれる会社などそうたくさんはいないだろう。ただ、あれほどの困難に直面するとは、まったく予想していなかった。

もったいをつけるつもりはないので先に言っておくが、本書には私が期待していた魔法の数字も、2つのケーススタディも掲載していない。いつの日か、みんなのためにその数字を提供したいと思う。人的負債の撲滅に関して私は頑固以外のなにものでもないし、これは実に長い時間を要するものだ。だが、ここでそれが実現しなかった理由は複数あって、私たちは緞帳を持ち上げてこの実験の詳細を観客に垣間見せることが有益だという点で合意した。本書を読んでいる全員が結局のところはチームなわけで、チームとして、私たちは発見したことをいつでもオープンに共有するべきだ。

私が話をした数多くのチームの中には、リーダーが非常に弱くて本当にインスピレーションを与えるようなリーダーシップをほとんど提供できておらず、病んだ環境を増幅させているものもあった。そのリーダーがどれほど自分は勇敢な「意識の高いリーダー」で、「悪い考えはなく、誰も責めない」を方針にしていると自負していてもだ。中には奇妙な、ほかと比べようのない設定をしているところもあって、とにかく十分迅速に準備をすることができず、定められた時間枠の中では反応しきれないこともわかった。

一番驚かされたのはひょっとすると、私がこのために評価をしていたアジャイルな企業の中でも、実際になにかを測定していたところがどれだけ少ないかに気づいたことだったかもしれない。多くの場合、それらの企業は自分たちがちゃんと測定していると確信していた。だが私が核心につっこんで、アジャイルKPIに関する過去のデータを出すよう求めると、それが存在しないことがわかるのだ。私が発見したいと願っていた測定はソフトウェア開発に特有のもので、たとえば一緒にタスクをやり通す速さや、コーディングのアウトプットのテスト結果がどうだったか、どのくらい「クリーン」だったか等についてだ。私はそこからさらに推定して、単純に速度や精度、バックログに残っている作業の種類や品質といった観点でスクラムKPIを含めてもいいと思っていた。それらがソフトウェア開発チームの枠を超えて、スクラムを実施するほかのどのような業界にでも適用できる可能性があったからだ。

前述のとおり、今回の調査のために私が評価した企業すべてにおいて第1の経験的観測の結果は、どの企業もこうした測定がすでに導入されていると思いこんでいたというものだ。社内におけるチャンピオンがアジャイルのコーチであれ最高技術責任者

(CTO)であれ、あるいは個別のチームリーダーであれ、全員が漏れなく、測定が存在するのか、それは信頼できるものなのかという私の懸念を一蹴し、ちゃんとあるから大丈夫だと請け合っていた。

測定が紙の上でしか存在しない、該当するチームや製品だけに特化している、あるいはもう長年まったく使われていないことに気づいたときの彼らの驚きは、実に興味深かった。なにかしらの測定がちゃんと実施されていたのは8社中5社だけで、2社は実際には測定結果をどのようなアジャイルKPIとも連動させておらず、代わりに古い組織の損益目標や測定に結びつけていた。残る3社は実際に速度と精度を測定する方法を持っていたが、社内では異なる用語を使っていた。彼らは私の注意を引き、私はその中から2つのチームに焦点を絞ることにした。

いずれの場合でも、1組のチームを選出する。彼らには心理的安全性の概念をざっくりと説明し、質問への回答の仕方のコツを教えるためにごく少量の研修を実施し(チームAには必須条件のみ伝え、数カ月後にもう一度測定するときまではなにもしないこと、ソフトウェアのダッシュボードすら使わないことを要請した。チームBにはもっと詳細な研修を実施し、心理的安全性に関するデータに応じて人間中心の行動を改善できるよう設計された、これからおこなわれる実地での介入に備えさせた)、理論上はこれに一緒に取り組むという考えに合意した。

企業Xはソフトウェアメーカーだ。夢の調査参加者になる素質を持っていた。頭が切れ、情報通で知識豊富、そして「心の底から」アジャイルな彼らは、比較的健全な分散型のチーム構成になっていた。それは2020年のパンデミックによってそう強いられたわけではなく、もう長年それが彼らの仕事のやり方で、そのチームが最先端のプロダクトを作り出し、全速力で走っていた。私たちが準備を整えている間に、彼らは社内の誰にも私たちの調査について説明していないことに気づき、そうするべきか不安になってしまった。私が彼らの調査結果を本書に含めるかもしれないと知り、社名は伏せたとしても心配になったのだ。

いったんそこに思い至ってしまうと、全力で取り組む彼らの能力は急激に落ちてしまったようで、奇跡でも起きないともらえない承認印を取るため、人事部に送る書類を提出してほしいと頼んできた。彼らが状況を明確にするまで、私たちはすべてを中断した。私自身、人事部に話をしにいった。最初は敵意をむき出しにしていた彼らも、公正を期して言うならやがては心を開いてくれ、調査の価値を理解して、しまいには彼ら自身、プロジェクトに期待するようになった。この時点ですでに数週間の遅れが出ていたが、ようやく再開できるようになったのだ。ただ、次の日、話がまた変わって、再開できないと言われた。人事部は、自分たちではその決定ができないという結論を出したらしく、法務部に「正式な許可文書」を出してもらうように書類を再送したのだ。その部署がすでに本書の契約書を確認して、青信号を出していたにもかかわらず。コロナ関連の負債が山積している時期にどれだけ未処理の書類が法務部にあるかを知っていた私は、不安に基づく承認のたらいまわしが決して止まらないだろう、少なくとも期限内に止まることはないだろうと残念ながら結論づけざるを得なかった。心理的安全性とアジャイルが1敗、官僚主義と恐怖が1勝だ。

企業Yは、候補から外すつもりでいたのだが、社内の歴史を深く知るほどに、膨大な量の破壊的行動、政治、無意識ないじめ、発言することによる利点のなさと全般的な恐怖という根の深い組織的困難を抱えていることがわかった。彼らの結果が、こうした困難のために恐ろしくゆがめられてしまっていい知らせなど出てこないのではないかと懸念していたが、私が懸念を伝える前に、決定権は私の手から奪われてしまった。同社との窓口責任者だったイノベーションのチャンピオンがミーティングに呼び出され、尋問され、ばかげたことを考えるなと経営陣に叱責されたのだ。なにしろ、彼らの常識では、こうしたトピックにかかずらっている間は生産的ではないものだから。そして、該当するチームのリーダーたちは、「こんなことに時間を無駄にすることを許して、部下に対する統率力を失った」と言われた。心理的安全性とアジャイルが1敗、無知な指揮統制が1勝だ。

最後に、企業Zにはすばらしい「アジャイルのスーパーヒーロー」がいた。伝説になるほど高いレベルの心理的安全性が報告され、事前測定はすでに揃っている卓越したチームが2つあったが、組織的な大混乱のために効果的なコミュニケーションが不可能で、彼ら自身まったく気づいていないお役所仕事が大量に露呈していた。企業XとYが抱えていたような困難に彼らも直面していたが、そこを乗り越えてきていた。ただ、彼らが気づいていなかったのは自分たちがどれほど働きすぎているか、コミュニケーションがどれほど非効率か、この新たなリモート社会で組織をまとめることがどれほどできていないか、そしてチーム全体の幸福という観点からどれほどあやうい位置にいるかだった。こうした要素はすべて、彼らが自分たちはセーフだと思っているのに実はアウトだということを意味していた。対応ができず、やる気もないからだ。これは悪意からくるものではなく、チームにすでに存在していたある程度の機能不全のためで、私が想定していた時間枠ではケーススタディとするのは不可能だということを意味していた。

これらの例は、従業員の人生をより良くするために使える明確な数字を与えてくれるが、今このページには掲載されていない企業の物語だ。私はこれらを調査し続けることを固く決意している。そして願わくはアジャイルを通じて、疑いの余地なく相関関係を証明する方法を見つけるのだ。そのために、時間がもっと必要だったが、対象企業にすでに着手している。現在は、将来的には調査結果の一部を公表することを念頭に、彼らの適性を評価している段階だ。

大きく勝利するために小さく、しつこく、頻繁に測定する

心理的安全性それ自体を組織レベルで測定できないのなら――そして率直に言って、それがなんの役に立つと言うのだ？――チームレベルで測定すればいい。これまでの各章で説明してきたような指標に、個別のバブルの中で導かれることに集中しよう。

チームメンバーはどのくらいオープンで正直か？　どのくらい柔軟で回復力があるか？　彼らは一緒に学ぶことができているか？　一緒に勇敢な行為ができるか？　失敗しても安全だと感じられるか？　楽しんでいるか？　印象操作はしていないか？　発言しているか？　このようなテーマに細分化すると、詳細な交流を定量化することができ、願わくは人間中心の行動における前述の介入を通じてポジティブな影響を与えることもできるようになる。

これらのデータを収集し、内部の業績測定に関連づけ、組織に戻して心理的安全性の重要性を裏づけられるが、それよりさらに重要なのが、ここから学んでチームの行動や人間中心の行動の目標に役立て、企業の目覚めがなくとも、チームのバブルで十分成功できるようにすることだ。

大企業が採用する昔ながらの測定や調査デバイスの一部は無骨で、ぎこちない用語で重たくなり、ときには従業員の日々の現実や言葉とは完全に切り離されてしまっている場合がある。360度業績評価や年次評価、またはパルスサーベイは、心理的安全性の

要素のいくつかを含めるように拡充が試みられることもある。だが現実には、フィードバックの頻度、完全な正直さ、明らかな気遣い、懲罰措置のなさ等を中心とした、基本的条件が整った効果的な測定が実施できるようになるには、レンズを完全に変える必要がある。こうした古い構造は人間中心の行動を育てるという私たちの誠実な目標にもはやそぐわないため、長期的に存続するべきかどうかも私は本気で疑問視している。

調査の代替手法は存続するだろうし、するべきだ。そして、必要となる人間中心の仕事を垣間見せてくれるかもしれない。たとえば、Spotifyで始まったことだが、同じチーム構造を採用してスクラムなどのアジャイル手法を使って仕事をしているソフトウェア開発者のチームの多くが、「チームの健康診断」モデルを実施している。参加者はスプリントの最後に「サポート」「チームワーク」「歩兵かプレイヤーか（言い換えれば「自治」）」「ミッション」「コードベースの健全性」「適切なプロセス」「価値を提供する」「学習」「スピード」「リリースの容易さ」や「楽しさ」といった、一連のトピックを採点するよう言われる。うまくいったものは青信号、うまくいかなかったものは赤信号で評価する仕組みだ。これはすばらしくシンプルで、相対的な安定性、仕事の性質、アジャイルのセレモニーの美しさと連動して、チームのスナップショットを提供する実に効率的なものだ。

要素のリストから技術的意見を排除すると、チームソリューションで測定される要素がかなり重複していることがわかる。Spotifyのチームの健康診断でわかるのは、チームが心理的に安全だと感じているかどうかだ。ごく基本的なところもあるが、これは人間中心の行動における意識を高める土台となる。

そしてなにより、測定と分析は無益な演習ではあり得ないし、あるべきでもない。行動への関係性はチームに即時かつ明瞭に伝わらなければならず、前述の介入のいずれかひとつとして実行されるか、個人の行動レベルでいくつもの小さな変化として実行されるべきだ。後者の例を挙げると、私たちが仕事をしている会社のひとつが、「ナッジ理論」に基づく「きっかけ」を導入する実験をしている。望ましい行動を奨励して、それによって不健全な行動を排除しようというのが狙いだ。PeopleNotTechのチームソリューションでは、具体的な行動の枠組みを描き、より良い行動を刺激するために、すでに報酬や匿名モードを活用している。

ある意味、注意を払おうという決断だけでも、特定のチームにおける人間中心の行動の土台として、ツールやアイデアや介入、それにチームの感情や行動の内省と分析の余地を生むという行動そのものの必要性を引き出し、それがより高い心理的安全性と高い業績につながる。そして、実践における価値をビジネスに対して証明できるようになる。だからビジネスを目覚めさせるためにもっと明確な「これだ！」という数字を目指して努力するべきだ。それによってビジネスが文化的変化と、人間らしくあることへの明確な許可を与えることで人的負債を削減しようとする努力をしてくれれば、私たちの人生はもっと楽になる。そのためにはチームの脈を取り続けるという執着を捨てる必要はないし、自分たちがバブルのレベルでできる人間中心の仕事を先延ばしにする必要もない。魔法の数字が具体化し、ビジネスがそれを目の当たりにしてその価値を理解するまで、続ければいいのだ。

CHAPTER 6

ソフトスキルは難しい（ハード）

- ハードスキルと未来
- 職場における感情
- IQ vs. EQ
- 勇気と脆弱さ
- 情熱と目的（パーパス）
- 「数字で共感力」は実現できるか？
- 人間らしくある許可
- 「人間中心の行動」
- チームの枠を超えて

ハードスキルと未来

カーネギー工科大学がおこなった最近の調査によると、人の経済的成功のうち、技術的知識やIQが貢献しているのはたったの15%だそうだ。仕事による貢献を貨幣価値に換算したときにそれが十分な割合だと考えるなら、私たちが持っている知識よりも職場におけるほかの要素のほうがずっと重要だと考えてもいいだろう。おそらく、残る85%は他者への共感、チームの団結、関わり合い、そしてなによりも、共感力を持って自分の感情や他者の感情を読み取り、解釈する能力にかかわってくるのだろう。だが、それにもかかわらず、ほとんどの職場で測定もされていなければ報酬を与えられていないのもこの特質だ。

ここに潜むカギのひとつは、「知識」の定義だ。これを正規教育、業界特有の技能、それに従来のIQに限定してしまうと、現在の職場環境においては障害物となってしまうかもしれない。万人がなんでもアクセス可能で、消費者からの欲求がとめどなく増え続ける今、仕事をこなすために必要な正規の知識の量も急速に増えている。テクノロジーが変化し成長するそのスピードを加算すれば、これまでの数世紀で考えていた意味で正規の知識を身につけるということはもはや本当に可能ですらない。加えて、望むと望まざるとにかかわらず、ますます複雑になる階層構造を乗りこなしつつも共感力を持って「チーミング」を実践しなければならないということは、理論上の能力以外にもさまざまな能力を発揮しなければならないということでもある。

一部の業界では、企業がこの「ハードスキル」と昔ながらの「知識」の定義から離れ、予想もしていなかった経歴や、多様かつ一見無関係に思える分野での正規教育と経験を持つ人々を雇用するという変化が見られるようになってきている。J.P. Morgan、Unileverなどの企業は、それまで採用していた学部以外の卒業生を積極的に採用すると発表した。また、さらに一歩進んで、採用条件から正規教育を完全に削除してしまった企業もある。Apple、Starbucks、DBS銀行などが有名な例だ。多くの場所で、これは実験的な多様性目標を念頭に置いて始められたが、実際に多くのメリットがあることが証明され、従来型の雇用活動からの全面的な卒業の兆しが見えてきた。

前にも述べたが、世界経済フォーラムはAI時代の今、7,500万人分の雇用がなくなる一方で、1億1,300万人分の雇用が新たに生まれると予測している。では、その新しい仕事のうち、どのくらいが昔ながらの技能と知識の定義に基づくもので、どのくらいが人間性やそれに付随する「ソフトスキル」に基づくものなのだろうかと考えずにはいられない。

感情指数（EQ）の重要性、成長中心の考え方、共感力と目的をめぐる議論は数年前まではヒッピーな企業トップたち定番のテーマだったのかもしれないが、それがついに主流になりつつあり、裏づけとなる調査結果が次々に現れてきている。ただし、現在の労働文化が「ソフト」なスキルを探求することも成長させることも、はたまた受け入れることすら十分にできない環境である以上、これはどれほど崇高な意図を持った企業にとっても長くつらい道のりの始まりにすぎない。

技術的知識は、それを追求する好奇心とやる気、動機を持つ者であれば単に獲得できるし、突き詰めれば安価なものだ。このデータ時代が全人類にもたらした情報インフレをかきわけて進んでいける、知恵と集中力を持つ者にとってもそうだろう。とはいえ、ごく初歩的なチャットボットでさえ人間固有の特質を模倣できる時代において、その特質が損なわれるまで訓練するというのもきわめて危険な戦略だ。共感力と情熱を示す、成長を求めて努力する、目的を持つ、真に柔軟になる、心とプロセスの敏捷性を持つ、共有のビジョンを信じる、新たな視点を受け入れて進路を変える柔軟性を持つ、さらなる高みを目指すより上のもっと過酷な旅に常に挑戦する、ミッションに集中する、やさしさ、直観力、高いEQを持つ……。これらが、最高の人材を求めるときに探るべき特質だ。

職場における感情

職場における人材から求める魔法をすべて引き出すためには、従業員に多くを与えなければならない。それは純粋に柔軟な職場環境から、自然光の下で働ける新たな環境、託児所、ちょっとしたサプライズという刺激、心理的に安全なチーム、インスピレーションを与えてくれ、支えてくれるリーダーシップまで幅広い。だがもっとも重要なのは、組織の中で人間らしくいられ、またそう感じてもいいという許可を与えることだ。

この許可の欠如が、私が考える人的負債の概念における重要な部分だ。職場で十二分に人間らしくいることは、これまでは許されもしなければ容認もされず、もちろん奨励などされてもこなかった。職場の大半において、プロフェッショナルでいるということは無感情でいることと同義だという、不気味でなんの根拠もない慣習が突きつけられていたのだ。真剣な職場には感情が入る余地などなく、すべての従業員が正面玄関でそれを脱ぎ捨ててこなければならないとされていた。これはもちろん、ばかげているし不可能だ。人間が感情を消すのは息をしなくなるようなもので、こんなナンセンスが通用していたのは従業員が無感情を装い、鈍感なふりをし、「ロボットを演じる」よう訓練して、感情や人としての自然な反応が欠落しているかのように振舞わせるためだった。既存の企業のほとんどであたりまえとなっていたこの茶番に疑問が投げかけられるようになったのはほんの10〜15年前、デジタルエリートによってゼロから立ち上げられて人的負債が一切ない文化が生まれてからだった。

IQ vs. EQ

最初に登場したのは1960年代だが、EQという言葉が一般に広まったのは1990年代半ば、ダニエル・ゴールマンの著書『EQ こころの知能指数』(土屋京子訳/講談社/1996年)からだ。以降、EQは相当な量の研究対象となったと言ってもいいだろう。用語として生まれたのが50年も前なのに、EQにはひとつしか主要なテスト(MSCEIT、メイヤー・サロヴェイ・カルーソ感情指数テスト。感情的情報を受け取り、理解し、反応し、管理する人の能力を測定するもの)が存在しないという事実を考えてみてほしい。しかも、このテストですら、かなり賛否両論があり、批判されている。その一方、相方のIQのほうは、何百もの標準化された条件が作られている。

興味深いのは、その原因は研究の数が不十分であることともうひとつ、対象が感情や行動を認識して指定できるかどうかを測定するテストはすべて、言語や術語学から社会的契約まで、複雑な性質を持つ昔ながらの契約に依存している点だ。

バリエーションはさまざまあるが、EQの定義は人が自分や他人を十分に理解し、双方の感情を認識して、自分の思考や行動の根拠としてその情報を生かせる能力を中心としている。したがって、この能力を持っていることが近い将来、リーダーになるだけでなく、競争力のある社会人であり続けるために必要不可欠なのは当然だ。すると、ここで生じる疑問は、「EQは訓練したり改善したりできるのか？」だろう。

私は今まで働いてきた中で、一度も「ふわふわしたやつにかかわって」いたいと思ったことはない。私はテクノロジー志向で、プロダクトを構築し、チームを動かし、アジャイル手法フェチになった。それはすべて、「感覚」にあまり深く集中しすぎたり真剣に調べすぎたりすることを避けるためだった。私自身どちらかと言うと自閉症気味なので、用いるテクノロジーにすべての答えが隠れていさえすれば、「なにもかもものすごく楽なのに！」とずっと思っていた。

私は主流メディアがEQについて、自閉的な思考回路では通常アクセス不能なものだと描写することにずっと抵抗を感じていた。自分自身が自閉気味であることを知っていたので、共感力や本能的に感情を認識する能力が低いのだろうと思いこみ、EQに関してはそれが私の能力の限界だと決めつけていた。多くの技術屋の例にもれず、私も、感情的に音痴な自分をちょっと誇らしくさえ思うこともあった。

認めよう。かつて「感情的銀行業」女史だった私は、フィンテック（金融工学）の世界が許す範囲で、できるだけ感情とはかかわりたくない、できるだけテクノロジーとだけかかわっていたいと願っていた。だがそれは、結構な量の感情だった。だから信じてほしい、今なら私もわかっている。目に見えないものを検証すること——そして、人の感情以上に目に見えないものがあるだろうか？——は居心地の悪いものだし、結果を有益なものにするための道のりは危険でいっぱいだ。気弱な人間に向かないのは間違いない。安定を求める者にも向かない。リスクを冒す意思があるのでなければ、何事についても誠実でオープンな探求などおこなえない。

EQを訓練する可能性について私が開眼したのはつい数年前、きわめて可能性が低いかもしれないが、私の幼い息子が自閉症でありながら、小さな感情的アインシュタインで強力なエンパス（＊訳注：他人の感情を敏感に感じ取る能力を持つ人）かもしれないと気づいたときだった。

息子は10歳だ。血のつながりはなにかを達成する上で誰にとっても原動力となるだろう。私も例外ではない。息子に認められたいという思いだけで私は朝の4時45分にベッドから出られる。そして悲しいことに、彼は母親に感心するために必要な条件のハードルを上げてきた。私がウェビナーに出たりラジオのインタビューを受けたりしたくらいで大喜びしていたのははるか昔の話だ。『Emotional Banking』が出版されて以来、彼は超優秀を要求してくる。それは疲労困憊することでもあるが、同時にとてつもなくやる気を起こしてくれることでもある。

一部にはその本と私の仕事に対する息子の関心のため、そして一部には彼もやはり自閉症らしいと早い段階で気づいたため、私は感情について、その定義や使われ方を彼が明確に理解できるよう注力してきた。この教育が着地したのは、EQと共感力という意味では、彼の脳内で不毛の大地になるはずだった場所だ。自閉症患者なら誰でも、EQと共感力はそのような状況だったはずだが、息子の場合は違っていた。どれほど小さな情報の欠片でも吸収するスポンジのように、彼は観察し、抽出することに時間を費やした。自分自身よりは他人の感情を分析することに力を注ぐ傾向がかなり強いながらも、いまや彼は感情のちびレインマンさながらだ。彼は自閉症の子どもにしては驚くほどの明瞭さで人の感情を認識する。そのことについて常に質問してくるし、今ではそれが彼の「特別興味のあること」なのは間違いない。神経学的機能が正常ではない個人にとって、それは強力で長続きする原動力となり得る。

彼同様、多くの自閉症患者が、実は豊かな情動的共感力（他人の思考や感情に適切な感情的反応を本能的にできる能力）を持っている。実際に認知的共感性（他人が実際に感情を持っていると認識できること）に苦労するかもしれないが、それは彼らがカリキュラムに沿って学ぶことはできず、学んだことを取りこむか興味を持つことができる場合のみだ。私の息子は、これに該当するらしかった。

自閉症ながらも機能が高く、適応もでき、向上心のある人々についての報告や分析が圧倒的に不足している現状において、社会の中で広まる自閉症の程度についてもっとわかってきた。最初のうちは多少難しいかもしれないが、いずれ、感情を認識する訓練ができるよう手助けする仕組みをもっとひも解いていけるようになると私は信じている。

私の息子に関して言えば（ここで思わぬ展開が待っている）、子孫が絶対にこの仕事に就きたいという強い関心を示すのを聞いたときに良い親なら誰でもするように、私も「なにか違うことに興味を持ったら？」と言いたい。子どもを医大に向けて誘導する芸術家、法律分野に促すサッカー選手、会計士の道に進んでほしいと願う歌手もいる。我が子にとって最善を願うのはもちろん、子どもが確実で安定した仕事によって給料が保証された楽な道を選んでほしいからだ。

私の場合、前述の選択肢だけでなく、精密科学の世界も含めたい。それはPeopleNotTechで毎日のように検証している個人やチーム、組織の感情やダイナミクスについての、不安になるほどの未知の海とは対極にあるものだ。だから息子が私にバトンを渡されたと言うたびに（しかもしょっちゅう言うので私は落ち着かない気分にさせられるのだが）、私はすぐさま方向修正を促さなければならない。だがそれは今でも賢明で思いやりに満ちた行為なのだろうか？　息子が成長したとき、以下からの保護を保証できるようにするために彼がするべきことはなんなのだろう？

- 共感力
- 本能
- 一般常識

さらに、

- 感情

AIの到来が、最近の陰謀論にはまっている億万長者たちが警鐘を鳴らすほど素早く危険だと言うなら、私たちは今すぐにでも安全策を取り、子どもたちに人間の唯一競争力のある利点、「感情」

をもっと実践するよう教えるべきではないだろうか？

時間枠には議論の余地があり、私たちはいまだに空飛ぶ車が登場していないことに不平を連ねている段階だが、今の幼い子どもたちの職業人生のうち少なくとも半分が、今のような形では職業が存在しない世界で展開される可能性は高い。彼らに会計士になるための勉強をするよう言うのは、馬で引く路面電車を運転できるように訓練しろと言うくらい無駄なことなのかもしれない。

父親のほうは、息子には自分と同じプログラマーになってほしいようだ。本気で言っているのだろうか？　人類は、今後30年の間もその商売を独占していられるほど有利な立場にいるのだろうか？　もちろん、機械が人類を征服しないように防いでくれるあの赤いボタンを守る仕事は別だが。ロボットができること、独占市場とし得る仕事をリストアップしてみたら、次は人間でなければ絶対にできない仕事としてはなにが残るのかと不思議に思うべきだろう。

当然、絶対に人間だけにしかできないというものはない。どのような職業も確実なデータと科学に基づいていて、それらの部分は間違いなく、「Netflixの『ブラック・ミラー』（＊訳注：最新の科学技術がもたらす予想外の影響を描いたイギリスの風刺的SFドラマ）のエピソード」と言えるよりも早くAIによって置き換えられるだろう。だがほとんどの――議論の余地はあるかもしれないが、すべてと言ってもいいかもしれない――職種は、人間らしさの要素が織りこまれているはずだ。それは仕事に対する情熱に、革新を起こすために仮説を立てる根拠に第六感を持っていてそれを使うことに、より大きな目標を目指してそれを達成するために無数のきっかけをつかむことに、そして周囲の人々のことをどれほど深く気にかけているかに見て取れる。これこそが本当の競争的優位性であって、幼い娘や息子たちを導いていくために私たちが可能な限り長く握っておかなければならない、AIによって置換可能ではないことを願いたい秘伝のソースだ。

大事なのはどの職業を選ぶかではなく、いったん職業を選んだらそこにどう力を注ぐかだ。どうやって全力投球するか、自分や他人の感情を理解する方法をどう学ぶか、どう直感を信じてそうするための勇気と柔軟性を持つか、どうやって偏見を持たず、寛大で、思いやりを持てるようにするか、そして最終的には、どう感じるべきかが重要だ。

私が声を大にして言いたいのは、子どもたちがおよそ20年かけて学校で学ぶのはハードな厳然たる事実のみであって、ソフトなふわふわした部分に対処するためのツールについては一切学ばないというのがどうひいき目に見ても無責任だということだ。「感覚」を奨励しないことの弊害はどの業界でも擁護できるものではなく、教育がそれを理解して「ソフトスキル」やEQを中心に改革を進めない限り、子どもたちが競争力を持つことなどできるわけがない。

では、もし子どもたちにEQを教えることが可能なら、それを従業員に植えつけることも可能だろうか？

可能だ。

自分と他者の感情を理解すること――これがEQの基盤だ――はきわめて訓練しやすく、教育から始まるものだ。ただ認識するだけでもとりわけ驚くほどの効果をもたらす。人が学び始めると、すぐさま、その点を自分の感情につなげるようになるからだ。言い換えれば、感情に名前をつけてその仕組みを理解することは、一般的には自分自身を認識する最初の、かつもっとも効率的な一歩だ。外的意識と自己意識の間には、それらに意識を集中させるという習慣があってそれがより高いEQをもたらす。

さらに、十分早い段階で熱心に取り組めば、職場に加わる若い従業員はなにが「ソフト」でなにが重要なのかについて、それまでとはまったく異なる見方ができるようになるだろうか？　彼らは同僚たちとの交流がはるかにうまくできるようになり、健全なダイナミクスやそれを刺激する方法を理解することができるだろうか？

ほぼどの業界でも、チームリーダーはたいていが対象分野の専門家で、役職の階段を上ってきていまや人を監督する立場になったプロフェッショナルだ。最初からいきなり管理することだけが仕事というポジションに就く人は珍しく、そんな人がいるなら、実践経験が乏しいために共感力が弱い可能性が高い。同じ理由で、彼らはきわめて知性が高く、やる気に満ちた個人でもある。純粋にチームにとって最善を望み、最高の仕事をしたいと願っているのだ。したがって、そうした人物も適切な許可と適切な情報を与えればすぐに慣れ、人間中心の行動を実践するようになる可能性が高い。

PeopleNotTechで「PSワークス・チームソリューション」を構築するにあたってのミッションは簡単で、チームの心理的安全性を高め、高いパフォーマンスが上げられるようにすることだ。これまでに説明してきたように、私たちはチームの現状を測定し、状況を分析してチームの生涯において任意の時期でどの段階にいるかのスナップショットを見せる。そこから行動を修正し、もっと心理的安全性が確保できる方向にチームを誘導するための有益な介入を実行するためには、次の最善の行動の根拠とできるようにデータを読み取って理解する必要がある。

そこからはソフトウェアがデータを取りこみ、それに基づいて自動的にいくつかの行動指針やコツ、ベストプラクティスを提案する。だが、善意に基づくリーダーがチームの幸福度を高めるために提供している、独創的なソリューションを模倣することなど到底できない。誰も、たとえ外部のコーチやアドバイザーであっても、リーダーに取って代わることはできないのだ。リーダー以上にチームのことをわかっている人物はいない。リーダー以上にチームに力を注いでいる人物もいない。リーダーに絶対欠かせない唯一の条件は、部下を「見る」ことのできる高いEQだ。

EQの高いリーダーは実際、ソフトウェアと同じくらいデータをうまく「読み取る」ことができる。そして独創性や革新的精神をさまざまな改善のアイデアに投入したり、課題をチームに投げかけて一緒に解決しようとしたりする。ただし、問題がひとつだけ。当社のソフトウェアを使うほとんどの人はEQが高いわけではないので、データを読み取るのは簡単ではないのだ。そこで、私たちはかなり長いこと、次にどうするべきかを教えることでその不足部分を補ってきた。だがあるとき、これが昔ながらの魚と釣り竿の事例だということに思い至った。つまり、EQは改善でき、感情の理解は訓練で身につけられるものだと信じているなら、目の前のデータを解釈する方法を学べるように導くべきだと思いついたのだ。そこで、私たちは「EQトレーナー」という機能を構築した。これは重要なトピックにより良く集中できるよう手助けし、やがては自らのコーチとなれるような神経回路を開通させるものだ。これも含め、当社のソフトウェアはすべてまだ初期段階だが、いつの日か、私たちの発見でチームリーダーが大幅に改善できることを証明できたら嬉しいと思う。

勇気と脆弱さ

ここ数年でもっとも力強く、もっとも美しい思想は、勇気の重要性とその発現、すなわち「脆弱さ」だ。そしてこのトピックが広まったのは、他の追随を許さない研究者ブレネー・ブラウンのおかげだ。彼女の実に親しみやすく、明確で力強い研究はあまりにも効果的なため、一握りの手法による宣伝——何冊かの著書、中でも『Dare to Lead』と『本当の勇気は「弱さ」を認めること』（門脇陽子訳／サンマーク出版／2013年）、それに何度かの非常に評価が高かったTEDトーク——を経て、今ではリーダーシップには真の勇気が必要で、それまで信じこまされてきたことに反して勇気を実践するのにかっこつけや虚勢、力の行使は必要なく、実際に必要なのはまったく逆の「脆弱さ」を見せることなのだという事実を、世界中の経営陣が少なくともある程度は理解するようになってきた。

指揮統制の代わりに導き、インスピレーションを与えるためには、どれほど人目にさらされる、どれほど恐ろしいことであろうとも、チームの前にすべてをむき出しにし、かつてないほどオープンになり、すべての防御を脱ぎ捨てられるようなリソースを自らの中に見つけなければならないことを今では彼らもわかっている。

ブレネーのメッセージはあまりに強い反響を呼んだため、脆弱さと勇敢さに関する彼女の講演『勇気を出して』はNetflix唯一のセミビジネス講演として放送されたほどだ。ブレネー・ブラウン教授がこのメッセージを伝えるのにこれほど成功した理由は、「弱さ」に等しいとみなされていた「脆弱さ」が一般に持っていた不名誉(スティグマ)を取り除いたからだ。彼女はこの誤解を打ち砕き、実際はその真逆であり、脆弱でいられればいられるほど、現実にはもっと強くなれることを示して見せた。脆弱であるにはしばしば、印象操作やその他すべての自己防衛的方策の必要性に対抗する必要があるからだ。

EQを高め、自らや他者の感情について学ぶと同時に、思いやりを持つ能力を伸ばせるよう訓練すると、実はほとんどの人がもっと脆弱でむき出しに感じるようになる。だがその居心地の悪さに対処する方法を学ぶのは、従業員にとっても強くインスピレーションを与える勇敢な行為だ。それによって、ただの管理職から真のリーダーへと変身することができる。おびただしいほどの勇気を実践することで、部下がついていきたくなる、模範としたくなるようなリーダーになれるのだ。

リスクがわかっているにもかかわらずなにかを実行するというのが、勇気を意味する定義だ。リスクが大きければ大きいほど、必要となる勇気の量も多く、そしてその行動を起こすために必要な感情的エネルギーの量も多い。リスクの性質と規模の判断の一部は潜在意識レベルでおこなわれ、そこで人は理性的思考とも思わずに次の行動方針を決定する。私たちが日々起こすほとんどの行動は、どこかの時点である程度の勇気を必要とするものだ。その後はリスクが再評価され、報酬とそれを獲得する方法とが明確化されるにつれて自動的におこなえるようになっていく。日々の些末な作業のための道筋はこうして形成され、リスクに対する一般的な嗜好とそれに伴う勇敢である能力とに情報が提供される。

勇気全般と一般的にそこに関連づけられるものを考えるとき、このようなほぼ自動化された瞬間について触れられることはまったくない。代わりに間違いなく触れられるのは、壮大で勇敢な、映画の脚本でも書けそうなほどの堂々たる行為だ。救出劇、自己犠牲、信頼に基づく行為。日々の暮らしを形成している些末事について歌った歌などない。大きく息を吸いこみ、あらゆる本能がやめろと叫んでいてもやるような行為——急いで道を渡ったり、人の話に割りこんだり、派手なシャツを着てみたり、地下鉄で他人と目を合わせたり。勇気を出さなければならない場面はいくらでもある。昇給を求めるとき、自分には合っていないと正直に言うとき、間違いを認めるとき、助けを求めるとき、新しいことを学ぶとき、進路を変えるときやそのまま進むときもそうだ。

模範は、リスクの感じ方を軽減させる上で大きな役割を果たす。私生活における勇敢さとなると、手本にできる例はいくらでもある。一般常識や民間伝承から、ハリウッド映画や読み通せるロシア文学すべてまで幅広いが、職場での手本となると、思い浮かべられる例はほとんどない。

だから、勇気はきわめて小さな日々の行為から——心理的安全性と、私たちが執拗にそれを測定する理由という概念からは——常に正直であり、対話に真剣に取り組み、隠し事をしないという意識的な選択まで幅広く、それは最後には脆弱さの手本に行きつく。それでも、その表現の仕方や量にかかわらず、絶対に欠かせない条件は職場でとことん人間らしくあることだ。ああ、あともうひとつ。勇気は必要なだけではないし、目撃してインスピレーションを得られる美しいものであるだけでもない。ひどく中毒性の高いものでもあるのだ。誰もがスーパーヒーローの仮面を隠し持っていて、それは表に出すとひどく気持ちのいいものだ。だからネクタイを緩めて出して見せよう。そして手を伸ばし、家族であるチームメンバーのネクタイも緩めてやろう。そうすれば全員が楽に呼吸できるようになり、英雄的で勇敢な、すばらしいことを、みんなで安全に成し遂げることができる。

情熱と目的

「情熱」と「目的」というトピックの議論になると、インスピレーションを与える話し手で作家のサイモン・シネックほどはっきりしている人物はいない。「なぜ」に集中する能力を持つ彼は、人が個人として、そしてチームや組織として起こす行動の背後にある、理由の見つけ方について語る。彼が語る理由は、目標を達成するために必要な動機と推進力を十分に提供してくれる。

「平均的な企業は、従業員に取り組むべき仕事を与える。革新的な企業は、目指すべき目標を与える」。彼は共有のビジョンを持つことのとてつもなく大きな役割を強調してこう言う。彼はさらに、正直でオープンな私的探求の実践を主張している。それによって人が仕事に対してそれぞれ奥深くに持っている個人的原動力を見つけ、それをチームと詳細に共有しないまでも、念頭には必ず置いておくべきだと提案する。したがって、成功している企業は必ず、事実上は1人ひとりの「なぜ」が集まってできあがっていることになる。その「なぜ」が公開されているかいないかにかかわらず、強力なチーム全体の目標と、さらに明確で崇高かつわくわくする会社全体としての目的でできあがっているのだ。

数字の代わりに目に見えないトピックに注力する方向に視点を変えるのはシネックが始めたわけではないが、この概念を1970年代に最初に思いついたリチャード・パスカルとトム・ピーターズの時代からずっと難しいものだった。「目的」「ビジョン」そして「ミッション」というトピックはほとんどの企業の語彙表に刻みこまれていたが、その関連性、誠実さの度合い、そして究極的にはその重みも、簡単に定量化できるものでは決してなく、やる気の発電機として機能するはずのこうした「企業価値」に深く継続的に共感することに、多くの従業員が苦労している。

2016年、LinkedInのグローバルレポート「職場における目的」では、人は目的を持つために金を払ってもいいと考えていることがわかった。仕事にもっと目的を持つためなら、給料から本当に一部を差し出してもいいと思っているのだそうだ。これこそ、人がどれほど仕事人生においてより高い目標を渇望しているかの尺度だ。にもかかわらず、企業は毎年の株主向けプレスリリースだけでやる気を出すには十分だろうと考えている。ほかにも、これより前に発表された『ハーバード・ビジネス・レビュー』の「給料への攻撃」や、バーナード大学が1998年に出した「問題解決をおこなうチームへの報酬でうまくいくのはなにか？」など複数の研究で、金銭ではある程度のやる気にしか影響を与えられないことが示されている。一定の地点を越えると、人材を追加して保持できるかどうかを分ける唯一の要因は、企業がどれだけうまく高い目的意識を確立し、補強できるかだ。

もっともすばらしい意図を持った組織でも、全社レベルで目的を達成するのは容易ではない。多くの場合、それを真剣に受け止めてもらうためには重大な文化的変化が必要で、それがなければ「意識の高いCxOたち」の重要な目標、あるいは言うなれば「経営叙事詩」にはなりようがない。

さらに難しいのが、許可を与える話と同様、これが「1回限り」の仕事ではないということだ。いったん定義されたら補強して、火花を再着火しなければならない。「共同で目的を定義し、すべての従業員に深く浸みこむようにすること、そして全員が本当に、心の奥底から、しかも常に、感情的に全力投球できるようにすること」は簡単ではない。だが、炎を煽ぐのは経営陣だけではなく、個人的責任感でもあるべきで、だからこそ賢明な企業は従業員自身の声にも力を注ぐのだ。

目的を持ち、あるいは補強するためには、従業員は最終顧客のための目標にしっかりと目を据えていなければならない。これは、職場では痛いほど不足している場合が多い。私たちがすることが、どうやれば誰かの人生をより良くできるだろう？　それが最終顧客の日々の暮らしにどんな役割を果たせるだろう？

人間中心のデザイン（HCD）が到来し、顧客はかつての「顧客中心」という空虚な言葉にとどまらない中心的役割を再び獲得しつつある。だが目的を推進する原動力としての正しい位置を取り戻させたいなら、人間中心のデザインの背後にある推進力を民主化し、それが組織全体に広まっていくような方法を見つけなければならない。

ここで、心理的安全性の概念がぴったりとはまる。個人の目的の集合体が共鳴し、最終的なビジョン、ミッション、目標を共有できているとチームが信じられれば、感情的な意味で本当に「同じバックログから」仕事をすることができる。そのときこそ、チームマジックが起こるときだ。言わずもがなだとは思うが、会社のために金を稼いでくれるのはチームマジックなのだから、心理的安全性は突き詰めれば、最終利益に対する目的意識の価値を実践するために必要な材料なのだ。

「数字で共感力」は実現できるか？

「意識の気づきの共有に取り組んでいるとき、相互扶助と連携的な問題解決の可能性はあふれている」と著書『The Empathy Effect（共感力効果）』に書いたのはヘレン・ライス医学博士だ。共感力を持ち、改善していくというのは、近い将来に人が雇用され続けるようにしてくれる一番のスキルだ。それはあらゆる行動の基礎となるもの、幸福で生産的な、心理的に安全なチームを作る入口であるのだから、リーダーたちはそれを確実に持っているべきだということは、言うまでもないだろう。

だが、言うまでもないわけではないようだ。

それは、誤って分類されたほかのすべての「ソフト」スキルの中でも共感力こそがもっとも定義しにくく、構築しづらい複雑なものであるからこそだ。尋ねる相手によっては、「共感」「同情」「思いやり」の概念を判別する論争さえレベルが異なる。多くが、「思いやり」は「苦悩の意識」とその苦悩を「共有」する感覚の両方を含むのだから、「思いやり」がもっとも複雑だと主張する。ここではその議論は無視して、これらの用語を同じ意味で使うことにする。共感力を生み出す方法についての実践的な助言というものはほとんどないが、わずかにあるそれには、直接対面での交流が必要となるようだ。

共感力を何種類かに区別する方法はいくつかあるが、中でももっとも興味深いモデルは、以下が存在することを前提としている。「認知的共感性」（他者の感情を知的に理解する能力。ちなみに、この能力には自己認識が必須条件となっている）、「情動的共感性」（他者の感情に感情的に共感する能力）、そして「能動的共感性」（他者にあまりに強く共感するため、無意識に相手の行為を模倣する際に生まれる、模倣型の深い共感からくる行動。例として欠伸がうつるなど）だ。

これらのうち、最後のものが一番難しい。チームが意識どころか心まで共有しているのかもしれないと思わせるようなエピソードを含む、魔法のようなセレンディピティ（＊訳注：なにかを探しているときに、予想していなかった別のものを発見すること。または思いがけずすばらしい偶然に出会うこと）の例、たとえば軍が勇敢な戦闘の場面で経験するものなどはすべて、こうした深い共感力を発揮している。これは通常、構築できるまでに何年もかかり、お互いについての深い知識が必要となる。

それを避けて近道をしたかったら、もっとも効率的なのは、米軍が実施しているいくつかの共感力を引き出す演習に基づくものだ。これはおおむね、即興と知的な親密さを中心に展開される。PeopleNotTechでワークショップをやるときは、こうしたものを使ってほとんど強制的に共感力を引き出すほうがずっと簡単だ。だが私たちが作成したPSワークスがデジタルベースであること、そして今では実に多くのチームが分散したリモート形式で働いているということを考えると、課題はさらに難しい。

私たちがまず注力しようと決めたのは、感情の認識の仕方を教えることで「認知的共感性」を改善する方法だ。そして「情動的共感性」はチームに毎月課題を与えることで訓練する。それぞれのチームがなにを必要としているか、そしてそれぞれのチームリーダーがどのように行動するかについてのデータを集めることに集中する。この行動データを分析し、ソリューションの中で積極的な傾聴、感情的データを共有する（たとえば、ふりかえりの中に「1高1低」演習を組みこんで定期的に実施するなど）、または感情パターンの識別を奨励するなどの行為を発展させる演習を提案する。これらの介入のうち、どれが一番成功率が高いかはまだわからない。だがリーダーの共感力は月ごとに採点しているので、どれが人の共感力を高めるのにもっとも効率がいいかというパターンはいずれ見えてくるはずだ。

以前のデザインスプリント（＊編注：新製品や新機能の投入リスクを避ける目的でおこなわれる、デザイン思考を基にした短期間のワークプロセス）では、子どもの感情認知アプリのテストもおこなった。これは子ども、特に神経学的機能が正常な子どもと比べると感情認知に苦労する場合が多いことが実証されている自閉症の子どもが顔の表情やボディランゲージなど、社会的ヒントを理解できるように手助けするものだ。これは、4つの異なるグループでテストした。2つは子ども、2つは大人で、それぞれ異なる職業的類似性を持つグループだったが、最初に概念を教え、教育的注入がおこなわれると、すべてのグループのスコアが改善した。

本書の読者で、他人の立場で考えることがうまくできない人はいるだろうか？　生産的に仕事をする能力と、自動化の鉤爪から仕事を奪い返す能力がその立場に自分を置けるかどうかにかかっているのだとしたら、いつまででも他人の立場で考え続けるべきではないだろうか？

人間らしくある許可

本章の冒頭で述べたとおり、昨今はこうしたことのいずれかを一番に考えてもいいという許可が、ほとんどの企業では与えられていない。例外はデジタルエリート企業で、そうした企業ではこの許可こそ一番の関心事だ。

多くの場所で、正直であり、目的について考え、学び、疑問を抱くことに時間を費やし、信頼を検証し、倫理的価値を学んで熟考し、よりうまく話を聴き、気配りができるよう努力し、内面的な宿題をやることは、平均的な会社員からするととてつもなく身勝手で、どこか無作法な行為に思えてくる。すべて、何十年もかけて真逆のことを叩きこまれてきた結果だ。それが、やらないことの言い訳としても使いやすい。まるで、会社側がこう言っているかのようだ。「もし息をしたり、瞑想したり、考えたり感じたりするなら、それは自分の自由時間のときにやれ。職場では出勤して数字を打ちこんで、半分死んだような顔でミーティングに出席するためにしか給料を払っていないんだ」。

だが、これは誰もが「耳にしている」わけではない。

トップにいる「完璧なプロフェッショナル」、言い換えれば「賢い大人」たちは、漏れなく自己改善作業に多くの時間を費やしており、こうしたトピックの必要性と価値に気づいて関心を深めている。だが従来、この関心と意識的改善のための余裕が組織の下層部まで下りていくことはなかった。専属のコーチをつけ、柔軟な仕事のスケジュールが組め、決定権を持ち、専属のヨガ講師やセラピストまでついている幹部社員は珍しくない。だが企業は、より良い自分自身でいるのは経営陣だけの領域であって、全社共通にできる贅沢ではないし、するべきでもないと思わせるのが実にうまい。

多くの場合、これはほとんどの企業で永久凍土のように固定されている「感情は許可されない」方針の中に個人の感情とチームのダイナミクスを中心とした人間中心のトピックへの注力を導入するというのが現状からあまりにもかけ離れていて、どうすれば実現できるかがわからないことが原因だ。

ビジネスがこの人間らしくある許可を再び確保できるような証拠を見つけるという大変な仕事を人事部やほかの善意の経営陣や部署がやってくれるとしたら、2016年のミョウ・チェンによる「リーダーの感情指数と部下の仕事に対する満足度」から、2015年にモンム、リュウ、ウィーラー、コーリン、メンゲスが発見した「感情認知は間接的に年収を予測できる」こと、その他2015年にGallupやForesterが実施した数多くの調査まで、より幸福でやる気のあふれる従業員を敬意をもって扱えば人的負債を減らす効果があることを示す証拠はいくらでも出てくる。

心理的に安全で、したがって高い業績を上げられるチームを構築するために共感力、EQ、目的と情熱を改善する「ビジネスケース」は実に明白だ。すべては、職場に人間らしさや感情が復活するのを諸手を挙げて歓迎するところから始まる。

Netflix、Google、Zapposなど、それを実践した企業はすべて、従業員の先入観を克服しなければならなかった。「感情」という言葉を口にすることすら危険だった職場から来た従業員たちに、もう一度信じてもらい、彼らの人間性が今では望ましく、歓迎されるものだと理解してもらわなければならなかったのだ。

人間らしくある許可を認め、再確認するという作業はほとんどの会社で大がかりなものになるだろう。「プロフェッショナル」でいることが「人間らしくある」こととは矛盾しないのだという方向に従業員の意識を変えられるようになるには、これは1回限りのプロジェクトではなく、全社規模で常に関心事でなくてはならない。

「人間中心の行動」

この「人間らしくある許可」を望み、「賛同」すると仮定して、私たちは誰でも善きリーダーになり、チームの面倒を見られるようなスキルを持っていると考えている。だがそれは間違った考えだ。この匿名の言葉遊びには、不愉快な真実が含まれている。

> *これは、「みんな」「誰か」「誰でも」「誰も」という名の4人についての物語だ。やるべき重要な仕事があって、「みんな」がそれをやるよう頼まれた。「みんな」は、「誰か」がそれをやるだろうと確信していた。「誰でも」その仕事をできたはずだが、「誰も」それをやらなかった。それは「みんな」の仕事だったのだから、「誰か」が怒り出した。「みんな」は「誰でも」それをできると思っていたが、「みんな」がそれをやらないだろうとは「誰も」気づいていなかった。結局、「誰でも」できるはずだった仕事を「誰も」やらなかったことで、「みんな」が「誰か」に責任をなすりつけることになった。*

直近の大きな仕事は、数字担当や鍛え上げられたプログラマー、百戦錬磨の実務担当やセキュリティ担当を含めた全員のためのもので、私たち自身のEQを高め、チームに執着することだ。この仕事は「あったらいい」というものではなく、成功に欠かせない要素だ。自分自身と仲間たちの感情の状態を認識し、改善しなければならないのだ。オープンでいて、他者にもオープンになれるようにすることで、幸福を生み出す。透明性とインスピレーションを大事にすることで、方向性と目的を再確認する。学び続け、チームの中に好奇心をかき立てる。探し続け、創造し、革新する。曖昧でふわふわしたものに萎縮しない。わくわくする。実行する。火をつける。集中する。要求する。理解する。押し引きする。感じる、そして感じさせる。徹底的に、快適に、安全に人間らしくいる。

しかも、全員が「そうしたい」と思わなければならない。なぜなら、CEOであれ部下が2人しかいないライン管理者であれ、リーダーに任命された瞬間に、かつて「本業」であった仕事がもはや本業ではなくなるからだ。人間らしくいる許可を利用し、自らのEQに注力し、独自の「人間中心の行動」を構築し始めるのがすべてに勝る優先事項なのだと理解することに比べれば、採用された当初に持っていたスキルはこれっぽっちも重要ではない。

ほとんどの場合、これにはいくつかの原則を理解するという作業が伴う。その原則はたとえば、チームリーダーが実践しようと決めた手法としての心理的安全性の重要性、それに従業員全員の幸福に対する執着などで、それを実現するためにどのようなツールや習慣を導入するかは個人的に選択できるものだし、そうあるべきだ。これはつまり、リーダーがどのくらい頻繁に部下と連絡を取り、チームにおける心理的安全性の構成要素に関してどこに目を光らせているか、そして行動に影響を与えることでパフォーマンスを改善させるために実行している介入などよりも、そうしたことすべてを日々の仕事の中に組みこむほうがずっと重要だということだ。かつては技術的能力に基づいていた昔ながらの職務明細書は、もはや不要なのだ。

チームの枠を超えて

個人的見解からは、自己開発におけるEQや共感力、その他「ソフトスキル」と呼ばれるものすべての重要性を認識することは、将来の雇用を保証するという意味では最重要事項だ。残りのキャリアの間も労働市場の中で競争力を維持し続けたかったら、これらすべてに投資せずにすむ道はない。

その作業は快適ではないが、間違いなく貴重だ。テイクアウトとビールばかりのお気楽な青年時代を過ごしたあとで、中年になってからジムに通うのはいつだって簡単でもないし楽しくもない。つらいし、やる気は出ないし、あまりにも不快なので、1時間ごとに人生の意味を問いたくなるくらいだ。だが、それは長生きしたければ間違いなく必要な行動だ。

健康な身体を手に入れるのが衛生的(ハイジーン)だということに異論はないだろう。そしてありがたいことに、同じような意見が心の健康維持についても聞かれるようになってきている。そして最後に、EQを高めてより良いチームリーダー、より良い従業員になるためには、同じ作業に取り組むべきだ。

組織的観点からは、「人材」の発掘とEQの訓練、両方について考えなければならない。一部の企業では、これはすでに基礎的な、DNAの、文化的レベルで根づいている。だがほとんどの場合、それを探求するためにも、それを発展させ、許可を実践することを学ぶためにも、考え方に大きな変化が必要だ。

容易にEQを身につけた個人を見つけようとしても、まず不可能だと思ったほうがいいだろう。EQを磨くことで目の前の仕事に向けて将来のプロフェッショナル、とりわけ将来のリーダーに備えをさせるようななにかをやってくれている学校はほとんどない。共感力についての6カ月コースなど当然ないし、自分や他者の感情的状態を解釈する1週間のセミナーなども、私は聞いたことがない。その結果、採用では才能ある個人を選び出すことにとことん失敗している。「人と接するのが得意」や「対人能力がある」などは、どこの職務明細書でもついでに書き加えられる曖昧な「あったらいい」程度の条件だ。ここまで採用基準が低く、一応は従業員が成長できるだろうという姿勢でこの問題に注力している程度では、この先の発展はあまり見込めない。

職場における人間性を取り戻すには、持続的な努力が必要だ。自分の感情を無視するのではなく耳を傾ける方法を学ぶこと、心を開いて他者の声を聴いてもいいし、むしろ望ましいのだと覚えておくこと、反応や感情を見せてもいいのだと自分自身に許可を与え、そのためにより良いチームメンバーまたはリーダーになること。そしてなによりも重要なのが、自分自身に時間を費やす余地、資源、許可があると感じられること。これらすべてが、どのような突貫の改善作業とも同じくらいやりにくいものだ。

職場で自分自身に時間を費やすこと——学ぶこと、EQを高めること、共感力をはぐくむこと、直感に耳を傾け、とにかく職場で人間らしくあることが全体的にうまくなること——の美点は、いったんそれが実現すれば、全員が勝者になれるという点だ。それだけの価値がない、視野が狭い、損益重視の企業から初めて生産性が上がっていくのもそうだが、なによりも、従業員が真の自己価値観創造の作業に取り組め、機械にも、人間らしくあることに労働力を割かなかった怠け者にも、絶対に取って代わられない貴重な存在になれるのだ。

CHAPTER 7

次になにが起こるのか、そして パンデミック以降の世界での働き方

- 2020年のパンデミック
- リモートvs.柔軟(どこでvs.どうやって)
- 新しい現実を共にデザインする
- 突然のリモートへの移行の影響
- リモートとワークライフバランス
- 世界的不況の中でのVUCAなデジタル世界における生産性とパフォーマンス
- パンデミック以降の世界での働き方
- 次に仕事とチームに待ち受けているものは?

2020年のパンデミック

COVID-19（新型コロナウイルス）のパンデミックは、今この本を読んでいる読者には説明不要だろう。私たちが乗り越えなければならなかった最大の試練と言えるかもしれない。2019年12月に中国の武漢で発生したと言われているこのウイルスは、2020年7月までには1,000万人を感染させ、188カ国で50万人以上の死者を出していた。

経済的には、パンデミックの初期の影響はこの類のほかのどの出来事よりも強く響いた。世界中で政府によるロックダウンが実施され、仕事のやり方が変わり、そしてその後には深刻な経済不況が続いたのだ。

変化のきっかけに注目するため、この章ではこうした初期の試練や苦難の終わりにまだ雇用されていた労働人口についての分析をおこなう。そこまで幸運ではなかったために職を失った何百万もの人々に不安がずっとつきまとい、働き方に影響を与えたとはいえ、幸運とみなされたチームの分析だ。

パンデミックが世界の仕事に与えた影響をあるいはもっともうまくまとめているのは、2020年前半にソーシャルメディアに氾濫していた象徴的なミームかもしれない。見た目は簡単なアンケートのようだったそれは「あなたの会社でデジタル・トランスフォーメーションを主導したのはなんでしたか？」という質問で、答えの選択肢は「a）CEO」「b）CTO」「c）COVID-19」だった。

これがそこまで話題となったのは、これまでの数年間で「デジタル・トランスフォーメーション」という言葉にさらされた者なら誰でも、働き方の確実な改革がテクノロジーのスピードと消費者の需要に対応しきれず、大幅に遅れていることを知っていたからだ。今回のパンデミック以前の進歩は腹立たしいほどに遅かったにもかかわらず、政府のロックダウンによっていったん在宅勤務（Working From Home: WFH）が世界中で命じられると、すべてが一夜のうちに変わってしまった。

初期の導入企業はどのような経済的・生産的利益を達成しているかを踏まえた上で、リモートワークに移行するために必要なツールやプロセスについてのリスク監査や採算性の検討に多大な労力と予算を費やしてきた。同じようにほかの既存企業が、しかもその検討結果を棚上げしてどのような対策も先送りにしてきたか、あるいは不可能とさえ結論づけてきた企業が、今度はとにかく、なにがなんでも実行しなければならなくなったのだ。

このパンデミックは、途方もない変化の時代を引き起こした。ミネアポリスでアフリカ系アメリカ人男性ジョージ・フロイドが警察によって殺害された事件のあと、2020年6月に起こった抗議運動「ブラック・ライブズ・マター」など、直接的には関連していないかもしれないものもあったが、その他の人種差別や偏見、気候変動などを含むほとんどの問題について社会的・経済的改革を求める声が大きくなったことなどを見れば、一度立ち止まってまた頭からやり直す時間がどのようにしてできたかをたどることができる。そんな中でも、職場というのはパンデミックがもっとも重大で、もっとも持続的な変化をもたらした領域だった。

2020年より前は、ほとんどの企業は柔軟な働き方やリモートワーク、あるいはその両方の関係性についての概念に中途半端に手を出すだけだった。だが口先でなにを言おうと、全体的な心情は、対面のほうが仕事はうまくいく（あるいはそうでなければうまくいかない）というものだった。日々のミーティングや営業、イベントの交流タイムなどで相手の目を見て、握手をすることが、人間関係の構築を促進し、それによって必要な結果をもたらしてくれる、唯一の真に貴重な交流として長年みなされてきた。

同様に、一緒に仕事や合同プロジェクトに携わるほとんどのチームにとっても、同じ部屋にいることがなによりも重要とされてきた。近年発表されてきた数々の研究や説得力のある文章で、仕事の性質上それがもう必須ではなくなった（あるいはもう許可さえされなくなった）ことがはっきりしたにもかかわらず、私たちの頭に刷りこまれたなにが「貴重」かという思いこみはまだ、物理性と近接性に大きく依存していた。

オンラインミーティングを支持する研究（賛否はあるかもしれないが、盛んに議論されている画面越しの交流の規則性、共通の目的、共感、継続的な存在などに基づくミーティングに関するもの）では、オンラインも対面のミーティングと同じくらいの効果があるという説が出始めていた。だがその説はまだ比較的曖昧で、統計が明白にそれを証明していたとしても、何十年も普通に交流してきたほとんどの社会人にとって、どのような形であれオンラインでのコミュニケーションはビジネス上の交流でも同僚との交流でも、手段としては単純に劣っているというのがパンデミック初期の根底にある感情だった。

2020年が終わるころには、ビデオ通話は職場の内外を問わず、ほとんどの交流で受け入れられる標準となった。これが、コミュニケーションの本質と方法に関する興味深い疑問を大量に生み、自分自身の物理的な投影に関連してこれまでは見すごされてきたいくつかのテーマを掘り起こした（たとえば、上はネクタイをしていても下は短パンという装いはあたりまえになったし、一部のミーティングは「内部だから化粧は不要」という認識が普通になった）。順序交替に関する新たなルールも、必然的にこの環境の延長で決まるようになった。ひょっとすると、チームの物理的分散に対するより深い理解がもたらしたもっとも貴重な影響は、その後のハイブリッド方式において多くの企業が「誰かがリモートなら、全員がリモート」というルールを主張したことかもしれない。これはつまり、チームメンバーの誰か1人でもその場におらずオンラインで参加しているなら、ほかの全員がその場に集まっていたとしてもみんなそれぞれのPCからオンラインで参加し、全員の参加条件を平等にすることで真の対話が生まれるようにするというものだ。これは、それまでは分散しているチームに強いダイナミクスを持たせる上で生じていた、大きな障害のひとつを取り除くことになった。メンバーの一部が周辺的な立ち位置にいて、チームの対話に参加しようとしてもうまくできないような状況は、いつでも悲劇的なものだからだ。

パンデミックの初期のころ、ミーティングやイベントではまだ内容や知識の創造と普及よりも、ネットワーキング的側面のほうが重要だとみなされていた（そして革新的なデザインに基づく空間を生むイベントなど一部の例外を除き、廊下ですれ違ったときの交流の価値はかなり誇張されていたが、疑問が投げかけられることはめったになかった）。どこの組織も、地理的境界線を越えて構築しなければならない部門をまたいだ「Spotifyっぽい」チームの実用性に苦労していたし、そうしたチームの能力が不足している部分が、総合して新しい働き方を受け入れ、アジャイル、リーン、またはDevOpsチームを生み出す上での最大の障害となっていた。

パンデミックが始まって数週間、シリコンバレー大手企業のほとんどはリモートワークに関する自社の方針を早々と宣言していた。TwitterとSquareが選択的リモートワークをデフォルトにした最初の企業のうちに含まれる。コスト的なことを言うと、直感に反して、予備的研究では在宅勤務の増加のために事務所を閉鎖しても、実際にはそこまで大幅なコスト削減にはつながらないことがわかった。在宅勤務の環境を整えたり、リモートワーク研修をおこなったり設備を揃えたりしつつ、必要があれば物理的に集まれる場所を提供するためのサテライトオフィスも十分に維持する（これがハイブリッド方式だ）ための費用がそれなりにかかるからだ。だが、一部の企業は、この変化に人材発掘のチャンスを見出した。

Facebook（現Meta）の従業員の50%が今後5～10年以内にリモートワークに完全移行できることが判明したとき、マーク・

ザッカーバーグCEOは2020年5月に従業員にこう伝えた。「これは多分、遅すぎたくらいだ。これまでの数十年間、アメリカの経済成長はかなり凝縮していた。大手企業はたいてい、ごく限られた都市部でしか採用していなかった。つまり、たまたま主要ハブ以外の場所に住んでいるというだけで、多くの才能あふれる人材を取りそこなってきたということだ」。

実用性に加えてもっと重要な副作用が、リモートへの突然の移行で生じた、従業員についての対話の始まりだ。それまでは重要ではないからと決して優先的に検討されることのなかった問題、たとえば個人の心の健康やチームのやる気のレベルなどが、従業員が監視下に置かれなくなり、すべてが変わったとたんに、突如として強烈に注目を浴びるようになった。

リモートvs.柔軟(どこでvs.どうやって)

この対話を妨げてきたもっとも一般的な誤解のひとつが、「リモートワーク」「在宅勤務」「柔軟な働き方」がすべてまったく同じものだという考え方だ。実は、そうではない。最初の2つはパンデミックの観点からは同義語とみなしてもいいかもしれない(ただしそれ以外の観点ではそうとは限らない)が、「リモート」と「柔軟」はまったく互換性がない。実は、リモートの性質は柔軟の特徴のひとつにすぎず、その概念の中に厳格に留められているものなのだ。

柔軟な働き方とは、従来型のオンサイトや出勤仕事とは違う形でおこなわれる仕事のことを言う。そしてこれはその仕事がおこなわれる場所と方法の両方を指す。どちらか一方だけを議論するのではなく、場所とプロセスの両方が、このトピックには含まれている。

そして、ここに含まれる概念がパートタイム、期間限定(学期の間など)、ひとつの仕事を複数人で分担するジョブシェアリング、アウトプットベース(今後数年間で多くの企業が注目しなければならなくなる、もっとも興味深い概念のひとつだ)、圧縮労働時間(2018年にニュージーランドで実施された週4日労働の実験では、生産性が20%向上することが証明された)、そして中でももっとも興味深いのがフレックスタイム、つまり従業員が雇用主との合意に基づき、一定の期間内でいつ仕事を始めていつ終わらせるかを自由に選べるようにするというものだ。

ここに述べた働き方のバリエーションはそれぞれ、仕事の効率や生産性を大幅に高める能力について膨大な量の調査研究がおこなわれており、ほとんどの調査結果は30％以上の改善が見込めるとしている。理由を分析すると、主な原因は従業員満足度ややる気にあり、したがってパフォーマンスの大幅な向上にあるが、かつてはストレスや不安、鬱など、圧倒的に仕事に関連して発生していた病欠や退職が減ったという事実もある。とはいえ、パンデミックという環境において、COVID-19が世界を変えたときに議論され、実施された唯一の変化は、働く場所についてのものだけだった。言い換えれば、特定の職場のモデルにほかのバリエーションがあり得るのかどうかを知るためにおこなわれるべきだった発見や調査、デザイン、交渉などは一切なかったということだ。このため、もともと出勤して働いていた従業員は自分たちの仕事を在宅勤務に切り替える方法についてたいした研修もなく、数多くの落とし穴をどうやって避ければいいかのまともなアドバイスもないままに、プールの一番深いところで手を離されることになった。

その中でも大きかったのが、家事と仕事の連続性の感覚が非常な重荷となり、両方を満足させようとどれだけがんばっても、どれだけ働いても自分は無力だと感じる従業員が多くいたことだ。意図的な個人の領域がまったく明確に設定されない状況に置かれ、この新たな環境で不満を吐き出す場もたいしてなく、雇用が確保されているという保証もますますあやしくなる中、彼らはあっというまに疲れ果ててしまった。

ここでもまた、パンデミック以前からすでにリモートワークの習慣を身につけていた人々がロックダウン中は有利だった。彼らはリモート環境でも生産性を維持できるようにさまざまな要素を考慮して仕事のプロセスを確立しており、多くが実際に、経験によって築き上げた柔軟な働き方を習慣としていたのだ。だが突然リモートになった従業員の多くが、自分でスケジュールを立てたり、自宅で持続的に仕事をしたりできるような自分なりのパターンを編み出すための指針をまったくもらえなかった。ただ家の中に場所を作り、そこからいつ終わるとも知れないいくつものミーティングやZoom通話に引きずりこまれ、さらにはきりのない電子メールの応酬と混乱の渦に巻きこまれた。そこに子どもの自宅学習まで加わり、状況はさらに複雑になっていった。

企業も従業員もこの状況が一時的なものですむと信じていたため、短期間はこれでもなんとかうまくいった。だが数週間が数カ月になるにつれ、もはやこれが非常手段ではなく、ひとつの生活様式として扱うべきなのだということが全員にとって明らかになってきた。こうして、強制的ロックダウンに入ってから数カ月後、持続可能性をめぐる問題とそれに伴う個人的限界や肉体的・精神的制約が浮上し始め、オンラインで率直な対話がおこなわれるようになった。残念ながら、これと共に起こったのが「オフィスに戻る」可能性についての議論だった。未来のハイブリッド方式の周辺で混乱が収まりもしないうちに出てきたこの議論と、これから起こる極端な不況についての報道も相まって、柔軟な働き方の「なぜ」と「どうやって」をめぐる率直な対話の多くはまたしても「どこで」、さらにはもっと痛烈でどこまでも恐ろしい「もし」という問題の周辺に閉じこめられてしまった。

2020年も後半に入り、不況が大規模になり得る可能性が明確になってくると、自身の限界について語ったり、組織に敬意や気配りを求めたりしようとする人は少なくなった。仕事があるだけでもありがたくてたまらないという感じだったのだ。自分がいつでも使い捨て可能だという身のすくむような恐怖にかられて、人の倍の時間働き続けていると、自分がもっとも生産的になれる最善の時間や方法を見つけるために必要な思考など要求することはない。むしろその逆だ。加えて、片親、もしくはフルタイムで働く両親と子どもという家庭では、ロックダウンが1、2週間ですむ話ではなく、場合によっては何カ月にも延びることになるのが明らかになると、その負担は説明しようもないほど大きくなっていった。

最初のころ、育児と家庭学習が有意義な形で議論されることは驚くほど少なかった。せいぜいふわふわとしたミームが登場し、笑える状況を嘆く意見記事がときどき出てくるくらいだったのだが、極度の疲労と心の健康という全体的な問題も当然加わって（したがって生産性の問題も加わって）、長期的にはその影響が当時想像し得たよりも総じて大きな困難になったのも不思議はない。時間が経つにつれ、この懸念はますます鮮明になっていった。

家事と家庭学習のプレッシャーに直面し、柔軟な働き方を選べるだけ幸運だった多くの親が過剰に働き、真夜中すぎまで（もしくはその時間から）働くようになった。そうなると当然、極度の疲労に陥るリスクが急激に高まる。ほとんどの企業でほとんどのチームが明確なコミュニケーションも方針も指針もなく、自力でなんとかするしかない状況に置かれていたため、この傾向は顕著だった。そうした指針が少しずつ生まれ始め、「ニューノーマル」のモデルをめぐる混乱が落ち着いてきたのは、2020年夏になってようやくだった。

職場ではすばらしい実績を上げていたのに教師としての役割では標準に達することができず、少しでも権威があるように見せかけながらテーブルの下でこっそりググっているようななりすまし症候群が蔓延するため、優秀な人材ほど苦労することが、経験的にわかってきた。加えて、いつもの「仕事ばかりのママでいることの罪悪感」が今度は性別を問わずどちらの親にものしかかるようになり（ただ、もしちゃんと調べれば、パンデミックの最中は仕事の状況にかかわらず、男性よりも女性のほうが家庭学習の仕事を引き受けていた可能性が高い）、誰もがますます疲労困憊し、まるで教師と社会人として「生存者の罪悪感」と「なりすまし症候群」両方の初期の形と戦うのに躍起になっているように感じていた。

新しい現実を共にデザインする

2020年のさまざまなタイミングで、職場の将来において成功を求める企業は絶対に共創とデザインの場を立ち上げるべきだということが明確になった。高いパフォーマンスを実現するために、なにがうまくいくかについてオープンに話し合える場だ。これはCOVID-19の危機より前には存在しなかった対話で、リモートへの移行が起こった経緯——計画的にではなく、強制的に、突然、命令によって——のため、この決定的な瞬間に連携することに、多くが苦労した。

「人と最終利益」(2018年、Institute For Employment Studies & The Work Foundation)、または「人と最終利益（*編注：前掲と同名だが別機関の調査)」や「仕事の未来：2030年の仕事と技能」(2014年、UKCES）ではいずれも、さらなる連携とより良いイノベーションの結果を得るためには柔軟な働き方を調査し、慎重にデザインする必要があると提言している。私たちがパンデミック以前に総合的に直面してきた大きな前提は、いまやオフィスビルの中に個別のオフィスがあると便利だという程度に要約され、それでさえ、疑問を抱く決定的な瞬間が一度はあったはずなのに、そのあとに「(間仕切りの少ない）オープン・プランのオフィスは最高だ！」という間違った思いこみが続き、その誤解が科学的に暴かれても修正はおこなわれなかった。イーサン・S・バーンスタインとスティーヴン・ターバンがハーバード大学の依頼で実施した「『オープン』な職場が人同士の連携に与える影響」など研究に次ぐ研究では、オープン・プランのオフィスでは有害な職場環境が生まれ、非協力的な従業員がその環境を毛嫌いして生産性を引き下げることが明確に示されている。

ほかのどの領域でも、あるいは職場におけるほかのどのような仕事上の連携でも、こうした思いこみが蔓延し、偏見や誤解を取り除くために必要なオープンな対話は完全に欠如していた。

アトランタ連邦準備銀行が発表した研究論文によると、従業員は労働時間の40%を在宅勤務にしたいと考えているそうだ。一方、雇い主のほうに聞くと、20%が望ましいのでその割合でしか計画していないと考えていることがわかった。

ここに、興味深い現象がある。パンデミックの初期のころに生まれた勇敢な方針や新しい働き方の実例1つひとつについて、最高経営陣からはそれに呼応して一見警戒するような動きが見られたのだ。一例として、MicrosoftはCOVID-19が襲った直後の2020年4月からリモートワークを宣言した最初の企業のひとつだが、サティア・ナデラCEOは『ニューヨーク・タイムズ』紙にこう語っている。「現実の会議室に入ったとき、隣に座っている人に話しかけて、ミーティングの前後2分間だけでもその人とつながれる。それがなくなって寂しいね」。

公式な宣言と経営陣の発言との間に見られる食い違いのようなものの原点は、必ずしも彼らが広報目的のために「一方ではこう言うが、他方では違うことを考えたり実行したりしている」ことを意味するわけではない。むしろ、リモートワークは個人レベルでまったく異なるふうに解釈され、その働き方が一発で好きになった者から大嫌いになった者まで、ありとあらゆる個人の好みや性格を反映しているという事実があり、経営者自身もそれぞれの形でそれを経験していて、その姿勢を従業員全体に投影しているというだけだ。

これが明確になるや否や、多くが働く場所についての好みと性格をマッピングしようと急ぎ、これが正解だと思うものに基づいて一般化を試みた。

しかしながら、もっとも重要かもしれないアドバイスは、リーダーたちがリモートワークは自分も含め、従業員それぞれに異なる形で影響を与えるのだと認識するということだ。したがって、管理職は自分の働き方を認識し、自分好みの働き方のパターンを部下に押しつけないように注意しなければならない。一方、部下のほうは自分が最大限に能力を発揮できる働き方がわかったなら、リモートワークにうまく対処できるようになるということだ。どの戦略が自分にとってうまくいくかを知り、どうすればうまくスイッチを切り替えて情報過多を避けられるか、境界線を設定して自分に合ったワークライフバランスを見つけられるかがわかれば、ストレスレベルを引き下げることができる。そうすれば、この難しい時期にストレスが高まるのを抑える一助になるはずだ。

——J・ハックストン、Myers-Briggs Company、ソート・リーダーシップ担当責任者

このような明白な一般化を避けるために、規模を問わずすべての企業でできるのは、質問することだ。自社の従業員が前述の範疇のどこにあてはまるのかを知るには、もっとも自由回答な方式で純粋に質問し、それからすべての事態に対応できる最善の方法を編み出せばいい。

リモートワークと柔軟な働き方についての議論でもうひとつ見られた大きな誤解が、こうした検討はIT主体の企業にしかあてはまらないだろうというものだ。だがパンデミックの最中は、そうではなかった。「仕事の未来：COVID-19パンデミックにおける在宅勤務の心構えと確固とした回復力についての研究」（2020年6月2日、ジョン・（白剣秋）・バイ、ノースイースタン大学、ダモア＝マッキム・スクール・オブ・ビジネス、王瑾、マサチューセッツ工科大学、セバスチャン・ステッフェン、MITスローン・スクール・オブ・マネジメント、チ・ワン、マサチューセッツ大学ボストン校）によるこの調査結果を見てみよう。

> *在宅勤務の指標値が高い企業はパンデミックの最中も株式リターンが高く、利益変動が低く、より良い業績を上げていた。社会通念に反して、この結果は主に非ハイテク企業にあてはまるものだった。*

パンデミックからの数年間、リモートワークと柔軟な働き方の新しい現実の中で成功するには、どの産業でも経営陣の個人的感情や時代遅れな一般化ではなく、従業員としっかり対話をし、働き方の「どうやって」を真に共創する効果的な方法を見つける必要がある。

突然のリモートへの移行の影響

パンデミックの最中には、どのような企業にも後々成功する機会があった。それは主にチームの過去の心理的安全性のレベルに左右されるもので、チームがすでにどのくらい団結していたか、どれだけ回復力があったか、どれほどの勇気が内在していたか、そして発言できる文化がすでにあったかどうかによって決定づけられた。そこで、すでに高得点を叩き出していたチームにとってこの時期は、たとえリモートワークへの突然の移行というきわめて落ち着かない変化がもたらされたとしても、再確認と強化の時期にすぎなかった。

他方、心理的安全性がそこまで強くはなかったかもしれないが、リモートには十分になじんでいて、たまたま経済状態が安定しており、したがってある程度は雇用が確保されているチームもあった。こうしたチームは感情指数（EQ）の高いリーダーを持つという幸運にも恵まれ、そのリーダーが即座に人間中心の行動を磨き上げていた。このようなチームは互いにしっかりと支え合い、たとえそうとは知らなかったとしても、心理的安全性を構築することができた。

ほかのチームは、恐怖と麻痺の中間、極度の不安定さの中、できるだけ小舟を揺らさないようにしながら（つまり、ビデオ通話の最中もそれ以外のときもこれまで以上に発言などせず、印象操作をし、自分は有能ですべてが制御できているように必死で見せかけながら）新しい不気味な環境の中で最善の努力を尽くすことと頼まれた仕事をこなすことの間に位置していた。その結果、決して反対意見など言わず、失敗を認めようとはせず、他人の判断に疑問を投げかけることもなかった。そうなると、最初のころはわずかながらあったかもしれない心理的安全性の魔法も、なくなってしまった。この魔法の紛失が、いずれ実績のほうに表れてくることになる。

すでにリモートだったチームもロックダウンの極端な性質から逃れることはできず、困難をすいすいと乗り切るというわけにはいかなかった。その理由は主に、孤立する前の在宅勤務の性質が、ロックダウンの前と後とでは根本的に異なっていたからだ。

「私たち全員がリモートで働いている状況は、普通ではない」と語るのは、AIを使って書くことを補うシアトルのスタートアップ企業TextioのCEO、キーラン・スナイダーだ。「誰もが、あまりにも大きなストレスを抱えている。今日は家で仕事をするがそのあとはジムに行ったりスーパーに行ったり、夜は友達とディナーに出かけたりするというならいいが、誰もが家に閉じこめられているという今の状況はそれとはまったく違う」。

パンデミックによって引き起こされたこの極端な状況が多くの従業員にとっては初めてのリモートワーク体験となったため、在宅勤務全般に対してあまり乗り気になれないという結果になっているのかもしれない。一方、以前からすでに在宅勤務を経験していた従業員なら、マイナス要素が主に「閉所性発熱」や「自由の欠如」に関連するものであって、リモートワークそのものではないことに気づいている。

この孤立期間と働き方の極端な変化を通じて、世界中で心の健康面での明白な悩みが見られた。パンデミックが始まった最初のころから、数多くの研究（ブルックス、ウェブスター、スミス他、2020年2月など）がマイナスの心理的影響を山ほど報告している。怒りや不安、混乱からPTSD（心的外傷後ストレス障害）までが、この難しい時期を生き抜く全員に見られたのだ。

「心理的安全性ではないもの（第4章参照）」で見たように、個人の心の健康と幸福、そして「心理的安全性」という用語の間には重要な違いがある。心理的安全性は高いパフォーマンスを発揮するチームに望ましい行動を指すものなのだが、パンデミックの最中、個人レベルで認識される安全性の欠如が明白かつ誰にとっても耐えがたいものになったとき、これらの定義が合体したもののほうが自然と強調されるようになった。

完全に切り離すことはできないとはいえ――結局のところ、チームは個人の集まりで、メンバーの1人ひとりが心の健康という観点からある程度苦しんでいるとしたら、彼らの交流にその苦しみが反映されて全員が苦しむことになってしまうのは納得できる――全部が同じ思想のバケツの中につっこまれているというのは不当な扱いで、科学的な分析と明確な区別がおこなわれればそのほうがずっと有益だ。

パンデミックを生き抜くすべての人の心の健康は、たしかに多かれ少なかれ影響を受けた。そして私たちがするべきなのはコミュニティとして、雇用主として、そして私たち自身としてそれに気づき、話し合い、支援の手を差し伸べることだ。コーチやセラピストを使って全従業員に精神的支援を提供する方法は採算も合わないし、状況が進むにつれて道徳的に明らかに必要不可欠なわけでもないことが判明した。だが、パンデミックによって引き起こされる心の病気の蔓延を防ぐために、企業ができることはほとんどなかった。せいぜい、可能であればチームリーダーにその役割を果たしてもらう程度だったのだ。

それでも、個人レベルでは、回復力を鍛える技術を磨いたり、セルフケアを実施したりすることが絶対に必要だったし、有益だった。そして人間中心の行動ができる有能なチームリーダーの多くがこれに気づき、こうしたアイデアのいくつかがチームメンバーのために確実に実行されるよう時間を費やした。その際には、困難なニューノーマルに順応する中でコーチや精神科医などからの心温まる無償の支援があった。

そうしたことが起こったのは、ほとんどの場合、チームまたは個人レベルで残っていた自己改善意欲のおかげだ。パンデミックの最中、こうした行為が企業によって支援され、導かれ、あるいは組織されることはめったになかった。一部の組織は最終的には精神衛生責任者を任命するという対応を取ったが、それはたいていパンデミックが始まって何カ月も経ち、総合的なダメージがすでに起こってしまったあとだと言ってもいい時期に入ってからの対応だった。

私たちPeopleNotTechに関しては、危機が始まったころ、

COVID-19対応の一部としていきなり在宅勤務を要請された人々のために「なにかしなければ」という気持ちから、話し合いを持ってきた。自社のソフトウェアを一定期間無料で提供し、リーダー向けにはミニEQ研修を実施、そしてなにより重要だったのが、「つながり続けよう」パッケージを構築したことだ。これは現在経験している恐ろしい体験の中に共通点があることを、チームに再確認するためだけに設計された、ほかにはなにも測定しない質問集だった。

チームメンバーには、悩みのポイントを教えてくれるよう頼んだ。「ビデオ通話をしなければならないのが苦痛」「チームのみんなから切り離されたように感じる」「今では以前の倍も仕事をしている」「永遠に終わらないZoomのメリーゴーラウンドに乗っているような気分だ」「在宅勤務だと絶対に病欠ができないように感じてしまう」等々。だがこれ以外にも、提案やポジティブなコメント、それにときどき聞かれる肯定的意見も軽くまとめた。「コーヒーを取りに行くたびに、子どもの顔が見られる」「毎日手作りランチ、最高！」「通勤しなくてすむのが嬉しい」「ミーティングのときに毎回ズボンをはかなくてもすむ」等々。質問と肯定的意見の両方がなにかを測定するためでなく、ただ気持ちを安らげ、なだめるためだけに含まれた。

また、リーダーシップの立場にあるすべての人に宛てて、この「新たにリモートになったチームのチームリーダーたちに宛てた公開書簡」を書いた。

チームリーダーのみなさんへ

あなたが企業を経営しているのであれ、なんらかの部署やソフトウェア開発チーム、新興企業を率いているのであれ、部門や小さなチームを率いているのであれ、「ライン管理」をしているのであれば――なんて嫌な用語でしょうね！――そして今回の危機で部下をリモートワークに移行させざるを得なかったのであれば、この手紙はあなたに宛てたものです。

今は誰にとってもひどい時期です。でもあなたにとっては、めまいがするほど大変だったでしょう。しかも、大変なのは仕事そのものではない。そんなことはこの際問題ではありません。思い返してみたら、仕事などほとんどできなかったのではないでしょうか。もっとも、この新たな現実に迅速に適応しきれていないのがあなたの部下の怠慢だと考えて、その尻ぬぐいをしているとでも言うなら別ですが。

あなたが直面している問題を正確に理解できるのは、あなたしかいません。

ひょっとするとあなたは、解雇のためのシナリオ制作、災害モデル作成、事業継続案等々、恐ろしいメールのやり取りでCC:されているのかもしれません。そのせいで血の気が引き、恐怖にさいなまれているかもしれません。

あるいは単純に、慣れ親しんだ日常の形を本当に懐かしんでいるだけかもしれません。

子どもを学校に送り迎えしなければならないという言い訳が使えたらいいのに、と思っているのかもしれません。

ほかのみんなと同様、自宅に仕事環境を急ごしらえするのに苦戦しているのかもしれません。うまく動かないハードウェア、メールを打つ分にはいいけれどビデオ通話には最悪な部屋の片隅、つながらないVPN（仮想専用線）、不安定なインターネット回線、突然命令された奇妙なプロジェクトの管理や家に持ち帰らされた通信ソフト、そしてまったく同じことを経験している部下たちに同情するのではなく、励まさなければならないという現状。

そこへ今度は家事や、あの恐ろしい学校教師という新たな役割まで組みこまなければならないことを知って愕然としているかもしれません。職場だけでなく、子どもたちの前でまでなりすまし症候群が発症してしまうのです。

こなさなければならない仕事はまだあと何時間分もあるのに、仕事のことを考えられる精神的余裕が少なくなっていることに気づくかもしれません。

自分が常に劣勢で、ボールをキャッチできずに落としてしまい、圧倒され、ずっと追いかけてばかりで、ゲームで先頭に立つことができず永遠に後塵を拝しているように感じるかもしれません。

微笑みかけたり、ハイタッチをしたり、ドアを開けてあげたりすることができた対面の環境でも十分難しかったのに、遠くから人に対応するのに自分はまったく向いていないと感じるかもしれません。リモートだと押しつけがましくなりすぎるリスクを背負ってでも探りを入れなければならず、自分の「日常業務」だと思っていたことはなにひとつできないまま、質問したりしゃべったりすることに膨大な時間を費やさなければなりません。間違ってほしくないのは、私たちの仕事用ツールやほかの類似品はあなたがチームの脈を取る手助けをすることでそうした不快感を多少軽減するのにとても役に立ちますが、部下に対するあなたのたゆまぬ、そしてとても人間らしい好奇心を置き換えるものではないということです。

ここで、ひとつお教えしましょう。大丈夫です。

怖がっても大丈夫。深く、強く怖がるのは、私たちの誰もが切り抜けなければならない、もっとも不快な行為です。とにかく、ただ怖がるしかないのです。

心配で心配で、身がすくんでしまっても大丈夫。

こうしたことすべてが起こる前にはまだろくに責任ある大人として行動できていなかったのに、あなたをリーダーとして、親として見上げる人たちに対処できる準備ができていないように感じても大丈夫。

「本来の仕事」ができていないように感じても大丈夫。

同じランクの、部門を超えたマネージャー／チームリーダー向けの支援グループを組織しても（あるいは会社に組織を要請しても）大丈夫。最低限、お互いにコツを教え合ったり、愚痴をこぼせる場所があると感じられたりするSlackのチャンネルを作るくらいはさせてもらいましょう。クライアントがそうしたものを作るのを私たちが手助けした事例についてはお尋ねください。

部下を信頼しても大丈夫。チームメンバーについて考えたことでいいことはすべて、おそらく真実です。そして、ここにきてそれが作用し始めるはずです。彼らは柔軟で勇敢に動き回り、キャッチできないのではないかと心配して見ていてもしっかりとボールを拾えるはずです。

第1週から生産的になれなくても、なんなら第3週に入って生産的でなくても大丈夫。自分のリズムを見つけ、あなたにとって一番うまくいく柔軟な働き方を定義するのには時間をかけてください。これがニューノーマルなのですから、腰を落ち着けましょう。

自分がどう感じるかについて考えて、「セルフケア」を実施しても大丈夫。あなたは国の「要職（キーワーカー）」ではないかもしれませんが、チームと家族にとっては十分キーワーカーです。あなたが立ち止まって事態を消化し、均衡の取れる地点を見つけなければ、彼らもそれを感じ取ります。

ここにきて突然多くを要求されること、勇気やインスピレーション、安定性を求められるようになったことに憤慨しても大丈夫。

詮索しても大丈夫。「大丈夫」どころか、それは必要なことです。

自分がどう感じているかをチームと共有しても大丈夫。ネガティブ祭よろしくひっきりなしに吐き出すのは良くありませんが、正直さの証として、そしてチームを信頼している証として時折こぼす分には問題ありません。脆弱であっても大丈夫。勇気は脆弱さの中にあるのですから。人間らしくいても大丈夫なのです。

厳しい状況です。どのような役割も偽物のように思えるかもしれません。職場での役割も、家事に貢献する役割も、育児の役割も。あなたの職務明細書そのものが、鋭敏かつ賢くしかもデジタルなシャーマン、並外れたファシリテーター、ずば抜けて優秀なエンパス、経験豊富なカウンセラー、知識豊富で安心させてくれる教師、そして調子が良ければ

スティーブ・ジョブス並みにインスピレーションを与えてくれるほどのリーダーへと、一夜にして変わってしまいました。

事態は良くなっていきます。先週よりもすでにほんの少しですが楽になっているはずです。この改善が続きます。あなたは最終的にはこの新たな職務を完璧に実践してみせ、さらにまったく新しい超人的能力まで身につけているはずです。深呼吸して、助けを求めましょう。部下から、ソフトウェアから、友人や家族から助けてもらいましょう。私たちは間違いなくもっと強くなってこの時期を乗り切ります。ただ今はしっかりとつかまってチームに集中し、すべてが終わったときに動かせるであろう山のことを考えましょう。

この手紙に対する反応は圧倒的なものだった。何千人もが強く共鳴し、それを相互認識したため、私たちはみんなで前進することができた。同様に、パンデミックの最中に従業員に対する手厚いケアと共感を実践した企業は、生産性の大幅な減少や心の病気がもたらす壊滅的な影響といったネガティブな結果を完全に排除できたわけではないかもしれないが、そうしたリスクの一部を軽減し、より良い未来に向けて投資したことがこれから証明されるはずだ。

リモートとワークライフバランス

歓迎をもって受け止められるこのワークライフバランスという用語に関して、おそらくもっとも興味深いと言えるのはAmazonのジェフ・ベゾスの意見かもしれない。彼はワークライフバランスをまったく信じていないことで有名だ。「ワークライフバランスについてはいつも質問されるよ。僕の意見では、それは消耗させる言葉だ。そこに厳密な相殺があることを示唆する言葉だからね」。仕事と私生活をバランスを取るべき行為としてみなす代わりに、ベゾスはそれらを2つの統合されたパーツとして見たほうが生産的だと語った。「実際は円なんだ。バランスじゃない。この仕事と私生活の調和ってやつは、僕がAmazonでも若い従業員や、実際には上級幹部にも教えようとしていることだ。特に、新しく入ってくる人たちには教えたいことだね」。そして、彼は職場での作業と家での作業、そして娯楽での作業を、自分にとって一番うまくいくと思うリズムにミックスするそのやり方について説明した。

2020年のパンデミックの影響が職業人として、また一個人としての私たちになにかを教えてくれたとすれば、それはオンラインでの交流や仕事をどのように構成するかについて考えることには時間を費やす価値が間違いなくあるということだ。正気を保って長期的に生産性と競争力を維持するためには、他者に対してだけでなく自分自身に対しても思いやりを持ち、誰もが同じ働き方をするわけではなく、誰もがそれぞれ異なる、だが同じくらい大事な限界を有することを認識する必要が今まで以上に出てきた。

その限界に気づき、理解し、そして互いにコミュニケーションを取り合うために時間をかけるべきなのだ。

もちろん、自分がどんな仕事をどのくらい長く、いつするかを好きに選べる贅沢が誰にでも与えられているわけではない。無限に続くミーティングのメリーゴーラウンドに乗っているように感じる者もいれば、自分の本来の限界をとっくに超えてしまったと感じる者もいる。落胆と不安の感情が深刻化すればするほど、見通しはますます暗くなっていった。

もっと有能なプロフェッショナルができる範囲でやっていたのは、自分の能力を正直に見直し、「もう無理」という限界に近づいたらそれに気づけるようにするということだった。いったんそれが明確になると、自分本来の自然のリズムと交流面での精神的・感情的能力、つまり自分が気持ちよく対応できる範囲をチームやチームリーダーに勇気をもって伝えるための時間を取るのだ。

一部のリーダーは耳を傾け、チームによってはクライアントや納期による制約がある中でもこのような人々から学んだことを調和させられるような、真に柔軟な職場環境を共創することに時間を費やした。個々の仕事は時間の制約なしにできるようにしつつ、共同作業やチームワークは合意された時期におこなわれるようにしたのだ。

すべてのリーダーがこうした深い洞察を部下の個々の働き方に

組み入れるべきだと（あるいはそれができるのだと）気づいていたわけではないが、そのことを伝えるという行為だけでも、心理的不快感を少し和らげることができる。

リモートワーカーの大多数が、自分の真の限界を発見する「許可」を与えられていると感じたことが一度もないか、それに気づく時間を取ったことがないか、それを伝えることでただでさえ大変な職場で「波風を立てる」のは建設的ではないと感じていた。だがそれ以上に不況と失業に対する絶望的な恐怖からそうすることができず、その結果、とにかく絶対にそのことについて発言しない状態だった。

先見の明に富んだ数少ないチームリーダーたちは、急にリモートになった部下たちが自らを見つめ直し、セルフケアに注力する必要性を訴えてきた。彼らは個人の限界を無視することは許されない、それどころか長期的には無責任にさえなる行為だと強調した。チームメンバー1人ひとりと1対1の面談（1on1）をおこなう継続的なキャンペーンに注力する時間を取り、共同のミーティングでも質問したし、正しい会話を引き出した。

最終的に、彼らはチームの再立ち上げの段階でカルチャーキャンバスも使い、リモート環境におけるチームの柔軟な働き方を定義する上で一番うまく機能するツールや、プロセスをめぐる交流のための契約作成（コントラクティング）の一部として議論した。これにより、内省と率直な会話には価値があり、競争力を保つためには必要なのだということが強調された。

彼らは部下に対し、自分の負担の限界がどこにあるかを知ることに時間を費やすよう奨励した。快適かつ生産的に取り組めるオンライン交流（特にビデオ通話）の時間は従業員1人ひとり異なり、それを超えると単なるプレゼンティーズムになったり、単なる確認手続きになったりして、取り組む価値はまったくない。

どこからが「もう無理」の範囲なのかを全員に定義してもらい、教えてもらうという方法は、パンデミックという恐ろしい外的状況の真っただ中、著しくデジタルな環境で健全な働き方を構築することに心から関心を持つ一部のリーダーにとっては、とてつもなく有益なものだった。

これが実現し、従業員が自らの限界を伝え、チームがそれに対応できるように再構築され、契約を作成し直し、柔軟な働き方に対する明確な許可が与えられた場合でも、教訓としてはやはり、重要なのは従業員個人がそこから時間を管理し、自ら動き、自分の生産性や成長、幸福度を高める技術を磨くことだと言える。

これを理解した者は明確で善意に基づく、しっかりと構成されたスケジュールを組み、チーム内で決めたリモートワークや柔軟な働き方の自由さの中で自分が正気を保って機能的であり続けるために強く求められる骨組みとして、そのスケジュールに従うだろう。

当初、これらのスケジュールの多くは職場と家庭とで同じように扱われていて、特定の時間をすぎたり週末になったりしたら一切仕事はおこなわれないと宣言していた。だが、ロックダウンの数カ月間、子どもの宿題を見ている最中でもメールの1通や2通はもぐりこませられるし、バルコニーで昼食を取りながら外を眺めている最中のほうがSlackで気さくな会話をしやすいということに人々が気づき始めると、その境界線は曖昧になっていった。しかし、よりパフォーマンス重視の人々は、前述のベゾスによるモデルのほうへと仕事が移っていっても必要であれば休憩をちゃんと取り、自分がもっとも生産的になれるゴールデンタイムに集中することができた。

それ自体、個人レベルでの柔軟な働き方の背後にある大きな気づきで、燃え尽き症候群に対する唯一の特効薬だ。つまり、自分がインスピレーションを感じる瞬間に対する自然のリズムを持ち、それに合わせて最高の仕事をする権利があるということだ。ただし、そうした瞬間が、他者との直接の交流なしに可能である限りにおいてだが。なにをするにしても、私たちは最高の仕事をしたいと願っている。そして自分が抜群に集中でき、すばらしいアイデアが満ち溢れ、生産的になれる瞬間が明確にわかる。そうしたときこそ、そのような瞬間が訪れない1週間よりも高い品質を、たった1時間の仕事の中に詰め込めるのだ。自分の精神的健康にとって自然なリズムでそれが実践できれば、私たちは負担を抱えすぎ、最終的には苦しみながら、疲労困憊して地面に倒れこまなくてもすむ。

したがって、このように個々人の状況やさまざまなリズムのためにスペースを空けることには、パンデミック後、そして不況後のすべての会社が真剣に取り組むべきだ。ITコンサルティング企業Synechronの最高人事責任者ジョン・ゴーントは言う。

「自宅で仕事をしている従業員にとって、マルチタスクというのは通常業務に加えて病気を抱えた高齢の親の世話をし、乳幼児の面倒を見、さらに家事労働もこなすということだ。つまり、雇用主は従業員が怒りっぽくなったりイライラしたり、やる気を失ったり仕事を先延ばしにしたり、常に沈んでいたり、過剰に心配したり不安がったり、よく眠れていなかったり、独創性やイノベーションに欠けていたり、マイナスあるいは悲観的思考になっていたり、薬の使用・乱用が増えたり、無鉄砲な行動に出たりさえするなど、数々の兆候を見逃さないように目を光らせていなければならない」。

パンデミックの最中、在宅勤務に対する従業員の態度に影響を与えた要素がいくつかある。

- **仕事の性質**——個人の貢献が何割で、連携を必要とするのは何割か
- 必要なITツールや十分なコミュニケーションへのアクセス
- 実績や成果を明確に示せる能力
- **家庭環境**——子どもの家庭学習が加わった従業員は2つの仕事を抱えることになり、一方の仕事に関してはうまくこなせないことを自覚する。これは、調査によると、優秀な人材ほど重荷に感じるようだ
- 過去にリモートワークの経験があるか
- 回復力の既存のレベル
- 個人レベルとチームレベルの両方について、柔軟な働き方と自己決定に対する企業の姿勢
- **仕事の量と生産性に対する個人の能力**——加えて、自分の限界

を理解してそれを他人に伝える意思
- ✔**性格**――内向的な人と外交的な人とでは、在宅勤務の能力に対する反応が異なっていた
- ✔**経営陣からの支援のレベル**――中間管理職が管理権を失ってパニックに陥っているか、あるいは人間中心の行動に注力し、支えてくれるサーバント・リーダーがいるか
- ✔個人の時間管理と自発性のスキル
- ✔**「この時期に自分の限界について考える許可」の認識**――これは年功に関係するとも言える。従業員がベテランであればあるほど、自分には価値があるのだから敬意をもって扱われるべきだ、個人のニーズに合わせてカスタマイズされた職場環境を要求する権利があるのだと感じる可能性が高いからだ
- ✔チームにおける心理的安全性の過去のレベル
- ✔**EQの既存のレベル**――オンラインで他者の感情を読み取り、自分の感情を表現できることは、近接性と前後の文脈がないと実際難しい

オンラインで、握手もできないとなると、私たちはもっと感情的知性を高め、もっと鋭く、もっとつながって、もっとチームダイナミクスに注力し、もっと業務に集中して、現実世界でのビジネス交流の儀式にはあまり気を取られないようにする必要があった。

数通のメールやSlackのスレッド、あるいはビデオ通話から誰かの心の状態を読み取らなければならなくなると、突如としてもっとしっかりと注意を払い、これまで以上に強い共感力を発揮しなければならなくなった。そして、乳幼児が30回目の「ママ！」

や「パパ！」のあとに緊急事態――かなり切羽詰まった（そしてたいていは「ばっちい」）状況――を要請する発言をしたためにミーティングを途中退室しなければならなくなると、結局は私たちが認識している「ワークライフバランス」の概念を考え直すことになった。そして、重要なこと――発言しても安全だと感じられる範囲内であればどこでどのようにやるかは関係なく、やるべき仕事とそれを一緒にやる人々――に意識を集中するようになった。

仕事の未来の「どこで」や「どうやって」といった正確な詳細はともかく、これがパンデミックのもたらした純利益だ。リモートの概念の証明と柔軟性の概念の証明が各個人にあてはめられ、これからは常に各個人の限界や能力の範囲内で物事を考えなければならなくなる。したがってこれが、未来の偏在的なスキルになるのだ。

仕事にまつわるすべての個人的成長の習慣、EQ、そして人間への注力は、オフィスでしか仕事をしなかった時代が遠い過去の記憶となり、自分にとって最善の働き方がどんなものかを深く、しっかりと理解できる精神的な形と自尊心の持てる空間を確保するために私たち1人ひとりが投資をする、主にハイブリッドな未来において、プロフェッショナルでいるための必須条件となるだろう。

世界的不況の中でのVUCAなデジタル世界における生産性とパフォーマンス

パンデミックに続く世界的経済不況がどのくらいひどいものになるか、正確に言うのは難しい。予測はぞっとするようなものばかりで、歴史上最悪の不況のひとつ、大恐慌以来最大の不況が示唆されている国もある。だが現実には、どれほど深刻なものになろうとも、その不況はこの新たなデジタル世界にすでに存在するVUCAの性質に、さらに極端な層を追加することになる。

デジタルに向けてなんらかの形の変革を経ている最中だったが、パンデミックが新しい働き方を持ちこんだときにはまだアジャイルがDNAレベルにまでは浸透していなかった組織にとって、保証はなにもなかった。すでに完了に近づいていたと言える一部の組織はどうにか波に乗り、すでに明確になっていた根本的な考え方の変化を強化できるよう、新たなプロセスを導入することができた。まだ初期の基盤を据えるところまでもまったく到達していなかったその他の組織は、経営陣も含めた従業員がますますストレスを抱え、ウォーターフォールや政治的駆け引きなどの「なじみがある」設定地点にしつこく戻ろうとする中で苦戦した。

「加速する：DevOpsの現状」という報告では、「エリートパフォーマー」と分類されるセグメント――デジタルネイティブでもともとほぼ完全に「リモート」だった、したがってすべてのチームが心理的安全性の文化の強固な基盤を持っていた、つまりすでに人に対する執着があり、この新たな現実に十分な備えができていた人々——を例外として、全員が「WoWのためのWoT（働き方のための考え方）」という思考で手に入れたものを保持しようと必死だった。中には「諦めてしまって」、リモートの現実に対して非常に逐次的な働き方を展開した者もいる。

これを読んでいるころには、人的負債を削減するためになにもしてこなかった企業は自らの回復力や意見に対する信念のなさの犠牲となり、もう存在すらしていない可能性が十分にある。エリートパフォーマーや機敏な新興企業でさえ苦労したのだ。

不況のときに心理的安全性を心配する理由はいくつもある。未成熟なビジネスは心理的安全性を優先せず、従業員がもっとも不安定でもっともおびえ、もっとも無能に感じているかもしれないときに機能する生存メカニズムとしてのその重要性について、その判断を誤ってしまうからだ。不況のさなかには燃え尽きや印象操作がはびこることがこれから証明されるだろうが、本当にもっと重要なのは、パンデミック後に再建する数年間で心理的安全性を譲れない最優先事項とし続けることだ。

私が恐れているのはこれだ。ロックダウン解除後も（正しい選択をして）リモートを続けた何十万ものリモートチームにとっては、この危機に強いられた状況が制御可能だったように見えているかもしれない。だが、実際には、心理的安全性の極端な低下がいずれは、私たちの想像もし得なかったほどにパフォーマンスにとって有害だったのだと証明されるのだ。

言い換えれば、必要なワークライフバランスを考慮して心の健康へのネガティブな影響を最小限に抑えるための最善の交流の仕方を見出すための、計画的で柔軟な働き方の方針をデザインする上での基盤となるアイデアを無視してしまい、間に合わなくなる前に真の「人間中心の行動」をデザインして導入する方法を見つけておかなかったら、既存のポジティブなチームダイナミクスを取り返しのつかないほど傷つけてしまったことになる。そして、新しいチームにはそれを浸透させることができない。このダメージは生産性の低下につながり、それは一部の企業にとっては壊滅的になるだけでなく、今後何年にもわたって、全体的な不況を増進するほどに深刻なものになるだろう。

心理的安全性と生産性の密接な関係を理解している者にとって、これは広範囲におよぶ恐怖ではない。

心理的安全性の定義を振り返ってみよう。家族のように感じられるチームにおいて、個人間でリスクを負ってもチームが安全だという共通の信念、常に声を上げ、脆弱さを見せ、互いにオープンでいられるという共通の能力、そして印象操作の欠如。危機の際、誰がこれを維持できていたかを批判的な目で評価してみよう。その答えは、データとしては正確に出ていないかもしれないが、常識としてわかるはずだ。もしいたとしても、ごくわずかだ。

先ほど述べた、すでにリモートで「平時」からオンラインで協業することの複雑さに十分精通していたチームは、心理的に非常に安全で、回復力もあり、パンデミックの際もEQを高めることに集中し、いつも以上に時間をかけて人間中心の行動に取り組んだ明敏なリーダーシップのおかげで、個人とチームの心の健康を強化することができた。言うまでもなく、そうした例は非常に少ない。大多数にとってはこの変化の衝撃、心理的安全性の圧倒的な欠如、孤立、隔離期間中の家庭生活の難しさの倍増などが、職を失うかもしれないという底知れぬ恐怖と不安全般に加えてのしかかっていた。そしてそれが、心理的安全性を妨げるネガティブな恐怖に基づく行動を生んだのだ。

印象操作をグループで仕事をする状況において無能や無知、ネガティブ、破壊的、でしゃばりに見えることを恐れて取る行動と定義した上で、パンデミックの最中は、この類の行動が壊滅的な規模で多くのチームの仕事と私生活に襲いかかっていた。最初の2つは本書で一般化しているなりすまし症候群と密接にかかわるものだが、このような時代には誰もがなにもできない、あるいはなにも知らないと思われたくないために増幅された。だがほかの要素――ネガティブ、破壊的、そしてなによりもでしゃばりに見られたくないという恐怖――は多くの場合、チームメンバーがますます本当の自分らしくいることを阻害し、純粋な人間関係を築くことさえ妨げた。

でしゃばりに見られたくないという恐怖を見てみよう。しっかりと確立された熟練のリモートチームであっても、人間的につっこんだ質問をし、深い人間的感情をグループの全員と共有することができる能力は、パンデミックの前にはあたりまえに存在するとはとても言えなかった。チームのEQがそれぞれに大きく異なり、その存在が歴史的に職場で必須条件とされることが一度もなかったからだ。

COVID-19の危機の最中、つながりを持つ必要性はすべてのチームにとってこの上なく強くなった。詮索しているように思われるのではないかと恐れて心の底からオープンになれず、密接につながる方法をすぐに見つけられなかった人々は、この未発達なチームEQのために、共有する現実を認識する力という、唯一手に入れられたはずの鎮静的なエネルギーを利用する機会を失ってしまった。つまり、「個人的なことを言う」勇気の備蓄を見つけられなかったチームは、みんなが同じように苦しんでいるという共通点を認識して同情するという大事な手法を見落とし、孤立して不安にかられた個人の集まりではなく、団結したユニットとして動く機会を失ったため、それがパフォーマンスにも影響したということだ。

これが職を失うかもしれないという恐怖の上に積み重なれば、極端な印象操作が生まれても不思議はない。異議や疑問、建設的な反対意見、オープンに発言するような行動をパンデミックの最中に見聞きしたチームは、あったとしてもごくわずかだろう。

発言し、オープンで誠実であり、印象操作を避けることは生産性と高いパフォーマンスには必要不可欠な条件だが、今回の悲劇の数カ月間、一時的にこれらが停止されていても、ほとんどのチームにとって致命的とまではいかなかったと言ってもいいだろう。もちろん、大きなミスをしてそれを指摘しようという者が誰もいなかったために静かに転落していったチームは別だが。しかし、数カ月というのは習慣が根づくには十分な期間で、その結果、多くのチームがオープンにならないというこの新しい集団としての行動を身につけてしまい、長期的な成功の希望をすべて打ち砕いてしまった。

多くにとって、心理的安全性があまりにもひどく低下したため、介入のなかったチームに対する影響は残念ながら、今後数年間は悲惨な結果や不安定なKPIとして表れるだろう。だからこそ、その数年間は実際には人的負債を削減する時期でもあるべきで、健全なチームの行動と確固たる人間中心の行動を構築（あるいは再構築）することに取りかかり、パンデミックの破壊的影響をひっくり返せるように努力するべきなのだ。

パンデミック以降の世界での働き方

次になにが起こるかについての議論は当初こそ実に白黒はっきりしていたかもしれないが、2020年がすぎて一部の国とその経済がロックダウンから抜け出してくると、場所という意味での仕事の未来がはっきりしていることはほとんどなく、完全かつ例外なくリモートに移行したところは少なかった。それどころか、完全に元の出勤スタイルに戻るよう命じたところもあった。

リモートワークの可能性が多少なりともあったほとんどの企業にとって、2020年は働く場所がどちらかしか選べないという企業方針の終わりと、仕事の一部が在宅、一部がオフィスでおこなわれるという新たな「ハイブリッド時代」の始まりの年だった。

中には、真の連携は仕事以外の時間に「廊下で偶然行き合」ったり「ウォーターサーバーの周りに集ま」ったりといった偶然の出会いや、仕事で協業するために同じ部屋にいることと密接に関連しており、そうした出会いの場が作られなければ連携が損なわれるという根拠で、この公式に反対する意見もあった。

しかしながら、十分に注意深く、好奇心旺盛な観察力を持つ多くの企業がCOVID-19の危機における従業員の行動を観察し、それまでは慣習的叡智とみなされていた思いこみに反して、オンラインのほうがオープンで連携しやすくなることに気づいていた。

2020年にハイブリッド方式を選択すると発表したクラウドソフトウェア会社Boxの最高責任者アーロン・レヴィーは、リモートワークによって実際には社内のイノベーションが高まったと報告している。会議室に少人数で集まってアイデアを出し合ったり、廊下で偶然人と行き合ったりする代わりに、同社はSlack上でもっと大きな、もっと多様なグループでの対話を実践しているのだそうだ。レヴィーは、新しいプロジェクトでこれが起こっていることに気づいたと言う。「通常なら5人から10人のプロジェクトを、300人がかりでアイデアを生み出す構造へと転換したんです。インターンなど、いつもならこのプロジェクトには絶対に参加しなかったような人も加わりました。現実では会議室で20回もミーティングをしなければならなかったかもしれないところ、Slackでいくつかいいアイデアが出れば、それで全部賄えるんです」。

したがって、ハイブリッド方式の論理的根拠は連携を円滑化するだけでなく、人との交流を切望する一部の従業員の個人的嗜好に配慮しつつ、ほかの従業員が可能な場合はそれを回避することもできるようにするというものになる。

パンデミックの間に私たちが取材をし、一緒に仕事をした組織の中には、こうした目標の一部、あるいは幸運な場合にはすべてを視野に入れているところがあった。

- ✔ハイブリッド方式が標準
- ✔個人の限界と柔軟な働き方という考えを深く理解して尊重し、働く場所に関する個人の好みにも配慮する
- ✔確信を持ってテクノロジーを活用する

- ✔ときどき、疑問を投げかけてあらためて考える
- ✔**人的負債を削減する**――真の気配りを中心に構築することに時間を費やす
- ✔従業員自身との密接な共創のあとは、保護しつつも権限を与える新たな方針を導入する

この最後の項目は一番見慣れないだろうが、非常に重要なものだ。組織が純粋な関心を向け、熱意ある偏見のない心で観察し、正しい自由回答の質問を投げかけるとき、そしていずれ新しい働き方の方針を策定しなければならなくなったときには（これが「リモートワークの方針」ではないことに注意）、真の安全対策を策定する必要があることこそ念頭に置いておくべき重要な要素だと気づくことができる。

従業員の幸福を守ろうとするのは、多くの職場では非常に新しい姿勢だ。次に恐れるべき事実上のパンデミックは従業員の心の健康に対する影響だ、という膨大な量の議論が起こっていなければ、そのような姿勢は生まれていなかったかもしれない。しかし、2020年以降の世界において、企業はかつての仕事を特徴づけていた懲罰的・威圧的性質の方針から、道徳的義務ではなく経済的義務として、心からの気配りと尊敬によって策定される方針へと移行しなければならなくなった。

これらの方針は主として、かつての企業側が参加方法を決めていたやり方から、どうやって参加を可能にするかのやり方へと転換することを軸としていた。燃え尽きや、やる気喪失に対する最善の防護策は、徹底的な人間中心の行動に心の底から取り組み、

「リモート」vs.「柔軟」について議論を始め、それぞれのチームごとにうまくいく形で交流を再定義して成果に基づく仕事について話し合うことだと企業が気づいたのだ。

コロナ後も競争力を維持し、不況を乗り切りたがっている企業は、チームに大きな自治権を与えた。そして多くの場合、チームに対して通常のチーム立ち上げや再立ち上げの際、交流をめぐる契約作成も含めるように要請した。

何回ミーティングをやればいい？　個人の働く時間を緩和するためにミーティングをやるべきではないタイミングは？　その間はどうやってコミュニケーションを取ればいい？　どのミーティングが必須だろう？　いつが一番生産的になれる？　どのような共同作業を実施するべきだろう？　そもそも、ミーティングの必要性について科学的に検証しているだろうか？　ツールについては総意があるか？　そのツールは役に立つのか？　従業員はお互いに助け合っているのか？　相手になにを期待している？　なにを避けるべきだろう？　効果的な対立はどうやればいい？　チームの構築はいつどうやってやればいい？　私たちは成功しているか？　なにを変えればいいだろう？　まだ検証していなくて、より良いチームになるために検証するべきことはなんだろう？

これらすべてに加えてほかにも多くの質問が出たが、チームがオンラインで回答するのに通常かかった時間は数時間程度だったし、プロセスを試して高いパフォーマンスが出せる働き方について知る中で、数週間後にあらためて回答することも可能だった。そこから、組織はただこれらのバブル単位や、交流が必要なほかのチームの働き方同士の交流地点を調和させる最善の方法を見つけ出し、必要に応じて連携できるようにするだけでいい。

安全対策として実施されたこれらの方針の一例が、2020年に山火事のごとく燃え広がった「1人がリモートなら全員がリモート」という原則だ。メンバーのたった1人でもその場にいないなら、全参加者がリモートで参加してオンラインでミーティングを開催するべきだというこの原則によって、チームが分散していた場合にリモートのメンバーだけが品質の悪い接続環境で取り残される中、物理的に会議室に集まっているメンバーだけでミーティングを進行するというかつての慣習が置き換えられた。また別の例は、シアトルに拠点を置くソフトウェア会社Uplevelのものだ。ここはパンデミックが始まったころ、リモートワークが快適に始められるよう会社のデスクにおいてあった荷物を従業員の自宅に届け、さらに鉢植えやパズル、おやつ、事務用品などの救援物資(ケアパッケージ)も送った。しかもさらに従業員の健康に対する気遣いを正式なものにするため、仕事のリズムに配慮した一連の方針を採用した。それはたとえば全員が昼休憩を取れるように12時から13時30分のミーティングは禁止すること、Zoomミーティングの間には最低10分の間隔を空けること、金曜日はチームでゲームができるように空けておくこと、ランチの宅配費用を負担することなどだった。

パンデミックの最中に私たちが一緒に仕事をしたチームの中には、さらに一歩踏みこんで「積極的」なミーティング、「消極的」または「聞くだけ」のミーティングとの区別まで作ったところがあった。それに基づいて、次に参加するミーティングがどれにあたるのか宣言するよう、チームに働きかけたのだ。もちろん、対面型のミーティングの大部分はひとつめの区分にあてはまる。だがこれは単純に、自分が率直に対処しきれると思うだけのミーティングしか予定に入れないように従業員に奨励し、電話を取らなくても、あるいはミーティングの招待をすべて受諾しなくても大丈夫だと言い聞かせるためのものだった。また、通信手段はいくつもあるのだから電話の代わりにショートメッセージやメールで返信してもいいと伝え、全体としてもっと仕事が簡単に、持続的にできるようにする戦略がほかにあれば教えてほしいと要請した。

グループやチームレベルのミーティングでは、メンバーの参加を必要に応じてできるだけ多く、あるいは少なく参加できるようにし（ただし必ず全員の意見が聞けるように、「順番での発言」という必須条件が含まれる）、EQを科学的に活用してミーティングに参加する際のメンバーの反応を読み取ろうとすることが非常に役立った。

もっとも重要なのが、一部の企業にとっては「カメラは常にオン」という条件を破棄するのも大きな意味があったということだ。最初のころは、顔と顔を突き合わせるいつもの働き方からの転換に慣れるため、カメラを常にオンにしておくことで全員が気持ちよく仕事できたかもしれないが、現実的に言えば一部の従業員にとってそれは確実に負担になる要求で、それをやらなければならないことに対する反感がミーティングにマイナスの影響を与え、最終的にはより親密な環境を作ろうという本来の目的そのものを打ち消してしまうかもしれない。チームが個人の限界を理解し、それを最初に共有して交流の仕方に反映させる方法を見つけておけば、カメラは必要なときに自然とオンにされ、その結果として要求されたり義務化されたり上司や規則に監視されたりしなくても、親密さや居心地の良さが生まれるはずだ。

これをいつ読んでいるか、あるいはどこでどのように、いつまで、どのような成果を求めて働いているかにかかわらず、チームの再立ち上げを習慣化するのに遅すぎるということはない。再立ち上げではすべてがいったん未定の状態に戻され、あらためて検証される。そうすることが、おそらくはこのハイブリッドで常に変わり続けるVUCAな仕事の現実世界における、人間中心の行動に対する最高の投資だ。そして変化のスピードと、最終的には経済的リスクをもたらし得る制度化された時代遅れの慣習に負けないようにするための最善の防衛策でもある。これが全員にあらためてつながり、再確認し、共創という感覚を頻繁に新たにする場を与えてくれ、それによって心理的安全性のすべての要素を改善させてくれるのだから。

次に仕事とチームに待ち受けているものは？

「ひどい1年（アナス・ホリビリス）」（＊訳注：イギリスのエリザベス女王が、王室にとってネガティブな出来事が続いた1992年を指して言った言葉。アイザック・ニュートンがいくつもの主要な発見をした1666年を指す「驚異の1年（アナス・ミラビリス）」をもじったもの）だった2020年を乗り越えた人々が重く受け止めるべき驚異的な教訓があることは、疑いようがない。コミュニティによる思いやりの表現、一部の人々による英雄的行為、そしてパンデミックが私たちの働き方に持続的な変化をもたらしたその方法や、職場における人間の価値を私たちが理解できるかどうかなど、例を挙げればきりがない。未来の勝者たちは、すべてに疑問を投げかけながら人的負債を削減するためにたゆまぬ努力を続け、気配りと敬意をもってオープンに活動する人々だ。やることの「なぜ」と「どうやって」について、繰り返し繰り返し質問し続ける人々だ。

自社のためにはコロナ後も従業員が可能な限りリモートを続けていいと宣言し、会社外でもそれを可能にするソフトウェアを「Teams」というソリューションを通じて市場に提供することに強い関心があると見て取り、リモートワークという挑戦をすでに受けて立ったIT大手のひとつが、Microsoftだった。

MicrosoftのAzureという製品のプロダクトオーナーを務めるサム・グッケンハイマーは、仕事の未来について15件の研究を実施中で、彼らが見る仕事の世界は決して昔のように戻ることはなく、むしろパンデミック後は「パンデミックを責め、成果よりも予測を重視し、昔の状態を復活させたがる『抵抗家(ストライバー)』がいる一方、『繁栄家(スライバー)』は『更新』ボタンを押し、予測よりも学びを重視し、ストレス下でも強さを増し、中核に投資し、取捨選択をし、アジリティのためにDevOpsを受け入れ、リモートやハイブリッド方式で働き、『カオスの縁』で順応していく」と言う。

この危機がもたらした成長の機会をとらえようとしたもっとも賢い企業のいくつかは、すべてに疑問を投げかけることをかなり真剣に考え、文化をリセットするデザインスプリントを試した。世界中がようやく一息つけそうになってきたタイミングで、彼らは有害な見せかけの行動、政治、誰も疑問視しない慣習、共感の欠如といった影響を振るい落とす機会を職場に与えた。これを人間性の総合的な行動とみなし、全員が緊密な関係を維持し、気を引き締めてEQに徹底的に集中し、同僚の気分やニーズ、感情をどこまでも解読しようと試み、新たな人間性のレンズを覗きこむことにとことん集中した気配りが確実かつ強くできるように努力した。企業全体におよぶキャンバスを取り出し、さまざまな連携用ツールを使って全従業員をオンラインで参加させ、自分たちがなにに賛成するか、なにが起こるのを見たいかについて再構築した。その結果、大勢がこのようなトピックを提案した。

- ✔**敬意と良識**――「つい後手後手になりがちな基本的な人間の価値を再確認する。たとえば『私たちは皆人間で、なにがあろうとも互いに対してひどいろくでなしであるべきではない』など。これにはいじめや差別から共感と思いやりのなさまで、すべてが含まれる。それらを避ければ私たちは多様で包括的になれる。

お互いの価値が見えるよう、心を開いて相手を見つめよう」

- **真の価値を定義し、測定する**――「個人とチームの仕事の影響を理解し、真に柔軟な働き方を実現するための基盤として間違った測定方法を選ぶのではなく、重要な成果を定量化する」
- **指揮統制の廃止**――「上司が真に自治的なチームのサーバント・リーダーになれる簡単な方法を見つける。今のこの時代、速く走る上でマイクロマネジメントが実際役に立ったことは一度もない。全参加者を頼りにして、全員が最高の自分を出せるよう勇気づける必要がある」
- **信頼を探求し、誇りを育てる**――「グループとして、また個人としての価値に注目し、なぜお互いを信頼するのか、自分たちがどれほどすごいのかを全員に思い出させ、その誇りを『なぜ』の一部として持ち続けられるようにする」
- **プレゼンティーズムをなくす**――「人を評価したり物事をモニタリングしたりする際はその場にいるかどうかではなく、行動の価値を基準におこなう。真の感情的投資には報酬を与え、たいして参加もせずただそこにいるだけの行為は阻止しなければならない」
- **人間らしくいてもいいという許可に取り組む**――「従業員は、自分が職場で本当に感情や意見を持ち、人間らしくいてもいいという許可を与えられているとは信じることができていない。上司もそれについて勇気や情熱、オープンさを模範として示してくれてもいない。この両方を変え、印象操作を排除してプロフェッショナルらしく見えなかったらどうしようという恐怖をなくさなければならない」
- **感情の禁止を禁止する**――「今ではEQがもっとも重要な要素として位置づけられ、誰もがそれを職場に持ちこんで育てられるのだと全員に理解してもらいつつ、チームリーダーに関しては『人間中心の行動』についてついでのようにしか考えていなかったものを、チームを管理するのであればそれこそが主な仕事なのだと気づけるよう手助けする」

✔**失敗する許可を真剣に考える**――「暗示的な頷きから、明示的で望ましい結果へと実験の基本を高める必要がある。まず、明示的な結果を要求する前に、勇気ある行動とイノベーションの象徴として失敗を歓迎しなければならない。また、柔軟性を中心に編成し直せば、このような事態にまた陥ったとしてももっと回復力が身についているはずだ」

✔**率直な新しい対話を始める**――「誰も気にかけず、真剣に受け止めもしない毎年の調査の代わりに、しっかりと脈を取って常に質問するなにかしらの仕組みを作る。完全にオープンで頻繁なフィードバックがもっとも重視されることを示し、報復行為を恐れる必要がないことを示さなければならない」

✔**健康を真剣に受け止める**――「心の健康と組織の健康だけでなく（これにももっと多くの時間を割くべきではあるが）、個人として自らの健康と成長にもあらためて注目する。会社として本当に気にかけていること、従業員が最善の状態でいられることにがむしゃらになっていることを示す必要がある」

そしてもちろん、もっとも重要なのが、

✔**チームのマジックに集中する**――「これまで以上にEQの高いチームリーダーによって、チームとその心理的安全性に執着し、発言することを忠実に守り、印象操作を排除し、心理的安全性の1つひとつの要素に目を光らせて人間中心の介入にそぐわないものは対処されなければならない」

この試練の時代に見られるポジティブな反応はすべて、感情に対する既存の渇望を基にしている。それは、私たち1人ひとりの職場に総合的に存在していたものだ。思いやりと人間らしさに対する緊急の必要性があったのに、私たちはそれなしでやっていこうとしていた。実際、心理的安全性の要素となると、誰もが勇気と柔軟性を示し、それが回復力を高める。私たちはこれまでの数年間で学んだよりもはるかに多くを学び、これからの数年間も継続的に学び続ける必要があることを理解した。

共感力は必要なだけでなく、許されているということにも気づけた。これは過去の「小さなテーブルに載ったふわふわしたやつ」という思想的な制約からは驚異的な変化だ。それに、人間らしくいてもいいということにも気づけた。これからは決意を持って発言することに注力し、徹底的にオープンになって幸福について過剰なほどに話し合い、チームに執着して仕事のバブルを守ることができれば、印象操作を防いで、今乗り越えようとしている恐怖の一部を手放すことができる。そうすれば、心理的に安全な、したがって高いパフォーマンスの出せるチームになれたり、その地位を維持したりできる可能性が高まるはずだ。

シリコンバレーの寵児たちやデジタルネイティブたちのサクセスストーリーには、こうした苦労はない。今は単に、物理的なオフィスに頼らず、真に物事を生み出す方法に注力する彼らの文化的な競争上の優位性によって、競争相手に圧勝するのを見る時期なのかもしれない。

その他大勢の私たちにとって、リスクは大きい。EQを高めるための徹底的な注力。あらゆるレベルで印象操作を捉え、阻む持続的な努力。組織の巧言を捨て、リーダーシップ2.0、アジャイル／DevOps、人間中心の行動、全員の心理的安全性に磨きをかけるチームに対する執着。これらこそ、善意にあふれ、信頼し合う人間が家族のような優秀なチームを組み、常に変わり続ける新しい働き方で幸せに仕事ができる文化を創造することで、私たちに競争力を維持させてくれる唯一のツールだ。これこそ人的負債を削減する唯一の道で、それは必ず成し遂げなければならない。今すぐに。それができなければ、なにかひとつでも欠ければ、待っているのは悲劇だ。

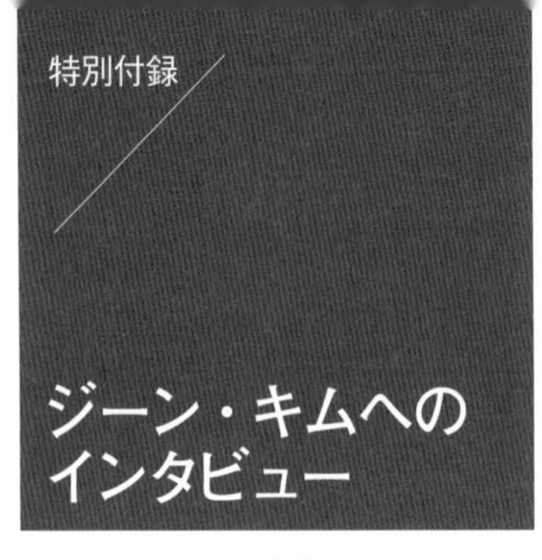

ジーン・キムは受賞歴のあるCTO、研究者、作家。邦訳書に『The DevOps 逆転だ！』『The DevOps ハンドブック』『The DevOps 勝利をつかめ！』（いずれも日経BP社）がある。

―― 初めて「心理的安全性」という言葉を聞いたときのことを覚えていますか？

ええ。たしか2013年ごろ、「フェニックス・プロジェクト」が生まれてDevOpsコミュニティの中に入ってきたころだったと思います。世間は「誰も責めない事後分析」の話で持ち切りでした。ハンドメイド作品の通販サイトEtsyがやっているのもそうですし、GoogleもPIR（事後インシデントレビュー）という、似た言葉を使っています。これはしばしば、「誰も責めない事後インシデントレビュー」と同じ次元で語られていて、私にとってはものすごい「アハ！」体験でした。というのは、最初私は「ああ、これは単にお互いに親切にするって話だな」と思っていたんですが、実際はまったく違っていました。そのことは、エイミー・エドモンドソン教授が実証してみせたとおりです。ですが、それでも最初のうちはまだ理解できていませんでした。ちゃんと理解できたのは、ランディ・シュープ氏の話を聞いてからです。シュープ氏はeBayの主任設計者でした。彼はStitch FixとWeWorkのエンジニアリング副社長も務めましたし、Googleでもエンジニアリング部門ディレクターとして働いていました。その彼が、こう言ったんです。「エンジニアは、大惨事の話が大好きだ——たとえ、それが自分たちのことであっても」。そして、「一番大事なのは、起こった出来事についてみんなが実際に共有できる環境を整えられることだ」とも。

彼いわく、顧客に影響がおよぶすべてのインシデントについて誰も責めない事後分析をおこなうと、みんながその分析の公表を待ち望んでいたそうです。大惨事が起きたときにはいつでもわくわくして読めるものだから、ということでした。そしたらあるとき、彼がGoogleのアプリエンジンのチームで責任者を務めていたときにとても奇妙な状況が生まれました。話し合うべき顧客に影響のおよぶインシデントのネタが尽きてしまったので、チーム内部のインシデント、つまり顧客には影響がないがチームに影響がおよぶものについて話し合ったんです。それもネタが尽きたので、今度は危うく失敗するところだったことについて話し合いました。たとえば、チームに影響がおよぶ特定のインシデントを予防するために導入している7つの安全策のうち、6つが役に立たなかった。じゃあ、それについてはどうすればいいだろう？その結果、今のようにどこまでも高まっていく安全を共有する環境が生まれたわけです。

この例は実際に『The DevOps ハンドブック』に掲載された話ですが、私にとっては心理的に安全に感じられる力に関する「アハ！」体験のひとつでした。心理的安全性がなければ、なにが危うく失敗するところだったか、どんな事故が危うく起こるところだったのかなどという話はできません。

—— 声を上げることを妨げるネガティブな行動としての「印象操作」の概念がもっと広く知られていないのはなぜだと思いますか？

それは重要な問題ですね。あなたが最初に印象操作について口にしたとき、私は即座に注意を引かれました。この何年かで、私が聞いた中でも一番衝撃的な言葉でしたから。それまで、聞いたことがなかったんです。私自身の経験とあまりにも強く共鳴しているからというだけの理由で、気に入っています。印象操作のような行動は、重大な決定事項があるミーティングの前夜、企業幹部の思考に見られます。そのうちどれくらいが実際に資料の準備に費やされたのか、そしてどれくらいが誰が誰に話しかけるのかや、自分をどのように見せるのかについて考えることに費やされたのか。「印象操作」が、明確な関係性を示すために必要な、欠けているツールの一種だったとしても私は驚きませんね。私の理解が正しいなら、これは心理的安全性が欠如していた場合になにが起こるかの非常に可視的な表れで、恐怖に基づく行動が引き起こされる原因です。それをチームの5つの機能不全と密接に結びつけるのは有益かもしれません。しかし私はこれが重要なツールになるのではないかと考えています。

——「印象操作」の例として思いつくものはありますか？

リーダーとして、本当の自分らしくいられる環境もありますが、それが難しい環境もありますよね。もっとも中立的な形であっても——たとえば政治分野などはとても複雑ですし、軍ならほとんどの上級幹部はいつでも自分が思っていることを実際に口には出せない。特定の同盟関係や、一般市民との関係性があるからです。「徹底的な正直さ」が実行できず、印象操作が働いてしまうこうした環境を理解することには興味があります。それがここでの独立した変数なのだとしたら、困難にあたってそれに影響を与える変数はなんなんでしょうね？

――「組織」と「文化」について話すのをやめなければならない、なぜならそれを実りのない、行動を伴わない形でやってしまうリスクがあるからだ、ということに私が執着しているというのはご存じだと思います。チームのダイナミクスを改善することに集中するべきだと思いますか、それとも組織を変えようとするべきだと思いますか？

私自身の信念は、MITスローン・スクール・オブ・マネジメントのスティーヴ・スピアー講師が非常に個人的だと考えることから学んだものですが、「支配的構造」と「構造およびダイナミクス」です。「構造」というのは、組織の中でどうやってチームを編成するか、誰が誰に話しかけることを許されているか、そしてチーム間のインタフェースはなにかといったことです。「ダイナミクス」はほぼ完全に、構造の機能です。つまり、「ダイナミクス」とは誰がフィードバックを受けるのか？　どのくらい早く？　という意味です。「ダイナミクス」は弱い信号を増幅させたものです。安全な文化、誰も責めない、革新的な文化があれば、信号は広く拡散し、リーダーシップによって増幅される。ですが恐怖の文化だと、信号は抑えこまれたり完全に消されてしまったりします。これは世界についての非常に「力学的」な見方と考えることもできますが、多くを説明してくれると私は思っています。仮に「組織図の中でチームをもっと入れ替えるほうが重要だろうか？」という疑問が湧いたとしましょう。それがとてつもなく非効果的だということはわかっています。特にIT分野においてはチームが互いにどう作用し合うかがわからないし、独立して機能し続けられるように組み合わせることもできないようだし。あるいは、「組織内のチーム間ダイナミクスではなく、チーム内のダイナミクスに取り組むほうが重要だろうか？」という疑問かもしれない。私は、チーム内のダイナミクスとチーム間のダイナミクス両方に注力することが最高に重要だと思います。最大限にコミュニケーションを取るためにはどうすればいいかがわかるからです。チーム内では、安全に感じ、効果的にコミュニケーションが取れると思えることは前提であるべきです。でなければ目標は達成できない。でも、やっぱりチームは孤立した環境で単独では働けないので、効果的なダイナミクスがなにかについても考える必要があります。それは信頼なのか？　話し合いの方法なのか？

もしかしたら会話自体まったくないかもしれない。将来的には電子的なインタフェースを通じてすべてが完全に機械化されていて、それが答えになっているかもしれない。手短に言えば、チーム内では、必要不可欠。そして統合や連携が必要なときにも、必要不可欠なんです。

―― ということは、「すでに健全なチームダイナミクスを持つ、チーム間のコミュニケーションというノードの網」が組織の定義だとするなら、それに取り組むべきだと？

そのとおり。ときには、構造全体が間違っているという状況もあり得ます。つまり、全員が聞けば重要な情報をもらえると期待している国際電話会議があったとして、まずいタイミングで居眠りしたせいで大混乱が起こってしまった。それは間違っていますよね。何千人ものチーム？　それってどういうダイナミクスです？　あるいは、複数のチームに依存する小さな出来事があったときなど。それも構造のひとつで、間違っていますが、すべてが内外問わず、ダイナミクスにかかっているんです。

―― 最後にひとつお尋ねします。私が呼ぶところの「人的負債（Human Debt™）」が最小限に抑えられている組織の例はありますか？

そう、あなたの「人的負債」。最初に知ったときには衝撃を受けましたよ。そこにギャップがあるんだとすぐに響いてきた。ときどき、誰かが特定の用語を使ったらすぐに「ああ、それって大事なやつのことだろ？」って思うでしょう。私は、成功しているIT企業をもう21年ほど研究してきました。それらの組織は最高のパフォーマンスを上げている。最高に安定して信頼できる経営をおこない、可能な限り最高のセキュリティとコンプライアンスを実現している。振り返ってみると、DevOpsの動きはそうした組織こそがプロダクト、開発、品質保証、実務、セキュリティといった機能的領域間で最高の統合を成し遂げている組織だということを教えてくれました。彼らは最高の統合を成し遂げているだけでなく、もっとも重要な要素である顧客に対する最高の総合的な対応もできています。そしてそれを定量化するためには、「技術的負債を返済できているか？」「顧客やビジネスニーズに求められるスピードと品質で機能を提供できているか？」という問題も重要です。そういう組織が、もっとも人的負債が少ない組織だったとしても私はまったく驚きませんね。

―― つまり、「DevOpsの現状に関するレポート」に登場するエリート集団ということですね？

そう。あのレポートでは、BFD（the Big Fulsome Diagram：総合的略図）を見るとテクノロジーが組織的、心理的部分とどう関係しているかがわかります。目を細めて見ないとわからないかもしれないけど、ヒントはあるし、彼らが人間的な側面でうまくやっているという理論を裏づける証拠もある。「プロジェクト・アリストテレス」自体がそのことを示唆しています。人的負債がもっとも少ない組織がこうした優秀な組織と同一でなかったら、そのほうが驚きですよ。

用語集

CI/CD

これは一般的に、継続的インテグレーション（Continuous Integration, CI）と、継続的デリバリーまたは継続的デプロイ（Continuous Delivery/ Continuous Deployment, CD）の習慣を組み合わせたもので、「DevOps」の前身と考えられている。

DevOps

組織が従来のソフトウェア開発やインフラ管理プロセスを用いている組織よりも速いペースで進化し、プロダクト(製品)を改善させつつ、アプリケーションやサービスをより高速に提供する能力を高める文化哲学、習慣、ツールなどの組み合わせ。

EQ

Emotional Quotient（感情指数）またはEmotional Intelligence（感情知能）の略で、感情におけるIQ（知能指数）に相当する。個人が自らや他人の感情を認識し、さまざまな感情を区別して適切に分類し、感情的情報を用いて思考や行動を導き、環境に適応したり目標を達成したりするために感情を管理または調整する能力。1995年、感情の研究者で作家のダニエル・ゴールマンによって広められた用語。

Googleの「プロジェクト・アリストテレス」

なにがチームを効果的にするのかを調べるため、Googleが2012年におこなった調査につけた名前。180のチームと4年分の膨大なデータを調査し、何百もの特徴を観察した結果、必ず5つの主要な特徴との関連が見られることが判明した。その5つとは「心理的安全性」「信頼性」「構造と明瞭さ」「意味」「インパクト」だ。

Jira、Trello、Slack、カンバンボード、バックログ

アジャイルな新しい働き方やプロジェクト管理で使われるソフトウェアツールや技術。

Spotifyのモデル

アジャイルを計りつつ、文化とネットワークの重要性を強調する人間主導の、自治的なフレームワーク。この手法ではスクワッド(Squad)、トライブ(Tribe)、チャプター（Chapter）やギルド（Guild）などを使用する。その基盤がスクワッドで、これはスクラムチームのように機能する（「スクラムによるチーム立ち上げ」の項

目を参照)。

VUCA

「不安定性（volatility）」「不確実性（uncertainty）」「複雑さ（complexity）」「曖昧さ(ambiguity)」の頭文字をとった略語で、最初に使われたのは1987年、ウォレン・ベニスとバート・ナヌスの世界的に有名なリーダーシップ理論に基づいている。これは1990年代初頭、ソ連崩壊に対するアメリカ陸軍戦略大学の反応として生まれた。突如として唯一の敵がいなくなり、物事の見方や反応の仕方が新しくなったのだ。2000年代初頭、これがビジネス・リーダーシップやビジネス戦略の領域に持ちこまれ、前例のないアイデアや柔軟な思考が求められる現在の状況の予測不能性を示している。

アジャイル

ソフトウェア開発において、アジャイルなアプローチでは自己組織に向けた協調的な努力、また部門の枠を超えたチームやエンドユーザーから成る顧客との連携を通じて、要求やソリューションが開発される。それは適応力ある計画、進化的発展、早期納品、継続的改善を擁護し、変化に対する柔軟な対応を奨励するものだ。この言葉は『アジャイルソフトウェア開発宣言』によって広まった。この宣言の中で支持されている価値や原則は、スクラムやカンバンといった幅広いソフトウェア開発のフレームワークから生じ、またそれらを下支えするものだ。

印象操作

「心理的安全性」の項目で説明されるポジティブな「発言する」チームの行動とは反対の、ネガティブな行動。チームメンバーが自分の意見をオープンに提供したくないと思わせる要因となる。これは恐怖に基づくもので、チームの誰かが無能や無知、ネガティブ、でしゃばり、破壊的に思われることを恐れて発言を控える状況を指す。チームメンバーが印象操作をし、結果を恐れて沈黙を守ることを選択すると、チーム全体の心理的安全性が低減してしまう。

カルチャーキャンバス

「カルチャー・デザイン・キャンバス」は、職場の新たな文化をデザインしたり、既存の文化をマッピングしたりするための戦略的ツール。目的と価値、戦略的優先順位、感情的文化、意思決定、チームの儀式やルールを説明することで、現状を理解して未来を定義するための視覚的な図。

グループダイナミクス

特定の社会的集団内部（グループ内ダイナミクス）または社会的集団間（グルー

プ間ダイナミクス）で発生する行動や心理的プロセスのシステム。

サーバント・リーダーシップ

個人が権威を実現し、権力よりも幸福を促進する刺激的なリーダーシップを達成するという目的のもと、上司としてであれ同僚としてであれ、他者と交流する上で持つリーダーシップ哲学。これは、分権的な組織構造において発生する。サーバント・リーダーシップには個人の他者に対する共感、傾聴、監督と報告の責務、個人的成長への献身が伴う。インスピレーションを与え、率いるのではなく、命令して見張るという「指揮統制」の管理哲学とは逆の概念とみなされる。

集団規範／行動

「集団規範とは、集団がメンバーの行動を規制し、規則化するために採用する非公式なルールである」（フェルドマン, 1984）。

「人的負債（Human Debt™）」

「技術的負債」と同類だが、人事に関するもの。さまざまな規模の組織が従業員を幸せにするという観点から取ることが道徳的に望ましく、経済的にも賢明だったはずの行動を無視する概念を指す。組織が手抜きをし、「取り組み」や「満足度」、「敬意」「気配り」などの重要な概念、また従業員の「幸福」に関連するその他の概念を無視し、「ふわふわしている」との烙印を押して優先順位を引き下げる行為。組織が生産性とパフォーマンスを測定せず、行動や意識の変化のバックログを溜めこみ、それが仕事に真剣に取り組まず、情熱も持たない従業員の形で反映される。従業員は価値のある存在としては扱われず、本当に人間らしく、効果的でいる許可も与えられていない。この状態が、テクノロジーのスピードと約束、そして新しい働き方を従業員が存分に活用することを妨げている。

心理的安全性

仕事という概念において、学術界とビジネス界の両方で観察、研究されているチーム行動。概念としてはグループレベルでの行動で、チームダイナミクスを指す。チームが人間関係におけるリスクを取っても安全で、チームメンバーが自らのイメージ、地位、キャリアにマイナスな影響がおよぶ恐れなく行動できるという共通の信念として定義される。「信頼」はこの概念の前提条件とみなされるが、「チームレベルでの信頼」と同義ではない（ただしそう呼ぶ者もいる）。チームに高い心理的安全性があると、彼らは「家族のように」感じ、「一緒に魔法を起こしている」ように感じられると言う。心理的に安全なチームにおける主なポジティブかつ望ましい行動規範は、「発言」するというものだ。チームメンバーが常にオープンで恐れることなく自らの意見を言い、批判し、貢献できる状態を指す。この概念にキャリアを捧げ、もっともしっかりとした証拠を集めたのがハーバード大学のエイミー・エドモンドソン教授だ。

スクラムによるチーム立ち上げ

スクラム導入を成功させる最大の手段のひとつが、「チーム立ち上げ（チームローンチ）」だ。これはメンバーが集まって共有する価値観や合意した言語を基に共通のフレームワークを決定する形成段階から、どのようなツールを使い、どのような媒体を通じて共にどのように働くかという交流の契約作成までを決定するワークショップを指す。

組織設計

ワークフロー、プロシージャ、構造やシステムの中の機能不全的側面を特定し、それらを再調整してビジネスの現状や目標に合うようにし、その後新たな変化を導入する計画を策定する、段階的な手法。このプロセスはビジネスの技術的側面と人間的側面の両方を改善することに注力する。

チーミング

「チーミング」の概念を名づけたのはやはりエイミー・エドモンドソン教授で、その定義は「事前準備なしのチームワーク」だ。共通のタスクを解決しなければならないため「即席チーム」を編成せざるを得ない事実上の他人同士のグループを指し、医療の現場や緊急事態にはよく見られる。

人間中心のデザイン

問題解決への取り組み方の一種。一般的には問題解決プロセスのあらゆる段階において、人間中心の観点を取り入れることで問題の解決策を開発する、デザインや管理のフレームワークの中で用いられる。

働き方（WoW）／仕事の未来

デジタル時代となったこの20～30年における仕事環境の変化を示すすべての手法や技術、プロセス、考え方、哲学を定義する包括的な言葉。仕事がおこなわれる場所（オフィスか、在宅（Working From Home, WFH）か、そのハイブリッドか）と、仕事のやり方（アジャイルな新しい働き方、リーン、実験的等々）。

文化／組織文化

組織に固有の社会的および心理的環境に貢献する、根底となる信条や前提、価値、交流の方法などと定義される。簡単に言えば、組織文化は「このあたりでおこなう物事の進め方（ディール&ケネディ, 2000）」だ。

マズローの欲求ピラミッド

アメリカの心理学者、アブラハム・マズローが提唱した説。人間には5段階の欲求があり、1段階目の欲求が満たされると2段階目の欲求が湧き、3段階目、4段階目、5段階目と続いていくとされる。ピラミッド型の図で説明されることから、「欲求ピラミッド」と呼ばれる(「自己実現論」「欲求5段階説」などと呼ばれることもある)。

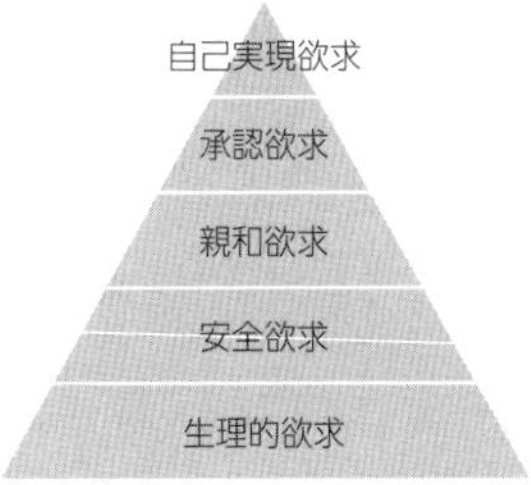

参考文献と推奨書籍

Ashcroft, P., Brown, S. & Jones, G. (2019), *The Curious Advantage: The Greatest Driver of Value in the Digital Age*, Laïki Publishing.

Barnard, J. (1998), *'What Works in Rewarding Problem-Solving Teams?'*, Compensation and Benefits Management.

Bock, L. (2016), *Work Rules!: Insights from Inside Google That Will Transform How You Live and Lead*, John Murray.（邦訳　ラズロ・ボック『ワーク・ルールズ！　君の生き方とリーダーシップを変える』鬼澤忍、矢羽野薫訳／東洋経済新報社／2015年）

Brown, B. (2018), *Dare to Lead: Brave Work. Tough Conversations. Whole Hearts*, Vermilion.（邦訳　ブレネー・ブラウン『本当の勇気は「弱さ」を認めること』門脇陽子訳／サンマーク出版／2013年）

Clark, T.R. (2020), *The 4 Stages of Psychological Safety: Defining the Path to Inclusion and Innovation*, Berrett-Koehler Publishers.

Collins, J. (2001), *Good to Great: Why Some Companies Make the Leap – and Others Don't*, New York: HarperCollins.（邦訳　ジェームズ・C・コリンズ『飛躍の法則』山岡洋一訳／日経BP社／2001年）

Covey, S.M.R. with Merrill, R.R. (2008), *The Speed of Trust: The One Thing That Changes Everything*, Simon & Schuster.（邦訳　スティーブン・M・R・コヴィー、レベッカ・R・メリル『スピード・オブ・トラスト　「信頼」がスピードを上げ、コストを下げ、組織の影響力を最大化する』キングベアー出版／2008年）

Coyle, D. (2019), *The Culture Code: The Secrets of Highly Successful Groups*, Random House Business.（邦訳　ダニエル・コイル『THE CULTURE CODE　最強チームをつくる方法』桜田直美訳／かんき出版／2018年）

Devonshire, S. (2018), *Superfast: Lead at Speed*, John Murray Learning.

Edmondson, A.C. (1999), *'Psychological Safety and Learning Behavior in Work Teams'*, *Administrative Science Quarterly*, Harvard Business School, June 1999.

Edmondson, A.C. (2012), *Teaming: How Organizations Learn, Innovate, and Compete in the Knowledge Economy*, Harvard Business School.（邦訳　エイミー・C・エドモンドソン『チームが機能するとはどういうことか』野津智子訳／英治出版／2014年）

Edmondson, A.C. (2018), *The Fearless Organization: Creating Psychological Safety in the Workplace for Learning, Innovation, and Growth*, Wiley.（邦訳　エイミー・C・エドモンドソン『恐れのない組織　「心理的安全性」が学習・イノベーション・成長をもたらす』野津智子訳／英治出版／2021年）

Edmondson, A.C. & Lei, Z. (2014), 'Psychological Safety: The History, Renaissance, and Future of an Interpersonal Construct'. *Annual Review Organizational Psychology and Organizational Behavior*, Harvard Business School.

Ferris, K. (2020), *'Unleash the Resiliator Within': Resilience: A Handbook for Leaders*, Karen Ferris.

Fladerer, J-P. & Kurzmann, E. (2019), *The Wisdom of the Many: How to Create Self-Organisation and How to Use Collective Intelligence in Companies and in Society – From Management to ManagemANT*, Books On Demand.

Gibbs, J. & Gibson, C. (2006), 'Unpacking the Concept of Virtuality: The Effects of Geographic Dispersion, Electronic Dependence, Dynamic Structure, and National Diversity on Team Innovation', *Administrative Science Quarterly*, Johnson Graduate School, Cornell University.

Glaser, J.E. (2014), *Conversational Intelligence: How Great Leaders Build Trust and Get Extraordinary Results*, Brookline: Bibliomotion, Inc.

Goffman, E. (1959), *The Presentation of Self in Everyday Life*, Doubleday.（邦訳　E・ゴッフマン『行為と演技』石黒毅訳／誠信書房／1974年）

Goleman, D., Boyatzis, R. & McKee, A. (2002), *Primal Leadership: Realizing the Power of Emotional Intelligence*, Boston: Harvard Business School Press.（邦訳　ダニエル・ゴールマン、リチャード・ボヤツィス、アニー・マッキー『EQリーダーシップ』土屋京子訳／日本経済新聞社／2002年）

Goman, C., Ph.D. (2011), *The Silent Language of Leaders: How Body Language Can Help – Or Hurt – How You Lead*, Jossey-Bass Publishing.

Grodnitzky, G.R., Ph.D. (2014), *Culture Trumps Everything: The Unexpected Truth About the Ways Environment Changes Biology, Psychology, and Behavior,* Mountainfrog Publishing.

Harter, J., Schmidt, F. & Killham, E. (2003), *Employee Engagement, Satisfaction, and Business-Unit-Level Outcomes: A Meta-Analysis,* The Gallup Organization.

Hawkins, P. (2011), *Leadership Team Coaching: Developing Collective Transformational Leadership*, Kogan Page.（邦訳　ピーター・ホーキンズ『チームコーチング』佐藤志緒訳／英治出版／2012年）

Helfand, H. (2019), *Dynamic Reteaming: The Art and Wisdom of Changing Teams*, O' Reilly Media, Inc.

Hoegl, M. & Gemuenden, H.G. (2001), 'Teamwork Quaitty and the Success of Innovative Projects: A Theoretical Concept and Empirical Evidence', Review.

Junger, S. (2016), *Tribe: On Homecoming and Belonging*, Fourth Estate.

Kahneman, D. (2011), *Thinking, Fast and Slow*, New York: Farrar, Straus and Giroux.（邦訳　ダニエル・カーネマン『ファスト&スロー』村井章子訳／早川書房／2014年）

Kasperowski, R. (2015), *The Core Protocols: A Guide To Greatness,* With Great People Publications.

— (2018), ' High-Performance Teams: The Foundations ', lulu.com

Kim, G. (2019), *The Unicorn Project: A Novel about Digital Disruption, Redshirts, and Overthrowing the Ancient Powerful Order*, IT Revolution Press.（邦訳　ジーン・キム『The DevOps 勝利をつかめ！　技術的負債を一掃せよ』長尾高弘訳／日経BP社／2020年）

Kim, G. & Behr, K. (2018), *The Phoenix Project: A Novel About IT, DevOps, and Helping Your Business Win*, Trade Select.（邦訳　ジーン・キム、ケビン・ベア、ジョージ・スパッフォード『The DevOps 逆転だ！　究極の継続的デリバリー』長尾高弘訳／日経BP社／2014年）

Kim, G., Debois P., et al. (2016), *The DevOps Handbook: How to Create World-Class Agility, Reliability, and Security in Technology Organizations*, Trade Select.（邦訳　ジーン・キム、ジェズ・ハンブル、パトリック・ドボア、ジョン・ウィリス『The DevOpsハンドブック　理論・原則・実践のすべて』長尾高弘訳／日経BP社／2017年）

Kozlowski, S. & Bell, B. (2001), *Work Groups and Teams in Organizations*, Cornell University IRL School.

Leary, M.R. & Kowalski, R. (1990), *Impression Management: A Literature Review And Two Components Model*, Psychological Bulletin.

Lemoine, J. & Blum, T. (2019), *Servant Leadership, Leader Gender, and Team Gender Role: Testing a Female Advantage in a Cascading Model of Performance*, Wiley Online Library – Personnel Psychology.

Lencioni, P. (1998), *The Five Temptations of a CEO: A Leadership Fable*, Jossey-Bass.（邦訳　パトリック・レンシオーニ『意思決定5つの誘惑　経営者はこうして失敗する』山村宜子訳／ダイヤモンド社／1999年）

— (2002), *The Five Dysfunctions of a Team: A Leadership Fable*, John Wiley & Sons.（邦訳　パトリック・レンシオーニ『あなたのチームは、機能してますか？』伊豆原弓訳／翔泳社／2003年）

LinkedIn (2016), *"Purpose at Work" Global Report*, Imperative & LinkedIn.

Logan, D., King, J. & Fischer-Wright, H. (2008), *Tribal Leadership: Leveraging Natural Groups to Build a Thriving Organization*, HarperCollins.（邦訳　デイヴ・ローガン、ジョン・キング、ハリー・フィッシャー=ライト『トライブ　人を動かす5つの原則』ダイレクト出版／2011年）

Maslow, A. (1943), *A Theory of Human Motivation*, Psychological Review.

Mayer, R., Davis, J.H. & Schoorman, D. (1995), 'An Integrative Model of Organizational Trust', Academy of Management.

McChrystal, General S., Collins, T., Silverman, D. & Fussell, C. (2015), *Team of Teams: New Rules of Engagement for a Complex World*, Penguin.（邦訳　スタンリー・マクリスタル、タントゥム・コリンズ、デビッド・シルバーマン、クリス・ファッセル『TEAM OF TEAMS　複雑化する世界で戦うための新原則』吉川南、尼丁千津子、高取芳彦訳／日経BP社／2016年）

McCord, P. (2018), *Powerful: Building a Culture of Freedom and Responsibility*, Missionday.

Moss Kanter, R. (1987), *The Attack on Pay*, Harvard Business Review.

Putman, L. (2015), *Workplace Wellness That Works: 10 Steps to Infuse Well-Being and Vitality into Any Organization*, John Wiley & Sons.

Reiss, H., MD et al. (2018), *The Empathy Effect: 7 Neuroscience-Based Keys for Transforming the Way We Live, Love, Work, and Connect Across Differences*, Sounds True.

Royce, W. (1970), *Managing the Development of Large Software Systems*

Schmidt, E. & Rosenberg, J. (2015), *How Google Works*, John Murray.（邦訳　エリック・シュミット、ジョナサン・ローゼンバーグ、アラン・イーグル『How Google Works　私たちの働き方とマネジメント』土方奈美訳／日本経済新聞出版社／2014年）

Scott, S. (2002), *Fierce Conversations: Achieving Success in Work and in Life, One Conversation at a Time*, Piatkus.（邦訳　スーザン・スコット『激烈な会話　逃げずに話せば事態はよくなる!』冨田香里訳／ソニー・マガジンズ／2004年）

Sinek, S. (2011), *Start With Why: How Great Leaders Inspire Everyone To Take Action*, Penguin.（邦訳　サイモン・シネック『WHYから始めよ！　インスパイア型リーダーはここが違う』栗木さつき訳／日本経済新聞出版社／2012年）

— (2017), *Leaders Eat Last: Why Some Teams Pull Together and Others Don't*, Penguin.（邦訳　サイモン・シネック『リーダーは最後に食べなさい！　チームワークが上手な会社はここが違う』栗木さつき訳／日本経済新聞出版社／2018年）

Snow, S. (2018), *Dream Teams: Working Together Without Falling Apart*, Piatkus.

Ulusoy, N., Moelders, C. & Fischer, S. (2016), *A Matter of Psychological Safety: Commitment and Mental Health in Turkish Immigrant Employees in Germany*, Journal of Cross-Cultural Psychology.

Willink, J. & Babin, L. (2015), *Extreme Ownership: How U.S. Navy Seals Lead and Win*, St. Martin's Press.（邦訳　ジョッコ・ウィリンク、リーフ・バビン『伝説の指揮官に学ぶ究極のリーダーシップ　米海軍特殊部隊』長澤あかね訳／CCCメディアハウス／2021年）

Zenger, J., Folkman, J. (2019), *The 3 Elements of Trust*, Harvard Business Review.

(2017, 2018, 2019), *State of the Global Workplace Report*, Gallup.

(2020), *Cigna 2020 Loneliness Index* (Loneliness and the Workplace 2020 US Report), Cigna.

謝辞

この本で紹介した内容があなたに響いたなら、このトピックの主要な研究者、エイミー・エドモンドソン教授の脳内から生まれた資料で読めるものは必ずすべて読んでほしい。教授の著書や記事をすべて読み、TEDトークも聞くべきだ。こと心理的安全性に関しては、必要な調査を漏れなくやっておくことが必要不可欠だ。

言うまでもなく、ジーン・キムの著書も必須で、彼をしばらく追ってみれば、なぜ私が彼を深く、探求的な、真にアジャイルな心の数少ない生きた手本の1人だとみなしているかがすぐにわかるはずだ。

PeopleNotTechで、私は本当に驚異的なチームに恵まれている。CTOリカルド・オットソンは息を飲むほど聡明で——そしてありがたいことに、笑わせてもくれる！——彼の技術脳は常に私の支えだ。チームを動かす無類の達人のフィオン・ジョーンズは私に毎日畏敬の念を抱かせ、学習の機会を与えてくれる。このほか、幸運にも集めることができたチームの全員が、実に多くの暮らしを良い方向に変えることを可能にするソフトウェアを作り、私たちの物語を抜群に面白いものにしてくれている。彼らこそ、人的負債を撲滅しようという日々の戦いの中で、私を公正に保ってくれている。

索引

A-M	Accelerate	121
	Airbnb	167
	Amazon	63, 136, 341
	Apple	50
	Boeing	260
	BRAVING	185
	CFO	45
	CHRO	45
	City & Guilds Group	239
	Dare to Lead	185, 218, 243, 295
	DevOps	49, 66, 86, 120
	DORA	121
	Dream Teams	185
	EQ	34, 285
	『EQ こころの知能指数』	285
	Facebook	320
	Google	26, 55, 121, 161, 262
	HCD	301
	High-Performance Teams	257
	HR	45
	Human Debt™	29
	Human Resources	29
	Johnson & Johnson	141
	ManagemANT	149
	Meta	320
	Microsoft	328, 362
	MSCEIT	285
	MVP	43
N-Z	Netflix	47, 192, 217, 295
	『NETFLIXの最強人事戦略』	47
	Nokia	194
	Novartis	199
	OKR	50
	PDSA	73
	People Operations	49
	Pixar	205
	re:Work	162, 262
	Spotify	135, 277
	Squads by Invision	129, 136
	Superfast	26
	The 4 Stages of Psychological Safety	254
	The Core Protocols	257
	『The DevOps 逆転だ！』	97, 123
	『The DevOps 勝利をつかめ！』	97, 124
	『The DevOpsハンドブック』	124
	『THE CULTURE CODE 最強チームをつくる方法』	55, 131
	The Empathy Effect	303
	The Trust Factor	185

	The Truth About Employee Engagement	227
	The Wisdom of Many	149
	ToDoリスト	43
	VUCA	25
	Way of Thinking	64, 95
	Way of Work	62, 95, 120
	Wells Fargo	194
	WFH	317
	Work Wellness That Works	188
	WoT	64, 95
	WoW	62, 95, 120
	Xerox	174
	Zappos	166
あ	アジャーニング	148
	アジャイル	40, 43, 62, 66, 74, 79, 96, 101, 108, 116, 120
	アジャイル・トランスフォーメーション	90
	アジャイル・マニフェスト	40
	アジャイルソフトウェア開発宣言	75
	『あなたのチームは、機能してますか?』	153
	イテレーティブ	69, 73
	印象操作	40, 99, 174, 211
	ウォーターフォール	69, 73, 96, 109
	『エクセレント・カンパニー』	31
	エドモンドソン, エイミー	4, 122, 147, 163, 178, 193, 205, 211, 245, 254, 260
	エピック	70
	エンゲージメント	207
	オープンさ	193
	『恐れのない組織』	193, 245
	オブライエン, ディアドラ	50
か	カード	70
	カーン, ウィリアム	163
	解決策ダッシュボード	56
	回復力	188
	学習	199
	カスペルスキー, リチャード	257
	カルチャーキャンバス	150
	感情	283
	感情指数	285
	感情的幸福	188
	カンバン	77
	技術的負債	29
	キックオフ	70
	規範期	148, 156
	ギブス, ジェニファー	219
	ギブソン, クリスティナ	219
	キム, ジーン	66, 121, 368
	キャットムル, エド	205
	共感力	242, 303
	共同作業	149
	恐怖	245, 260, 352
	許可	53, 307
	クック, ティム	50

グッケンハイマー，サム 362
クニベルグ，ヘンリック 135
クラーク，ティモシー・R 254
グリーンリーフ，ロバート 140
クリットゴード，ギッテ 66
グループ 128, 130
グループダイナミクス 49
クローマン，アレックス 169
経営陣 84, 170
形成期 147
継続的インテグレーション 203
継続的デリバリー 203
契約作成 151
コイル，ダニエル 55, 131
幸福 29, 225, 230
幸福度 208, 226, 229
ゴールマン，ダニエル 285
ゴーント，ジョン 345
ゴッフマン，アーウィン 211
コンストラクティング 151
混乱期 148, 153

さ

サーバント・リーダーシップ 140
最高財務責任者 45
最高人事責任者 45
在宅勤務 317, 332
サザーランド，J・J 136, 142
ザッカーバーグ，マーク 321
散会期 148
士気 208
仕事の未来 34, 43
実験 69, 93, 199, 269
失敗する許可 54, 365
実用最小限の製品 43
シネック，サイモン 299
シャイン，エドガー 163
『ジャパニーズ・マネジメント』 30
柔軟性 188
シューハート，ウォルター 73
成就期 148, 156
情熱 299
人事 45
人事運営 49
人的資源 29
人的負債 29, 225, 234
信頼 84, 184
心理的安全性 40, 66, 121, 166, 170, 177
スウォーミング 149
スキルマン，ピーター 57
スクラムタメンタリスト 77
スクラムマスター 70
スクワッド 130, 135
ステッフェン，セバスチャン 330

	ストーミング	148, 153
	スナイダー, キーラン	332
	スノウ, シェーン	177, 185
	スプリント	43, 70
	スプリントプランニング	70
	脆弱さ	295
	組織	36
	ソフトスキル	281
た	ターバン, スティーヴン	327
	タックマン, ブルース	147
	チーム	36, 57, 128, 135, 225, 247, 264, 312, 362
	『チームが機能するとはどういうことか』	147
	チーム立ち上げ	150
	チームの健康診断	277
	チームの再立ち上げ	250
	チームローンチ	150
	チェスキー, ブライアン	167
	チャプター	135
	中途半端なアジャイルソフトウェア開発宣言	99
	『ティール組織』	129
	ディーン, ジェフ	55
	ティッカー	70
	デイリースタンドアップ	70
	デヴォンシャー, ソフィー	26
	デザインスプリント	251
	デジタルトランスフォーメーション	316
	トライブ	130
な	ナデラ, サティア	328
	ナラシンハン, ヴァサント	199
	人間性	32
	人間中心の行動	247, 310
	人間中心のデザイン	301
	人間らしくある許可	106, 307
	ノーミング	148, 156
は	バークレイズ銀行	219
	ハードスキル	281
	パーパス	31, 299
	バーンスタイン, イーサン・S	327
	バイ, ジョン	330
	パスカル, リチャード	30, 299
	ハッカソン	250
	ハックストン, J	329
	ハックマン, J・リチャード	136, 149
	バックログ	70
	発言	40
	パットナム, ローラ	188
	ハドル	135
	パフォーミング	148, 156
	バブル	38, 217
	ハンブル, ジェズ	121
	ピーターズ, トム	30, 299
	『ピクサー流想像するちから』	205

ピザ2枚のチーム 136
ヒル, ジーポー 40
フェリス, カレン 66, 145
フォースグレン, ニコール 121
フォーミング 147
ブラウン, ブレネー 124, 185, 218, 243, 295
フランク, ラッセル・フォン 185
ふりかえり 71
ブリティン, マット 26
フレキシビリティ 188
プレゼンティーズム 237
フレックス 322
プロジェクト・アリストテレス 121, 161, 262
プロジェクト・オキシジェン 161
プロジェクト・フェニックス 97
プロジェクト・ユニコーン 97
プロダクトオーナー 70
ブロドスキー, ベサニー 47
文化 40, 231
ペイジ, ラリー 55
ベゾス, ジェフ 63, 136, 341
ベック, ケント 41
ベニス, ウォレン 163
ボールドウィン, クリストファー 132
ポッド 130
『本当の勇気は「弱さ」を認めること』 295

ま
マーチャント, ニロファー 194
マシュマロマン・ゲーム 57
マズローの欲求ピラミッド 103
マッコード, パティ 47, 192, 217
マルケイヒー, アン 174
ムーンショット 26
明瞭さ 38
目的 31, 299

やらわ
やる気 207
勇気 193, 295
ユーザーストーリー 70
ライス, ヘレン 303
ラルー, フレデリック 129
リーダーシップ 139
リーン・シックスシグマ 76
リフレーミング 252
リモートワーク 317, 322, 331, 341
レヴィー, アーロン 356
レジリエンス 188
レトロスペクティブ 71
レンシオーニ, パトリック 153, 227
ロイス, ウィンストン 73
ワークライフバランス 341
ワン, ジン 330
ワン, チ 330

[著者] **ドゥエナ・ブロムストロム**

Duena Blomstrom

心理的安全性と優秀なチームダイナミクスに注力する人とソフトウェアのソリューションを提供するPeopleNotTechの創業者でCEO。世界中で基調演説を行い、『フォーブス』やLinkedInで多くの記事を執筆している。ほかの著書に『Emotional Banking』（未邦訳）。IT業界では世界的インフルエンサー100人に選ばれ、25万人のフォロワーと11万人のニュースレター購読者を持つ彼女はLinkedInの「トップボイス」として認められている。

[訳者] **松本裕**

まつもとゆう

翻訳家。主な訳書にミアーズ『VIP』（2022, みすず書房）ケース、ディートン『絶望死のアメリカ』（2021, みすず書房）ヴァイディアナサン『アンチソーシャルメディア』（2020, ディスカバー・トゥエンティワン）コリアー『エクソダス』（2019, みすず書房）ミュラー『測りすぎ』（2019, みすず書房）コリンガム『大英帝国は大食らい』（2019, 河出書房）ほか。

本書内容に関するお問い合わせについて

このたびは翔泳社の書籍をお買い上げいただき、誠にありがとうございます。弊社では、読者の皆様からのお問い合わせに適切に対応させていただくため、以下のガイドラインへのご協力をお願い致しております。下記項目をお読みいただき、手順に従ってお問い合わせください。

●ご質問される前に

弊社Webサイトの「正誤表」をご参照ください。これまでに判明した正誤や追加情報を掲載しています。

正誤表　https://www.shoeisha.co.jp/book/errata/

●ご質問方法

弊社Webサイトの「刊行物Q&A」をご利用ください。

刊行物Q&A　https://www.shoeisha.co.jp/book/qa/

インターネットをご利用でない場合は、FAXまたは郵便にて、下記"翔泳社 愛読者サービスセンター"までお問い合わせください。
電話でのご質問は、お受けしておりません。

●回答について

回答は、ご質問いただいた手段によってご返事申し上げます。ご質問の内容によっては、回答に数日ないしはそれ以上の期間を要する場合があります。

●ご質問に際してのご注意

本書の対象を越えるもの、記述個所を特定されないもの、また読者固有の環境に起因するご質問等にはお答えできませんので、予めご了承ください。

●郵便物送付先およびFAX番号

送付先住所　〒160-0006　東京都新宿区舟町5
FAX番号　03-5362-3818
宛先　（株）翔泳社 愛読者サービスセンター

[**STAFF**]

デザイン　華本達哉（aozora）

DTP　BUCH^{+}

心理的安全性とアジャイル

「人間中心」を貫きパフォーマンスを最大化するデジタル時代のチームマネジメント

2022年6月15日　初版第1刷発行

著者　ドゥエナ・ブロムストロム

訳者　松本裕（まつもとゆう）

発行人　佐々木幹夫

発行所　株式会社翔泳社（https://www.shoeisha.co.jp）

印刷・製本　株式会社加藤文明社印刷所

本書へのお問い合わせについては、391ページに記載の内容をお読みください。

落丁・乱丁はお取り替えいたします。03-5362-3705 までご連絡ください。

ISBN978-4-7981-7310-8　Printed in Japan